Instrumentación Industrial

Alexander Espinosa

Versión 4.1 – 2011

A mis hijos Camilo y Sofía

Indice

Figuras

Tablas

Prólogo

El estudiante de instrumentación industrial debe conseguir una comprensión de muchos aspectos de la ciencia y la técnica que se utilizan para la obtención de bienes de consumo a través de métodos industriales de proceso. En las industrias de proceso coexisten antiguas y nuevas tecnologías, por lo que el desafío es aún mayor para los jóvenes que intentan obtener el dominio necesario de la instrumentación industrial. En los últimos tiempos ha habido una transferencia de tecnología digital desde otras áreas como las de telecomunicaciones, procesamiento digital de señales y métodos de inteligencia artificial cada una de las cuales representan en sí mismo un desafío. Espero que la forma en que ha sido presentado ayude a motivar al estudiante y que la elección de los textos le sirva de guía en la ardua tarea del aprendizaje. Las versiones kindle están disponibles desde agosto de 2010 en la tienda Amazon. Se pueden adquirir los capítulos por separado o en tomos.

+Alexander Espinosa

Capítulo 1

Introducción

La Instrumentación Industrial es la ciencia del control y medición automatizados. La aplicación de esta ciencia está en la industria de investigaciones moderna y en la vida diaria. La automatización nos rodea desde los sistemas de control del motor de los automóviles hasta los pilotos automáticos de aviones, pasando por la fabricación de medicamentos. El primer paso es la medición, naturalmente. Si no se puede medir algo, es mejor no intentar controlarlo. Este algo toma las siguientes formas en la industria:

- Presión de fluido

- Caudal de fluido

- Temperatura de un objeto

- Volumen de un fluido almacenado en un recipiente

- Concentración química

- Posición, movimiento y aceleración de una máquina

- Dimensiones físicas de un objeto

- Conteo (inventario) de objetos

- Voltaje, corriente y resistencia

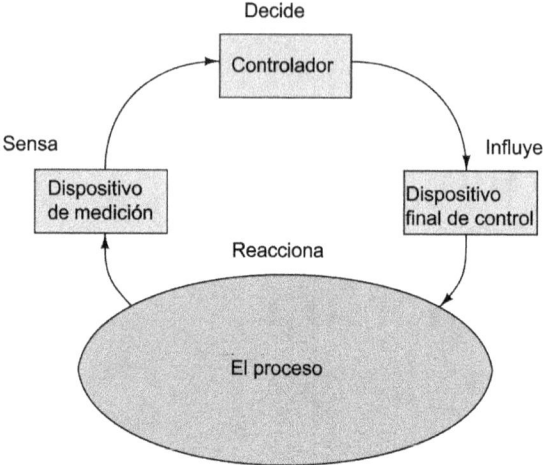

Figura 1.1: Esquema genérico del control industrial

Una vez hecha la medición deseada, normalmente se transmite una señal que la representa hacia un dispositivo indicador o hacia un computador, en el que una acción humana o automatizada tendrá lugar. Si la acción controladora es automatizada, el computador envía una señal hacia un elemento final de control el cual, a su vez, ejerce influencia sobre la magnitud que se está midiendo. El dispositivo final de control, normalmente toma las siguientes formas:

- Válvula de control (para regular el caudal de un fluido)
- Motor eléctrico
- Calentador eléctrico

Tanto el dispositivo de medición (o instrumento de medición), como el dispositivo final de control se conectan a algunos sistemas físicos que son llamados procesos (Fig. 1.1).

Un termostato es un ejemplo de un sistema de medición y control. En este la temperatura del aire al interior de la casa es el "proceso" bajo control. El termostato realiza dos funciones: sensar y controlar, mientras que el calefactor agrega calor y extrae el aire acondicionado para bajar la temperatura. El trabajo del sistema de control es mantener la temperatura del aire a cierto nivel que sea confortable, mientras el calefactor o el aire acondicionado toman las acciones para corregir la temperatura cuando esta se desvíe del valor deseado o *setpoint*.

La instrumentación industrial tiene sus propias definiciones y normas, algunas de las cuales son:

Proceso: El sistema físico que estamos intentando controlar o medir. Ejemplos: sistemas de filtrado de agua, sistemas de fundición, calderas de vapor, refinación de aceite *oil refinery unit* y generadores de energía.

Variable de proceso o PV: La magnitud física que estamos midiendo en el proceso. Ejemplo: Presión, nivel, temperatura, flujo, conductividad eléctrica, pH, posición, velocidad y vibración.

setpoint **SP** o punto de comisionamiento: El valor al que deseamos que se mantenga la variable de proceso.

Elemento principal de sensado o PSE: Un dispositivo que directamente sensa la variable de proceso y traduce la magnitud medida en una representación equivalente (voltaje, corriente, resistencia, fuerza mecánica, movimiento, etc.). Ejemplos: termocupla, termistor, tubo Bourdon, micrófono, potenciómetro, celda electroquímica y acelerómetro.

Transductor: Un dispositivo que convierte una señal estandarizada en otra señal estandarizada y que realiza algún tipo de procesamiento en esta señal. Ejemplo: Convertidor I/P (convierte de una señal eléctrica de 4-20 mA a señal neumática de 3-15 PSI, convertidor P/I (convierte una señal neumática de 3-15 PSI a señal eléctrica de 4-20 mA, extractor de raíz cuadrada (calcula la raíz cuadrada de la señal de entrada). Nota: En general, un transductor es cualquier dispositivo que convierte una forma de energía en otra, tal como un micrófono o termocupla. En instrumentación se reserva el término Elemento Principal de Sensado para describir este concepto y se reserva la palabra Transductor para referirse a la conversión entre normas de señales.

Transmisor: Un dispositivo que traduce la señal producida por un elemento principal en una señal normalizada de instrumentación: presión de aire de 3-15 PSI, corriente eléctrica de 4-20 mA, señal digital de FieldBus y otras. Estas pueden ser transportadas hacia un dispositivo indicador, un dispositivo controlador o ambos.

Valores máximos y mínimos de la gama *Lower-range values* **y** *Upper-range values* **LRV URV** respectivamente: Son los valores de medición del proceso que están calibrados como el valor 0% y el valor del 100% de la escala del dispositivo de medición.

Cero y **Alcance** *Span*: Son sinónimos para LRV y URV y representan los puntos calibrados como el 0% y el 100% de lo que muestra la escala del dispositivo de medición. Por su parte, **Alcance** se refiere al ancho de esta escala (URV − LRV). Por ejemplo: si un transmisor de temperatura estuviese calibrado para medir un intervalo de temperatura empezando en 300°C y terminando en 500°C, el **cero** sería 300°C y el alcance sería 200°C.

Controlador: Un dispositivo que recibe una señal de una variable de proceso (PV) desde un elemento principal de sensado *Principal Sensing Element* o desde un transmisor, compara esta señal con un valor deseado para la variable de procesos (*setpoint*) y calcula una señal de salida apropiada que será enviada a un elemento final de control (FCE) como un motor eléctrico o una válvula de control.

Variable procesada *Manipulated Variable (MV)*: Es un sinónimo para la salida generada por un controlador. Esta es la señal que "manipula" al elemento final de control para poder influenciar el proceso.

Modo automático: Es un modo de funcionamiento donde el controlador genera un señal de salida basada en la relación de la entre la variable de proceso (PV) y el *setpoint* (SP).

Modo manual: Es el modo de funcionamiento donde la habilidad de tomar decisiones del dispositivo controlador es reemplazada dejando que un operario humano directamente envíe la señal de salida hacia el elemento final de control.

Algunos ejemplos de sistemas de control y medición se muestran a continuación:

1.1 Sistema de control de caldera

Las calderas de vapor son muy comunes en la industria, debido a la utilidad que tiene la energía basada en generación de vapor. Los usos más comunes de la fuerza del vapor son:

- Hacer trabajo mecánico (usando máquinas de vapor)

- Realizar calentamiento

- Producir vacíos (usando *eductores*)

- Intervenir en procesos químicos (Ejemplo: Convertir el gas natural en dióxido de carbono e hidrógeno)

El proceso para convertir agua en vapor es muy simple: caliente el agua hasta que hierva. Cualquiera que haya hervido agua en una tetera (o cafetera) se imagina como ocurre el proceso. Hacer que el vapor fluya continuamente es un poco más complicado. Una variable importante a medir en una caldera de agua continuo *continuous boiler* es el nivel de agua en la caldera de vapor *steam drum*. Para producir vapor continuamente en forma eficiente y en forma segura (evitando riesgos para la vida), debemos garantizar que la caldera de vapor no se quede sin agua o que tenga demasiado agua. Si no hubiese suficiente agua en la caldera, los tubos que transportan agua pueden quedarse secos y quemarse debido al calor generador por el fuego. Si hubiese mucha agua en la caldera, el agua líquida podría ser arrastrada junto con el flujo de vapor, creando problemas aguas-abajo en el sistema.

En la siguiente ilustración, se pueden ver los elementos esenciales de un sistema de control de nivel de agua. Se

muestra el transmisor, el controlador y la válvula de control
(Fig. 1.2).

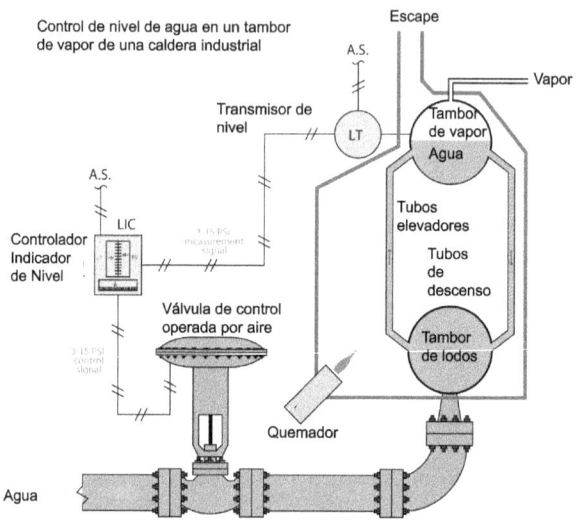

Figura 1.2: Elementos esenciales de un sistema de control de
nivel de agua

El primer instrumento en este sistema de control es el
transmisor de nivel o **LT**. El propósito de este dispositivo
es sensar el nivel de agua en el tanque de vapor y reportar
esta medición a un controlador en la forma de una señal
normalizada de instrumentación. En este caso, el tipo de
señal es neumática: una presión de aire variable que se envía
a través de tubos plásticos o de metal. Mientras mayor
sea el nivel de agua en el tanque de vapor, mayor presión
será generada por el transmisor de nivel. Debido a que
el transmisor es neumático, debe haber una fuente de aire
comprimido limpio para hacerlo funcionar, esto significan las
marcas A.S. en el diagrama. Esta señal neumática se envía al
próximo instrumento en el sistema de control: el controlador
indicador de nivel **LIC**. El propósito de este instrumento es
comparar los niveles de la señal transmitida con el *setpoint*

establecido con anterioridad por un operario, que indica el nivel deseado de agua en la caldera de vapor. Después, el controlador genera una señal indicando a la válvula de control que deje entrar más, o menos agua a la caldera para mantener el nivel de agua en la caldera de vapor, en el *setpoint*. Tanto el transmisor como el controlador de este sistema son neumáticos, operando totalmente con aire comprimido. Esto significa que la salida del controlador también es una variable basada en presión de aire y, como sucede con las señales que emite el transmisor, se requiere un suministro de aire comprimido limpio, lo que explica el tubo con la etiqueta A.S. que tiene conectado. El último instrumento en este sistema de control, es una válvula de control que está comandada directamente por la presión de aire generada por el controlador. Esta válvula controladora en particular, usa un diafragma grande para cerrar o abrir la válvula. Para hacer que la válvula vuelva a su posición original se usa un resorte grande que proporciona la fuerza necesaria. La presión de aire en el diafragma sirve para contrarrestar la presión del resorte cuando sea necesario mover el diafragma en el sentido opuesto.

Cuando el controlador está en modo automático mueve la válvula de control a cualquier posición entre abierto y cerrado en la cantidad que sea necesario para mantener el nivel de agua cerca del *setpoint* en la caldera de vapor. La relación entre la señal de salida del controlador, la variable de proceso y el *setpoint* puede ser muy compleja. Si el controlador sensara un nivel de agua que esté encima del *setpoint* haría lo que sea necesario para hacer que el nivel bajase hasta el *setpoint*. Por otro lado, si el controlador sensara que el nivel de agua bajo del *setpoint* hará lo que sea necesario para subirlo. En la práctica, la señal de salida del controlador (considérela igual a la posición de la válvula) es tanto una función de la carga del sistema (cuánto vapor está usando la caldera) como función del *setpoint*. Considere una situación en la que la demanda de la caldera sea muy baja. Si no hubiese mucho vapor saliendo de la caldera, esto significaría que habría muy poca agua siendo convertida en vapor y por lo tanto, sería poco necesario bombear agua hacia la caldera. En esta situación se espera que la válvula de control esté casi cerrada para permitir el agua justa y necesaria para mantener el nivel del tanque de vapor cerca del *setpoint*. Por el contrario, si hubiese gran demanda de vapor desde la caldera, la tasa de evaporación debiese ser mucho mayor. Esto significa que el sistema de control debe ordenar agregar agua a la caldera con una mayor velocidad para mantener el *setpoint*. En esta situación se podría espera que la válvula de control esté en una posición casi totalmente abierta.

Un operador puede hacer que el sistema de control de esta caldera opere en forma manual. En este modo, la válvula de control estará bajo el control directo del operario y el controlador ignorará la señal que le envíe el transmisor de nivel de agua. Como el controlador también es un indicador, mostrará cuánta agua queda en el tanque de vapor, pero será responsabilidad del operario mover la válvula de control a una posición apropiada para mantener el nivel de agua cerca del *setpoint*. El modo manual es útil para los operarios durante el comisionamiento *puesta en marcha* y decomisionamiento (desmantelamiento). También es útil para los instrumentistas durante la detección de fallas y diagnóstico de funcionamiento. Cuando un controlador está en modo automático, la señal de salida (enviada a la válvula de control) cambia en respuesta a la variable de proceso y los valores de *setpoint*. Cambios en la posición de la válvula de control, a su vez, afectan la señal de proceso debido a su relación física con el proceso. Lo que se tiene aquí es una situación en la que no hay certeza en la relación causa-efecto.

Cuando la señal de la variable de proceso se ve con valores erráticos durante un intervalo de tiempo, puede haber las siguientes interpretaciones:

- Hay un transmisor con fallas (entregando una señal errática)

- La salida del controlador es errática (causando que la posición de la válvula sea errática)

- La demanda de vapor está fluctuando y causando que el nivel de agua cambie como resultado

Mientras se esté en modo automático, no se podrá estar completamente seguro de cuál es la causa de este comportamiento errático, debido a que la cadena de causa-efecto se realimenta haciendo que TODO pueda afectar a TODO en el sistema.

Una forma simple de diagnosticar un problema es usar el modo manual del controlador. En ese momento se puede colocar la señal de salida en el nivel que desee el operario. Si se ve que la señal de proceso rápidamente se estabiliza, podemos concluir que el problema tiene algo que ver con la salida del controlador. Si la variable de proceso rápidamente se vuelve más errática al poner el controlador en modo manual, podemos concluir que el controlador estaba haciendo bien su trabajo y que la causa del problema tiene que ver con el proceso.

Como se ha mencionado anteriormente, este es un ejemplo de un sistema de control neumático, en el que todos los instrumentos operan con aire comprimido y usan aire comprimido como medio de señalización. La instrumentación neumática es una tecnología antigua, de hace muchas décadas. Los instrumentos modernos son electrónicos. Las normas de señalización neumáticas más común es la que marca 3 PSI para el valor más bajo de la escala de medición y 15 PSI para el mayor valor de la escala de medición. Otras escalas usadas son las de 3 − 27 PSI y de 6 − 30 PSI. La siguiente tabla (Tab. 1.1) muestra las diferentes señales de presión y sus equivalencias con la salida del transmisor de nivel.

Para comandar la válvula de control se tiene esta otra tabla (Tab. 1.2)

Estas tablas muestran que el transmisor mide todo los valores de nivel de agua que puedan observarse en la caldera

Tabla 1.1: Ejemplo de calibración en un sistema de caldera

Salida del transmisor	Nivel de agua en el tambor de vapor
3 PSI	0% (Vacío)
6 PSI	25%
9 PSI	50%
12 PSI	75%
15 PSI	100% (Lleno)

Tabla 1.2: Tabla de calibración para el actuador del sistema de control de una caldera

Señal de salida del Controlador	Posición de la válvula de Control
3 PSI	0% abierto (cerrado)
6 PSI	25% abierto
9 PSI	50% abierto
12 PSI	75% abierto
15 PSI	100% abierto totalmente

Tabla 1.3: Tabla de calibración práctica para un sistema de caldera de vapor

Señal de presión de aire del transmisor	Nivel actual de agua en la caldera de vapor
3 PSI	40%
6 PSI	45%
9 PSI	50%
12 PSI	55%
15 PSI	60%

de vapor. Una alternativa es hacer que el transmisor se focalice en valores cercanos al *setpoint* para que sea más fino el control. En ese caso, el transmisor podría calibrarse para que solamente sense una gama más estrecha de niveles de agua cercanos a la mitad de la altura de la caldera. Así 3 PSI(0%) no representará una caldera vacía ni 15 PSI(100%) una caldera totalmente llena. Con este tipo de calibración se evita que la caldera quede completamente vacía o completamente llena en el caso de que un operador establezca el *setpoint* cerca de uno de los extremos de la escala de medición.

En la siguiente tabla se muestra este tipo de calibración más práctica (Fig. 1.3).

1.2 Desinfección de aguas servidas

El paso final en el tratamiento de las aguas servidas antes de que sean devueltas al medio ambiente, es matar cualquier bacteria perjudicial que tenga, esto se llama desinfección. El gas *cloro* es un agente desinfectante muy efectivo, sin embargo, no es muy buena idea mezclar un poco de gas *chlorine* cloro en el agua corriente del efluente (descarga de agua servida), porque no se disolvería lo suficiente para que sean afectadas todas las bacterias. También es peligroso inyectar mucho cloro porque podrían envenenarse

los animales que consumirán posteriormente esta agua, así
como otros microorganismos benéficos que ya existen en esta.

Para asegurar la correcta cantidad de inyección de cloro
debemos usar un analizador de cloro disuelto para medir la
concentración de cloro en el efluente, y usar un controlador
que ajuste una válvula de control para poder inyectar siempre
la cantidad correcta de cloro. El siguiente diagrama de
proceso e instrumentación (P&ID: *Process and Instrument
Diagram*) muestra como luce un sistema así (Fig. 1.3).

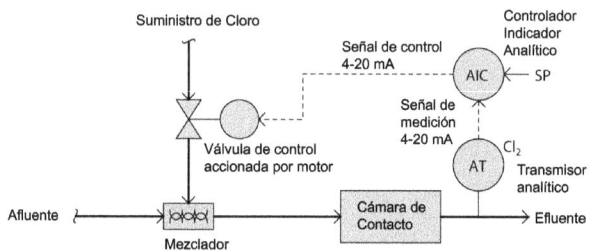

Figura 1.3: Diagrama de instrumentación para el control en
una planta de aguas servidas

El cloro gaseoso que llega a través de la válvula de control
se mezcla con al agua servida que entra (afluente). Esta
permanece un tiempo en la cámara de contacto antes de
abandonarla para devolverse al medio ambiente.

El transmisor está etiquetado como (**AT**:
Analytical Transmitter) porque su función es "Analizar" la
concentración de *cloro* disuelto en el agua y transmitir esa
información hacia el sistema de control. El "Cl_2" (notación
química para la molécula de *cloro*) escrita cerca del analizador
aclara que es un analizador de *cloro*. La línea punteada
saliendo desde el transmisor indica que la señal es electrónica,
no neumática como en el ejemplo anterior. El estándar más
común es el que usa de $4-20$ mA de corriente directa, lo que
sirve para representar la concentración de cloro en la misma
forma en que la señal neumática de $3-15$ PSI se usaba

Tabla 1.4: Tabla de calibración

Señal de salida del controlador	Posición de la válvula de control
4 mA	0% abierto (cerrado)
8 mA	25% abierto
12 mA	50% abierto
16 mA	75% abierto
20 mA	100% abierto (totalmente)

para representar el nivel de agua en la caldera de vapor, en el ejemplo anterior (Fig. 1.4).

El controlador se etiqueta **AIC**: se debe a que el controlador es además indicador. Los controladores son etiquetados por la variable de proceso que están a cargo de controlar. Indicador significa que hay alguna forma de pantalla que algún operario o técnico puede leer y que muestre la concentración de cloro. El *setpoint* debe ser ajustado por el operario para que el controlador trate de mantener la concentración indicada en este mediante el ajuste de la posición de la válvula de inyección de cloro.

Una línea de puntos que sale del controlador hacia la válvula indica otra señal electrónica, probablemente de 4-20 mA DC. Al igual que con la señal de 3 a 15 PSI del ejemplo anterior, la cantidad de corriente eléctrica debe estar directamente relacionada con ciertas posiciones de la válvula (Fig. 1.5).

Nota: En algunos casos es deseable tener un transmisor o válvula de control que responda inversamente. Por ejemplo, la válvula puede estar ajustada para estar totalmente abierta a 4 mA y completamente cerrada a 20 mA. Lo importante es que la variable de proceso enviada por el transmisor y la válvula de control sean representadas proporcionalmente por una señal continua (analógica).

La letra "M" dentro de la válvula de control informa

Tabla 1.5: Calibración de la salida del controlador

Señal de salida del controlador	Posición de la válvula de control
4 mA	0% abierto (cerrado)
8 mA	25% abierto
12 mA	50% abierto
16 mA	75% abierto
20 mA	100% abierto totalmente

que es una válvula accionada por motor. En lugar de usar aire comprimido para empujar un diafragma apoyado por un resorte, como en el caso del sistema de la caldera, la válvula está accionada por un motor eléctrico que hace dar vueltas a un engranaje reductor. El reductor permite que la válvula gire lentamente aunque el motor lo haga en forma rápida. Un circuito especial electrónico que está al interior del accionador de la válvula permite modular la potencia eléctrica que se entrega al motor eléctrico para asegurar que la posición de la válvula coincida con la señal enviada por el transmisor. Lo último constituye, de por sí, un sistema de control, el cual controla la posición de la válvula de acuerdo a un *setpoint* entregado por otro dispositivo (no por un operario). En este caso, el dispositivo que fija el *setpoint* de la válvula es el controlador **AIT**.

1.3 Control de un reactor químico

A veces se observa una mezcla de señales normalizadas diferentes en un solo sistema de control, como en este caso. Aquí hay tres tipos de señales normalizadas diferentes. El diagrama P&ID muestra la interrelación entre las tuberías (*pipes*) de proceso, los tanques y los instrumentos (Fig. 1.4).

El propósito de este sistema de control es asegurar que la disolución química dentro del reactor sea mantenida a

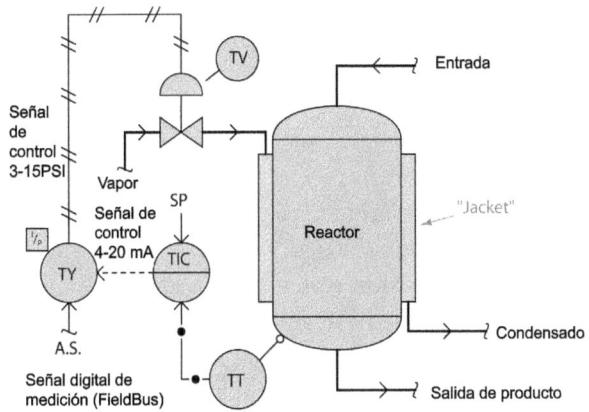

Figura 1.4: Control de temperatura en un reactor químico

una temperatura constante. El *jacket* envuelve el tanque del reactor para transferir calor desde el vapor hacia la disolución química que está dentro. El sistema de control mantiene una temperatura constante midiendo la temperatura en el tanque del reactor y empujando vapor desde una caldera hacia el *jacket* de vapor para agregar más o menos calor: el que sea necesario. Este es un proceso típico de intercambiador de calor . Hay variantes del intercambiador de calor donde la tecnología del reactor y los ingredientes de la reacción pueden ser diferentes, pero el esquema de control es el mismo. El esquema de control puede llegar a ser más complicado cuando se intenta medir el condensado, pero no será visto aquí. Comenzaremos la descripción por el transmisor de temperatura, localizado cerca de la parte de abajo del tanque. Note el tipo diferente de línea usada para conectar el transmisor de temperatura **TT** con el controlador indicador de temperatura **TIC**: puntos sólidos entre ellos. Esto significa que se está usando una señal digital de tipo FieldBus, en vez de señales analógicas como las de $4 - 20$ mA y las de $3 - 15$ PSI. El transmisor en este sistema es en realidad un computador, también lo es el controlador. El transmisor reporta la variable de proceso (temperatura del reactor) hacia el controlador usando bits digitales de información. Aquí no existe la escala de $4 - 20$ mA, sino que hay pulsos de voltaje o corriente representando estados 0 y 1 de datos binarios.

Las señales de instrumentación digital no sólo son capaces de transferir datos sencillos de proceso, sino que también pueden llevar información sobre el estado de los dispositivos (tales como resultados de pruebas de auto-diagnóstico). En otras palabras, la señal digital que viene del transmisor no solo le dice al controlador que tan caliente está el reactor, sino que le dice al controlador que tan bien está funcionando el transmisor.

La línea punteada saliendo del controlador muestra que la señal es de electrónica analógica: $4 - 20$ mA DC. Esta señal electrónica no va directamente a la válvula de control, sino que pasa a través de un dispositivo llamado **TY** que es un transductor que convierte de $4 - 20$ mA a una señal neumática de $3 - 15$ PSI que, a su vez, acciona la válvula. En esencia, este transductor, actúa como un regulador de presión de aire controlado eléctricamente, tomando el suministro de aire (que va de $20 - 25$ PSI) y regulándolo hacia abajo, al nivel comandado por la salida electrónica del controlador.

En la válvula de control de temperatura **TV** la señal neumática de $3 - 15$ PSI aplica una fuerza en el diafragma para mover el mecanismo de la válvula en contra de la fuerza opuesta de un resorte grande. La construcción y operación de esta válvula es la misma que de la válvula de alimentación del ejemplo de la caldera de agua: neumático.

1.4   Otros tipos de instrumentos

Hasta aquí hemos visto instrumentos que sensan, controlan e influencian variables de proceso. Transmisores, controladores y válvulas son ejemplos respectivos de cada tipo de

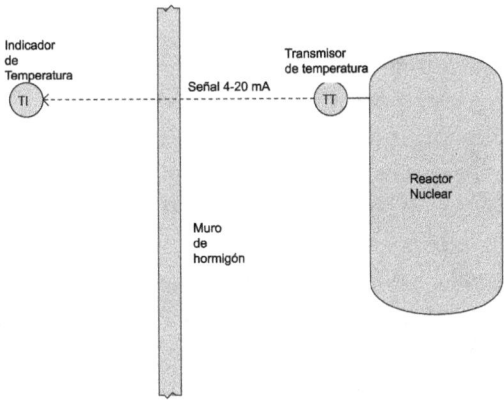

Figura 1.5: Medición en un reactor nuclear

instrumento. Sin embargo hay instrumentos que realizan otras funciones que son igualmente útiles.

Indicadores

Un instrumento auxiliar es el **indicador**, el propósito del cual es proporcionar una indicación que puedan entender las personas. Muchas veces, los transmisores no tienen indicadores, solo transmiten la señal normalizada hacia otro dispositivo. Un indicador permite hacerse una idea de lo que un transmisor transmite sin que sea necesario instalar equipos de prueba (*pressure gauge* o galgas de presión para las señales de $3 - 15$ PSI o un amperímetro para las de $4 - 20$ mA) y tener que realizar cálculo de conversiones. Además, los indicadores podrían estar instalados lejos de los transmisores correspondientes para permitir la lectura en lugares más convenientes que el sitio donde esté instalado el transmisor. Por ejemplo, vea el siguiente sistema de medición de un reactor nuclear (Fig. 1.5).

Debido a los grandes niveles de radiación que un reactor nuclear puede emitir cuando está en operación a toda potencia, las personas podrían resultar con problemas de salud si es que están cerca.

El transmisor de temperatura está diseñado para soportar esta radiación, así es que transmite una señal de 4 − 20 mA hacia un dispositivo indicador y grabador que esté fuera de los muros de contención de la radiación, en un lugar donde sea seguro para la salud de las personas. No hay nada que impida tener más de un indicador en diferentes lugares que estén conectados al mismo cable que lleva la señal que viene de este transmisor. Esto permite que se muestren indicaciones en tantos lugares como se desee, puesto que no hay limitaciones absolutas en cuánto a qué lejos se puede llevar una señal de DC a través de cables de cobre.

En la foto se muestra un indicador montado en un panel con una barra gráfica y numérica (Fig. 1.6a).

Este indicador en particular, fabricado por *Weschler*, muestra la posición de una compuerta de control de flujo en una instalación de tratamiento de aguas servidas. La indicación es numérica (98.06%) y también se expresa por la altura de una barra gráfica (muy cerca de totalmente abierto – 100 %).

Un indicador montando en panel de un estilo menos sofisticado muestra solamente una pantalla numérica, tal como el mostrado en la siguiente foto, que pertenece a Red Lion Controls (Fig. 1.6b).

Los indicadores pueden ser usados también en terreno (*field process* para dar indicación directa en caso de que los transmisores no ofrezcan indicación por sí mismos. La

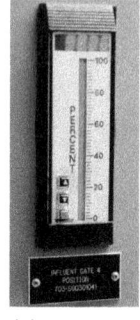

(a) Montado en una pared

(b) Con pantalla numérica

(c) Indicador para uso en terreno

Figura 1.6: Tipos de indicadores

foto siguiente muestra un indicador montado en campo, de marca *Rosemount*, que opera directamente con la electricidad disponible del *loop* de 4 − 20 mA (Fig. 1.6c).

Grabadores

Otro tipo de instrumentos auxiliares es el grabador o registrador *recorder, chart recorder o trend recorder*, el propósito del cual es dibujar un gráfico de la variable de proceso con respecto al tiempo. Los registradores normalmente poseen indicadores para mostrar el valor instantáneo simultáneamente con los valores históricos, por esa razón también se llaman indicadores. Un registrador indicador de temperatura para el sistema de reactor nuclear previamente mostrado se ha etiquetado como **TIR**. También existen registradores de tipo chart que utilizan una hoja redonda que rota bajo un lápiz, accionado por un servomecanismo que obedece a una señal de instrumentación.

Un *chart recorder* circular usa una pieza redonda de papel, que rota bajo un bolígrafo controlado por un servomecanismo que responde a una señal de instrumentación. Dos de estos *chart recorders* son mostrados en la foto (Fig. 1.7a).

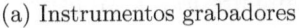
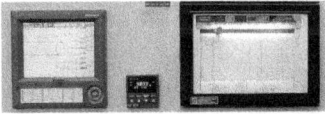

(a) Instrumentos grabadores   (b) Instrumentos registradores

Figura 1.7: Instrumentos grabadores y registradores

Dos *chart recorders* se muestran en la siguiente foto, un registrador con cinta a la derecha y otro sin papel a la izquierda. El registrador de cinta usa un rollo de papel en el que dibujan uno o más lápices que se mueven, mientras que el registrador sin papel muestra líneas de tendencia en una pantalla de computador (Fig. 1.7b).

Los registradores son muy útiles para encontrar fallas en un sistema de control de proceso. Sobre todo cuando no sólo se grabe la variable de proceso sino que se guarden los *setpoints* y las variables de salida. Se muestra un ejemplo de un gráfico de tendencia que revela la relación entre la variable de proceso, el *setpoint* y la salida del controlador en modo automático, tal como fue grabado por un registrador (Fig. 1.8).

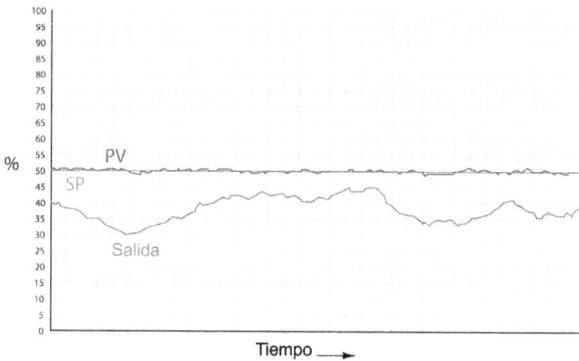

Figura 1.8: Salida de un instrumento registrador

Aquí, el *setpoint* aparece como una línea recta (de color rojo), la variable de proceso muestra un poco de oscilación (línea azul) y la salida del controlador se muestra como una curva muy oscilante (color violeta). Note que el controlador está realizando exactamente lo que se espera de este: mantener a la variable de proceso cerca del *setpoint*, a través de la manipulación del elemento final de control tanto como sea necesario. La apariencia errática de la señal de salida no es en realidad un problema, lo que contraría nuestra primera impresión. El hecho de que la variable de proceso nunca se desvíe significativamente del *setpoint* nos dice que el sistema está operando muy bien. Entonces, ¿a qué se debe la salida tan extraña del controlador? Se debe a variaciones en la carga del proceso. El controlador está forzado a compensar estas variaciones para que la variable de proceso no se corra del *setpoint*. Ahora, quizás haya un problema en algún lugar en el proceso, pero con seguridad no es un problema del sistema de control.

Los registradores se convierten en herramientas poderosas de diagnósticos cuando se usan en conjunto con el modo manual de control. Cuando se pone un controlador en modo manual y se permite a un operario que controle el elemento final de control (válvula, motor, calentador), se puede saber mucho del proceso. Aquí hay un ejemplo de un registrador de tendencia en un proceso que está en modo manual, donde la respuesta de la variable de proceso se ve en relación con la salida del controlador, en la medida que esa salida es manipulada (por el operario) en pasos incrementales y decrementales (Fig. 1.9).

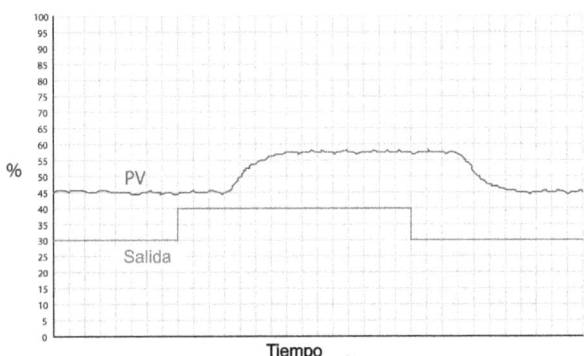

Figura 1.9: Registrador de tendencia

Note que hay un retraso en la respuesta del proceso a los cambios en la señal de salida del controlador. Esta demora no es buena, en general, para un sistema de control. Imagine que alguien tratase de guiar un auto cuyas ruedas delanteras respondan sí, pero solo después de 5 segundos después que se haya movido el volante. Los sistemas de control industrial tienen, con frecuencia, este problema entre el transmisor y el elemento final de control. Las causas típicas para esto problema son:

1. Existe una demora de tránsito desde el lugar desde el punto de control hasta el punto de medición

2. El elemento final de control tiene problemas mecánicos

El siguiente ejemplo muestra otro tipo de problema que puede ser detectado con una grabación de tendencia durante pruebas en modo manual (**Fig.** 1.10).

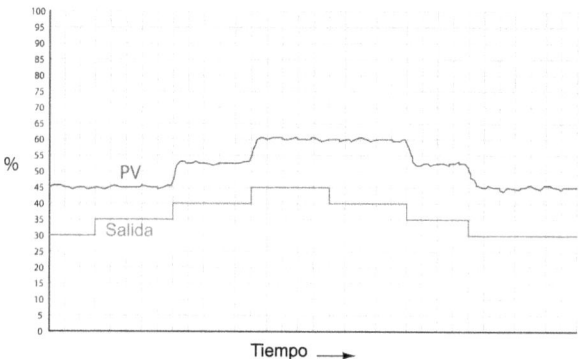

Figura 1.10: Detección de un problema en el control usando los registros de los instrumentos

Aquí, vemos que el proceso responde rápidamente a todos los cambios de escalón en la salida del controlador excepto cuando los cambios ocurren en la dirección opuesta. Este problema se presenta usualmente debido a la fricción mecánica en el elemento final de control como por ejemplo, cuando una válvula se traba debido a fallas en la empaquetadura *stem packing*, esto es equivalente al caso en que un conductor deba mover las ruedas un poco más después de haber cambiado de dirección. Las personas que hayan conducido un tractor antiguo saben como se manifiesta este problema afectando la habilidad para mantener el tractor siguiendo un camino recto.

Alarmas y Switches de Proceso

Otro tipo de instrumentos comúnmente visto en sistemas de control y mediciones son los *switches*. El propósito de un *switch* es encender y apagar condiciones variantes del proceso. Normalmente, los *switches* son usados para activar alarmas para alertar a los operarios para que éstos tomen acciones especiales. En otras ocasiones, los *switches* son usados para controlar directamente dispositivos de control.

El siguiente diagrama P&ID de un sistema de control de aire comprimido muestra ambos usos del *switch* (Fig. 1.11a).

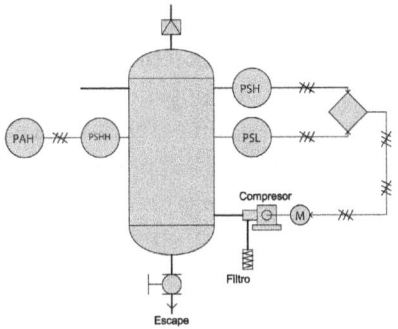

(a) Sistema de control de aire comprimido con switches

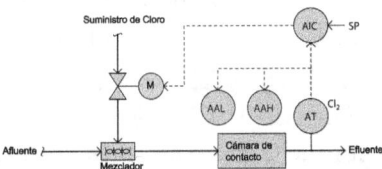

(b) Sistema de desinfección de aguas servidas usando switches

Figura 1.11: Sistema de control con switches

El **PSH** (*pressure switch, high*) *switch* de presión alto se activará cuando la presión de aire en el tanque alcance su punto de control alto. El **PSL** (*pressure switch, low*) *switch* de presión bajo se activará cuando la presión de aire en el tanque caiga por debajo de la presión de control inferior. Ambos *switches* alimentan señales discretas eléctricas en un dispositivo de control (se indica con un rombo en el diagrama) el cual controla la partida y parada de un compresor de aire accionado por un motor eléctrico. Otro *switch* en este sistema es etiquetado como **PSHH** (*pressure switch, high-high*), el *switch* de presión high-high se activa solamente cuando la presión de aire dentro del tanque exceda el nivel por encima del punto alto de cierre especificado para el **PSH**. Cuando este *switch* se active es porque algo malo ha pasado con el sistema del compresor y la alarma de presión alta **PAH** (*pressure alarm, high*) se activará para avisarle, a su vez, a un operario. Los tres *switches* en este sistema de control de compresión de aire están directamente accionados por la presión de aire en un tanque. En otras palabras, son *switches* de sensado de proceso. Es posible construir *switches* para interpretar señales de instrumentación normalizadas, como las neumáticas, de 3 a 15 PSI o las electrónicas (de 4 a 20 mA), lo que permite construir sistemas de control *On-Off* y alarmas para cualquier tipo de variable de proceso que puedan ser medidas con un transmisor.

Por ejemplo, el sistema de desinfección de aguas servidas con *cloro* mostrado anteriormente puede estar equipado con alarmas basadas en *switches* para avisarle a un operario que la concentración de *cloro* excede ciertos límites predeterminados, sean límites altos o bajos (Fig. 1.11b).

Las etiquetas **AAL** y **AAH** se refieren a *analytical alarm low* y *analytical alarm high*, respectivamente. Su construcción es más simple porque ambas alarmas reciben señales de 4 a 20 mA que vienen del transmisor analítico **AT** y no del sensado directo del proceso. Si fuesen *switches* de sensado de proceso, cada uno debiese estar equipado con la capacidad para sensar directamente la concentración de *cloro*. En otras palabras, cada *switch* tendría que tener su propio analizador de concentración de *cloro*, con toda la complejidad inherente a éstos dispositivos.

Un ejemplo de tal alarma (disparada por una corriente de 4 - 20 mA es el modelo *SPA (Site Programmable Alarm)* fabricado por *Moore Industries* que se muestra aquí (Fig. 1.12).

Además de proporcionar la capacidad de alarma, el módulo SPA también ofrece una pantalla digital LCD para mostrar el valor de la señal con fines de operación o diagnóstico.

Al igual que otros módulos de alarma accionados por corriente, el *SPA* de *Moore Industries* puede ser configurado para *trip* disparar contactos cuando la señal de corriente alcance umbrales previamente programados. Algunos de estos tipos de alarmas que proporciona esta unidad son *high process, low process, out-of-range* y *high rate-of-change.*

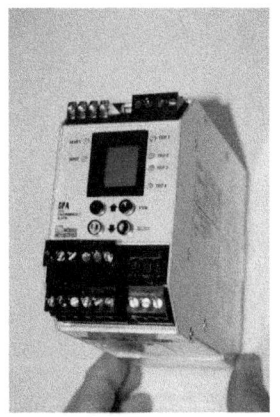

Figura 1.12: Foto de un módulo de alarma

Se pueden agregar alarmas a sistemas que ya usan sensores neumáticos. En el ejemplo de la caldera de vapor, se podrían colocar alarmas de nivel alto y de nivel bajo a los transmisores neumáticos de nivel (Fig. 1.13).

Estos dos *switches* accionados por presión servirán como alarmas de nivel de agua, porque la señal de presión de aire que actúa sobre estos viene desde los transmisores neumáticos, los cuales envían una presión de aire en proporción directa con el nivel de agua en el tanque de vapor. Aunque el estímulo físico actuando en cada *switch* es una presión de aire, los *switches* sirven como señal de alarma de nivel de líquido porque la presión de aire es una representación equivalente al nivel de agua en el tanque de

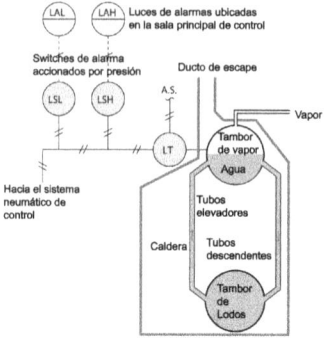

Figura 1.13: Adición de alarmas al sistema de desinfección de aguas servidas

vapor (Fig. 1.14).

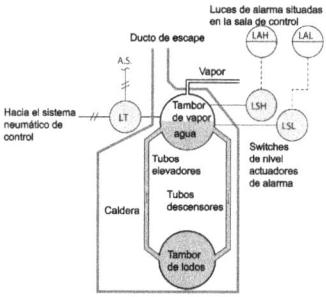

Figura 1.14: Switches de alarma

Los *switches* de alarma de proceso pueden ser usados para disparar otro tipo de elementos llamados anunciadores. Estos deben avisar a un operario para que tome una acción. Generalmente cuentan con un sistema de botones para que el operario pueda notificar al sistema que está en conocimiento del aviso. Lo anunciadores están diseñados para llamar la atención de los operarios y para esto utilizan sonidos fuertes y no se desactivarán hasta que se haya restablecido la normalidad.

La foto muestra un anunciador localizado en un panel de control de un gran motor accionado por una bomba (Fig. 1.15). Cada cuadrado plástico con letras escritas es un panel translúcido que cubre a una pequeña lámpara. Cuando haya una condición de alarma, la lámpara respectiva hará flash, lo que hará que el plástico translúcido brille, indicando al operario qué alarma está activa.

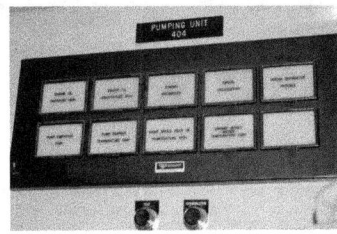

Figura 1.15: Foto de un anunciador

Note que hay dos pushbutton etiquetados con **Test** y **Acknowledge**. Al presionar el segundo se silenciará la alarma y hará que cualquier ampolleta que esté parpadeando permanezca con una luz fija. Al presionar el *pushbutton* **Test** se encenderán todas las alarmas para asegurar que las luces estén funcionando.

Al abrir el panel frontal del anunciador se pueden observar los relés modulares que controlan las funciones de parpadeo y de retención de respuesta del operario *acknowledgement*, uno para cada luz de alarma.

El diseño modular permite que cada alarma de canal pueda ser intervenido sin que se deba interrumpir el funcionamiento de los restantes canales de alarma.

La característica de *Acknowledge* se puede conseguir con un circuito electrónico conocido como *S-R latch* (Fig. 1.16b).

En la actualidad las alarmas presentan mayor información sobre el origen de la condición de alarma, una vez que pueden ser procesadas por computadores. De esta forma

(a) Relés modulares del anunciador

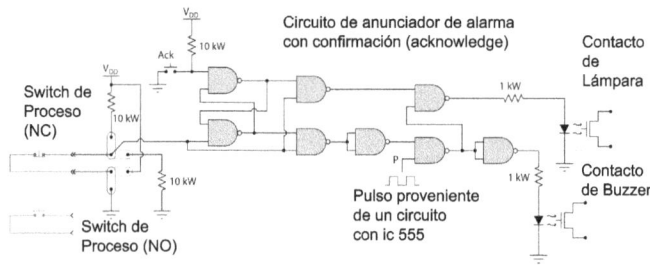

(b) Circuito de reconocimiento de alarmas

Figura 1.16: Anunciadores de alarma

es posible tener un registro histórico previo a la falla así como sistemas expertos que puedan aconsejar un curso de acción. También se pueden implementar varias secuencias de *acknowledgement/access*.

1.5 Conclusión

Los instrumentistas deben mantener el uso seguro y eficiente de las operaciones de mediciones industriales y los sistemas de control. Esto requiere el dominio de un gran conjunto de habilidades técnicas. Instrumentación es más que física, química, matemática, electrónica, mecánica y teoría de control juntos. Un instrumentista debe entender todos estos temas en forma aproximada, pero más importante es que conozca cómo cada área se relaciona con las otras. La característica holística (ver el todo, más que las partes que lo componen) de esta profesión hace que sea muy interesante. A lo que se agrega el desafío de tener que dominar las nuevas tecnologías. Sin embargo, las nuevas tecnologías no reemplazan los sistemas actuales, por lo que también es necesario conocer los instrumentos antiguos. Un buen instrumentista debe sentirse confortable con ambas tipos de tecnologías y estar consciente de las ventajas y limitaciones de cada una.

Una habilidad muy importante para un instrumentista es la capacidad de aprender por sí mismo. Quizás el factor más determinante en la habilidad de una persona para aprender independientemente es su habilidad para leer. En esta época no es difícil encontrar qué leer, pero sí es difícil encontrar personas dispuestas a hacerlo y que además les resulte. No se restrinja a solo leer el libro, ráyelo, escriba notas, destaque. En el caso de que lo esté leyendo en su versión pdf, kindle, mobi y otros, use la característica de anotación que poseen programas como mobipocket y otros lectores. No lea pasivamente, sino que intente imaginar un diálogo con el autor o participe con comentarios en foros, blogs y redes sociales que traten del tema. Es aconsejable que escriba sobre lo que ha aprendido, porque en el proceso de expresarse con sus propias palabras se consolida el aprendizaje.

Capítulo 2

Variables Discretas

En ingeniería una variable discreta se refiere a una condición de verdadero o falso. Así, un sensor discreto es uno que solo es capaz de indicar si la variable medida está encima o debajo de un setpoint dado. Los sensores discretos adoptan la forma de *switches*, construidos para hacer *trip* cuando la magnitud medida excede o no alcanza el valor dado. Estos dispositivos son menos sofisticados que los llamados sensores *continuos* que entregan valores analógicos, pero son muy útiles en la industria. Existen sensores discretos que detectan variables como posición, presión de fluidos, nivel de material, temperatura y tasa de caudal de fluido. La salida de un sensor discreto es típicamente de naturaleza eléctrica, ya sea un a señal de voltaje activo o solamente una elemento resistivo entre dos terminales del dispositivo.

2.1 Estado normal de un *switch*

Los contactos de los *switches* eléctricos se clasifican como *normalmente abierto* o *normalmente cerrado* lo que se refiere al estado de abierto o cerrado de los contactos (o terminales) observado en condiciones normales.

El estado *normal* de un *switch* es el estado de los contactos eléctricos cuando estos están bajo la condición de *estímulo físico mínimo*. Por ejemplo: para un *pushbutton*, este será el   estado del contacto del *switch* cuando no esté siendo presionado. Cuando un *switch* aparece en un diagrama debe indicar cuál es su estado normal. Por ejemplo, en el siguiente diagrama se muestra un *switch pushbutton* que controla una lámpara en un circuito de 220 volts AC (Fig. 2.1a).

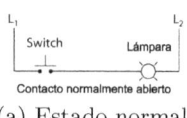

(a) Estado normal

Se puede decir que este *switch* es normalmente-abierto (NO: Normally-Open) porque ha sido dibujado en la posición de abierto. La lámpara se energizará solo si alguien presiona el *switch*, manteniendo sus contactos normalmente-abiertos en la posición cerrada. Los

(b) Normalmente cerrado

Figura 2.1

contactos de este tipo se denominan también contactos *form-A*. Cuando se tenga un *switch pushbutton* normalmente-cerrado, el comportamiento será el opuesto. La lámpara se energizará cuando el *switch* sea liberado, pero se apagará si alguien presiona el *switch*. Los contactos normalmente-cerrado (NC: Normally-Closed) también se denominan contactos *form-B* (Fig. 2.1b).

Un *switch* de caudal se construye para detectar fluido a través de un tubo. En un diagrama esquemático, el símbolo del *switch* se vé con una bandera que cuelga hacia abajo (Fig. 2.2). El diagrama esquemático no muestra el tubo donde está físicamente montado el *switch*:

Este *switch* de caudal en particular, se usa para activar una luz de alarma cuando el caudal de refrigerante a través del tubo cae a un nivel bajo peligroso. Los contactos son normalmente-cerrado de acuerdo a como se representan en el diagrama. Note que aunque el *switch* está diseñado como normalmente-cerrado,

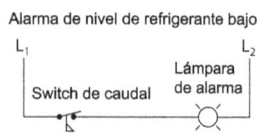

Figura 2.2: Switch de caudal

estará la mayor parte del tiempo en
estado abierto debido a la presencia de niveles adecuados de
refrigerante. Solo cuando este nivel baje mucho, pasará a
su estado "normal" (recordar que es la condición de estímulo
mínimo y conducirá corriente eléctrica a la lámpara. En otras
palabras, el estado "normal" del *switch* (cerrado) es realmente
un estado *anormal* para el proceso, que está sensando **caudal
bajo**. Como el fabricante del *switch* no puede anticipar el
uso del dispositivo como alarma de bajo nivel o de alto nivel,
no se puede clasificar según lo que se considere normal en
el proceso. El criterio que puede otorgarse como normal es
aquel en el que el dispositivo recibe la menor cantidad de
estímulo físico desde el proceso. Posibles definiciones para
estado normal de un *switch* pueden ser:

- *Switch* **manual** : nadie presiona el *switch*

- *Switch* **limitador**: el objetivo (*target*) no está
  contactando el *switch*

- *Switch* **de proximidad**: el objetivo (*target*) está muy
  lejos

- *Switch* **de presión**: presión es baja (o es el vacío)

- *Switch* **de nivel**: nivel bajo (vacío)

- *Switch* **de temperatura**: baja temperatura (fresco
  cold)

- *Switch* **de caudal**: baja tasa de caudal (el fluido está
  detenido)

2.2 *Switches* manuales

Un *switch* manual es un *switch* eléctrico que puede ser
operado con el movimiento de la mano. Puede tomar la forma
de *toggle*, *pushbutton*, rotatorio, *pullchain*, etc. Una forma de
un pushbutton industrial puede lucir como (Fig. 2.3a).

El cuello roscado está diseñado para ser introducido en una perforación en un chapa de metal o plástico, de tal forma que pueda ser sujetada con una tuerca. De esta forma, el botón queda accesible al operario y los contactos quedan al otro   lado.

Cuando se presiona el botón, se deshace el puente entre los contactos normalmente-cerrado y se establece otro entre los contactos normalmente-abierto (Fig. 2.3b).

El   símbolo esquemático correspondiente es (Fig. 2.3c):

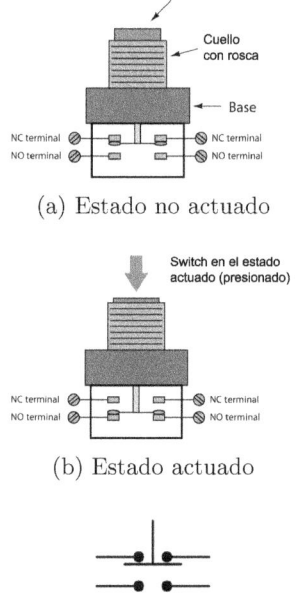

(a) Estado no actuado

(b) Estado actuado

(c) Esquema

Figura 2.3: Switch Manual

2.3 *Switches* limitadores

Un *switch* limitador detecta el movimiento físico de un objeto al estar en contacto directo con este. Por ejemplo, el que detecta la posición de la puerta de un auto, encendiendo la luz del interior cuando la puerta abre (Fig. 2.4).

El estado "normal" de un *switch* corresponde al estado cuando no esté en contacto con nada (Nada toca el mecanismo del *switch*). Los *switches* limitadores se utilizan en el control robótico y en tornos CNC (Computer Numerical Control). En muchos sistemas de control de movimiento, el elemento móvil tienen posiciones "home", a las que el computador le asigna un valor de cero, así el computador sabe con confianza la posición de comienzo de cada pieza. Los *switch* limitadores detectan cual es la posición "home". Un computador podría activar servomotores para mover una pieza hasta que se active el *switch* limitador, de esta forma la pieza se colocaría en su posición inicial "home". Un *switch* limitador se diseña con

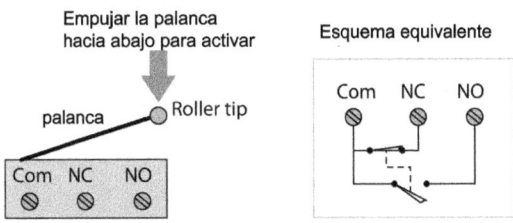

Figura 2.5: Switch con contacto común

una palanca (lever) terminada en un elemento deslizante (roller tip). Este último entra en contacto con la parte móvil que se quiere detectar. Terminales atornillados en el cuerpo del *switch* hacen puente entre terminales NC o entre terminales NO. Si embargo, muchos *switches* pueden tener un tercer contacto llamado "común", el que puede estar en puente con un terminal NC o un terminal NO (Fig. 2.5).

Este tipo de disposición de contactos se conoce como *form-C* debido a que tiene un contacto de tipo form-A (normalmente-abierto) y un contacto de tipo form-B (normalmente-cerrado). Una foto de *close-up* de un conjunto de *switches* limitadores muestra la presencia de contactos form-C (Fig. 2.6).

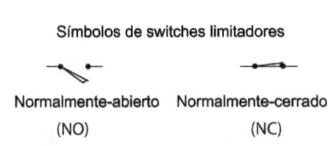

Figura 2.4: Switch limitador

Figura 2.6: Contactos en *form-C*

2.4 *Switches* de proximidad

Un *switch* de proximidad es aquel que detecta la cercanía a un objeto (o proximidad). Estos son elementos que no establecen contacto físico con el elemento que se quiere medir. Usan medios magnéticos, eléctricos y ópticos con el fin de detectar proximidad.

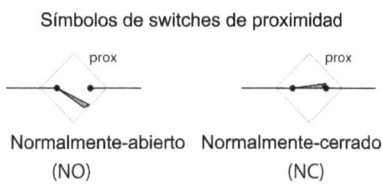

Símbolos de switches de proximidad

Normalmente-abierto (NO) Normalmente-cerrado (NC)

Figura 2.7: Switch de proximidad

Dado que el estado "normal" es la condición de estímulo mínimo. Un *switch* de proximidad estará en estado "normal" cuando esté lejos de los objetos medidos. Se usan para sustituir los *switches* limitadores en los casos en que se quiera evitar efectos debido al contacto físico repetido que implica el uso de los *switches* limitadores. Sin embargo su mayor costo y complejidad, en comparación con los *limitadores*, recomienda que se usen solo cuando los beneficios del reemplazo sean evidentes.

La mayor parte de los *switches* de proximidad son activos: disponen de un circuito electrónico energizado que detecta la proximidad de un objeto. Los *switches* de proximidad *inductivos* detectan la presencia de objetos metálicos a través del uso de un campo **magnético** de alta frecuencia. Los

switches de proximidad *capacitivos* detectan la presencia de
objetos no metálicos a través de un campo **eléctrico** de alta
frecuencia. Los *switches* ópticos detectan la interrupción
de un haz de luz provocada por un objeto. Los *switches*
que tienen contactos mecánicos se representan igual que los
switches limitadores pero se le agrega un rombo para indicar
que son elementos activos (Fig. 2.7).

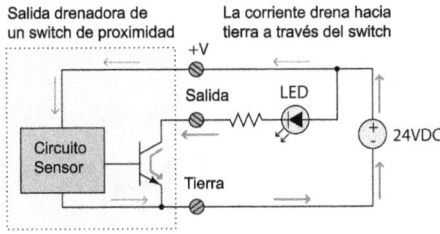

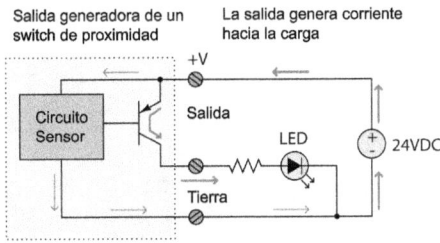

Figura 2.8: Salidas de switch a transistores

Muchos *switches* de proximidad no proporcionan salidas
de contacto secas *dry contact* como los que tienen contactos
mecánicos, sino que sus elementos de salida son transistores
configurados para generar o drenar corriente eléctrica. El
siguiente esquema muestra el contraste entre los dos modos
de operación, se usan flechas para indicar el sentido de la
corriente (en el sentido convencional). En el ejemplo, la carga
asignada al *switch* de proximidad es un LED (Fig. 2.8).

La fotografía muestra dos estilos de *switches* electrónicos de proximidad (Fig. 2.9).

La próxima fotografía muestra un *switch* de proximidad detectando el paso de un diente de una cadena generando una señal eléctrica de onda cuadrada. Este dispositivo puede ser usado como un sensor de velocidad rotacional (velocidad de la cadena proporcional a la frecuencia de la señal) o como un sensor de cadena rota (Fig. 2.4).

2.5 *Switches* de presión

Un *switch* de presión es aquel que detecta la presencia de presión de un fluido. Los *switches* de presión frecuentemente usan diafragmas o fuelles como el elemento sensor de presión (elemento primario), cuando se mueven hacen puente entre

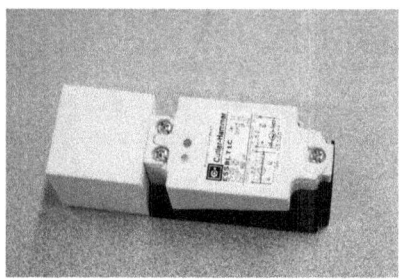
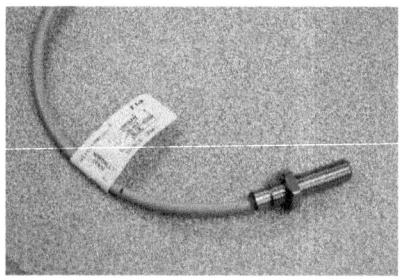

Figura 2.9: Switches electrónicos de proximidad

los contactos. El estado normal de un *switch* es aquel en que existe la condición de estímulo mínimo. Un *switch* de presión estará en sus estado normal cuando sense la menor presión, lo que puede ser también el vacío (Fig. 2.10).

La siguiente fotografía muestra dos *switches* de presión sensando la misma presión de fluido que un transmisor electrónico de presión, ubicado en el extremo lejano hacia la izquierda (Fig. 2.11).

Símbolos de switches de presión

Normalmente-abierto   Normalmente-cerrado
(NO)   (NC)

Figura 2.10: Switch de presión

Figura 2.11: Switches sensando presión

Un diseño antiguo de *switch* de presión usa un tubo de *Bourdon* como el elemento primario de sensado de presión y un bulbo de vidrio parcialmente lleno con Mercurio como el elemento de conexión eléctrica. Cuando una presión aplicada sea capaz de flexionar el tubo *Bourdon*, el bulbo de vidrio se moverá los suficiente como para hacer que el Mercurio líquido haga puente entre el par de electrodos y que por tanto, se cierre el circuito eléctrico. El Mercurio es un metal (aunque esté en estado líquido a temperatura y presión normal, a diferencia de otros metales que están en estado sólido), por lo tanto es conductor de electricidad. En la foto (Fig. 2.12), un generador de vapor (*steam boiler*) con varios de estos dispositivos (son las unidades redondeadas que tienen una cubierta de vidrio para permitir la inspección del tubo *Bourdon* y el *switch* de Mercurio).

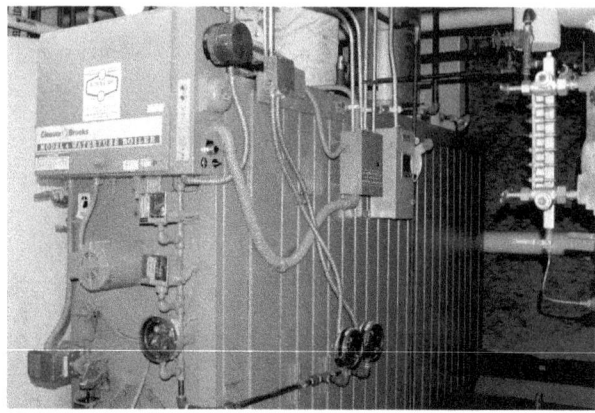

Figura 2.12: Foto de un generado de vapor con switches con tubo de Bourdon

Una fotografía *closed-up* (Fig. 2.13) muestra uno de estos dispositivos, observe que el tubo de *Bourdon* es una cinta de color estaño extendida en forma de cilindro que rodea las otra piezas. El *switch* de Mercurio es la cápsula de vidrio a la que entran los cables, los que tienen una cubierta de plástico amarillo.

Figura 2.13: Switch con tubo de Bourdon

En la próxima fotografía (Fig. 2.14) se muestra el *switch* de Mercurio, una vez que se ha extraído del dispositivo.

El *switch* de Mercurio es inmune a la degradación de los

contactos cuando hay aceite, suciedad, polvo o corrosión. Es igualmente importante notar que las chispas que se puedan originar al cerrar contactos no serían capaces de engendrar una explosión, debido a que estarían en un recipiente herméticamente sellado: el bulbo de vidrio.

Un *switch* de presión de Danfoss Corporation aparece en la siguiente foto (Fig. 2.15a). Este modelo tiene una ventana en el frente para permitir que los técnicos puedan ver en el interior el límite de presión que se ha establecido.

Este *switch* balancea la fuerza generada por el elemento primario de sensado de presión y un resorte mecánico. La tensión del resorte puede ser ajustada por un técnico, lo que significa que el *trip point* es ajustable. Uno de los ajustes de este *switch* es el recorrido muerto *dead band* o ajuste de presión diferencial (en la ventana inferior). Este ajuste determina la cantidad de cambio de presión necesario para resetear el *switch* a su estado normal después que se haya activado (*tripped*). Por ejemplo: un *switch* con un *trip point* de 67 psi (cambia estado a 67 psi, incrementalmente) que se resetea a su estado normal a una presión normal de 63 psi bajando progresivamente, tiene un *dead-band* de 4 psi (67 psi - 63 psi = 4 psi).

El ajuste de presión diferencial de un sensor de presión no debe ser

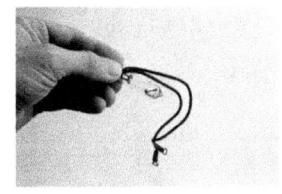

(a) Abierto

(b) Cerrado

Figura 2.14: Funcionamiento de un tilt switch

confundido con un *switch* real de presión diferencial. En la próxima foto, se vé un *switch* de presión actuado por una presión diferencial (la diferencia en la presión de fluido entre dos puertos) (Fig. 2.15b).

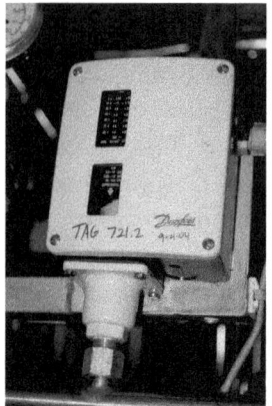
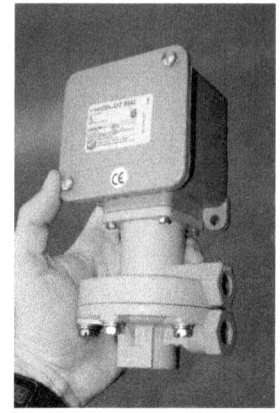

(a) Switch de presión Danfoss

(b)   Switch de presión Actuado por presión diferencial

Figura 2.15: Switches de Presión

El *switch* eléctrico está ubicado bajo la cubierta azul, con el diafragma bajo la cubierta gris. La fuerza neta ejercida sobre el diafragma por las dos presiones de fluido varía en magnitud y dirección con la magnitud de esas presiones. Si las dos presiones de fluido son exactamente iguales, el diafragma no sufrirá ninguna fuerza neta (cero presión diferencial).

Al igual que el *switch* Danfoss visto anteriormente, este *switch* de presión diferencial tienen un ajuste de límite o de *trip* y un ajuste de *dead band* o ajuste diferencial. Es importante reconocer el uso de la palabra diferencial en los dos contextos de este *switch*. Este sensa diferencias de presión entre dos puertos de entrada, lo que es una *presión diferencial*: la diferencia entre dos conexiones de presión de fluido; pero, como es un *switch* también tienen *dead band* que es también una *presión diferencial*: un cambio en la presión requerido para resetear el *switch*.

2.6 *Switches* de nivel

Un *switch* de nivel es aquel que detecta el nivel de líquido o sólido (gránulos o polvo) en un envase. Estos *switches* usan flotadores como los elementos primarios de sensado de nivel. Al moverse los flotadores acciona uno o más contactos del *switch*.

Dado que el estado normal de un switch es la condición de estímulo mínimo. Un *switch* de nivel estará en ese estado cuando sense el nivel mínimo: envase vacío (Fig. 2.16a).

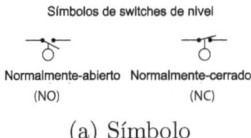

(a) Símbolo

2.6.1 Flotadores

El *switch* de nivel de agua que aparece en la foto (Fig. 2.16b) pertenece a un generador de vapor (*steam boiler*). El *switch* sensa el nivel de agua en el cilindro del generador de vapor.

(b) Foto

El mecanismo del *switch* es un bulbo de Mercurio (*mercury tilt bulb*), el cual se hace inclinar a través de la atracción de un imán hacia una varilla de acero que ha sido levantada a una altura determinada por un flotador.

Figura 2.16: Switches de nivel

Si la varilla llega a estar lo suficientemente cerca del imán, la botella de Mercurio se inclinará y cambiará el estado eléctrico del *switch*.

2.6.2 *Switches* de nivel resonadores *tunning fork*

Los *switches* de este tipo utilizan una resonador acústico en forma de U parecido al usado para afinar ciertos instrumentos musicales para detectar la presencia de un líquido o un sólido (polvo o gránulos) en un contenedor (Fig. 2.17).

Un circuito electrónico excita continuamente el resonador acústico, lo que causa que éste vibre. Cuando las extremos en U del resonador contacten algo que tenga alguna masa apreciable, la frecuencia de resonancia del conjunto disminuirá abruptamente. El circuito es capaz de detectar este cambio e indica la presencia de material que toca al resonador. El movimiento de vibración del resonador tiende a desprenderse de cualquier material acumulado, así este tipo de *switch* no sufre de errores por este motivo.

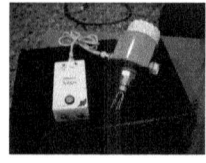

Figura 2.17: Switch resonador

2.6.3 Basados en paleta *paddle-wheel*

Una variación más primitiva de un *switch* de *tuning fork* es el *switch* de pala rotatoria (*rotating paddle*) , usado para detectar el nivel de polvo o de material sólido granular. Este *switch* de nivel usa un motor eléctrico que hace rotar lentamente una pala de metal dentro del contenedor de proceso. Cuando un material sólido alcance el nivel de la pala, el conjunto de material

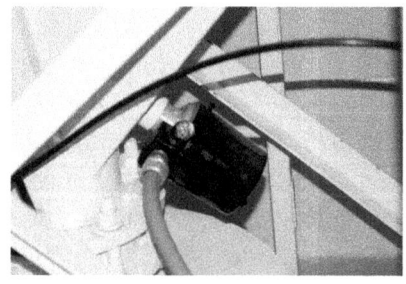

Figura 2.18: Aplicación de un switch para detectar la presencia de Bicabornato de Sodio

ejercerá una carga en la pala. Un *switch* sensible a la torsión, mecánicamente conectado con el motor actuará cuando se ejerza suficiente esfuerzo torsional en el motor. En la foto se muestra un *switch* usado para detectar la presencia de polvo de bicarbonato de sodio (*soda ash powder*) en un recipiente usado en una planta de tratamiento de agua (Fig. 2.18).

2.6.4 Ultrasónicos

Un *switch* de este tipo (Fig. 2.19), utiliza ondas ultrasónicas para detectar la presencia de material de proceso (sea sólido o líquido) en un punto. Las ondas de sonido son enviadas en ambos sentidos, dentro de la ranura de la sonda, generadas por transductores piezoeléctricos. La presencia de cualquier substancia que no sea gas en la ranura de la sonda, afectará la potencia de la señal acústica recibida, señalizando al circuito electrónico que el nivel del proceso ha alcanzado el punto de detección. La ausencia de partes móviles hace esta sonda muy confiable, aunque puede dar indicación falsa cuando tenga mucha acumulación de material.

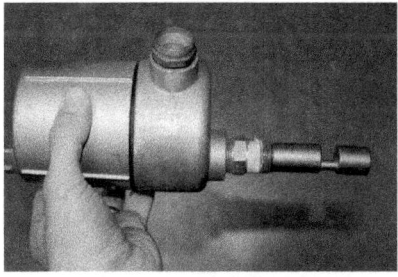

Figura 2.19: Switch de nivel ultrasónico

2.6.5 Capacitivos

Este *switch* es capaz de detectar cambios de nivel por cambios en la capacidad eléctrica entre el *switch* y el líquido. La foto muestra una pareja de *switches* capacitivos sensando la presencia de agua en un recipiente (Fig. 2.20).

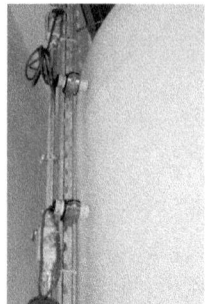

Figura 2.20: Sensores capacitivos sensando la presencia de agua

2.6.6 Conductivos

Este tipo de *switch* utiliza un conjunto de electrodos de metal para tocar el material de proceso y formar con este, un circuito cerrado, actuando como un relay. Esto solo funciona con materiales de proceso conductores de electricidad: agua potable o agua sucia, ácidos, agentes corrosivos (*caustics*), líquidos de alimentos, carbón, polvo de metal. No funciona con agua ultrapura, aceites ni polvo cerámico.

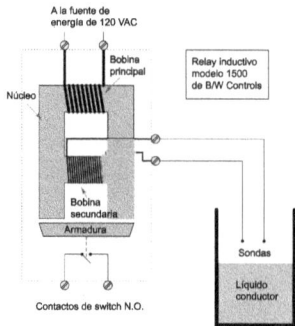

Figura 2.21: Switch de nivel conductivo B/W Controls 1500

Un diseño antiguo de este tipo de *switches* es el modelo 1500 "inductive relay" fabricado por B/W Controls usando un transformador/relay especial para generar un voltaje AC aislado en la sonda y sensar la presencia de fluido (Fig. 2.21).

El voltaje de línea (en este caso 120 VAC) energiza el primario del transformador, enviando un campo magnético a través del núcleo de hierro laminado del relay. Este campo magnético fácilmente pasa a través del centro de la bobina secundaria cuando el circuito secundario esté abierto (cuando no haya líquido cerrando el circuito de sondeo), completando así el "circuito" magnético del núcleo. Cuando un circuito es cerrado por un nivel de líquido que toca ambas sondas, la corriente resultante en la bobina del secundario impedirá que haya caudal magnético a través del centro, haciendo que el caudal magnético se redistribuya de tal forma que atraiga la armadura de hierro hacia el marco del núcleo. Esta atracción física hace puente en los contactos, con lo que la presencia de líquido se puede indicar.

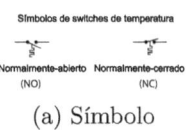

Símbolos de switches de temperatura

Normalmente-abierto (NO) Normalmente-cerrado (NC)

(a) Símbolo

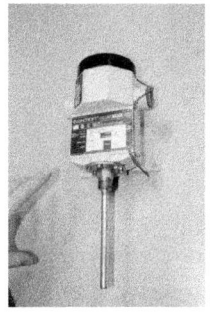

(b) Foto

Figura 2.22: Switch de temperatura

2.7 *Switches* de temperatura

Un *switch* de temperatura es uno capaz de detectar la temperatura de un objeto. Frecuentemente se usan cintas bi-metálicas como elemento de sensado, las que, cuando se mueven, actúan sobre uno más contactos del *switch*. Un diseño diferente es usar un bulbo metálico lleno con un fluido que se expande con la temperatura, haciendo que el mecanismo del *switch* actúe en base a la presión que el fluido ejerce sobre un diafragma o un fuelle. Este último tipo de diseño es realmente un *switch* de presión, cuya presión es proporcional a la temperatura del proceso lo que responde

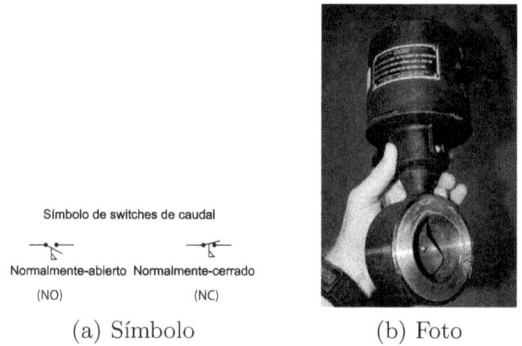

(a) Símbolo   (b) Foto

Figura 2.23: Switch de caudal

a las leyes físicas que se aplican al fluido encerrado en
el bulbo de sensado. Sabiendo que el estado normal de
un *switch* es la condición de estímulo mínimo. Un *switch*
de temperatura estará en estado "normal" cuando sense la
temperatura mínima (Ej. frío, en algunos casos, más frío que
la temperatura ambiente) (Fig. 2.22a).

La foto siguiente muestra un *switch* activado por
temperatura fabricado por Ashcroft corporation (Fig. 2.22b).

Cuando se requiera mayor precisión (*accuracy*) y fidelidad
(*repeatability*) se pueden usar circuitos electrónicos con
termocuplas, RTDs o termistores en lugar de elementos de
sensado mecánicos como las cintas bimetálicas o los bulbos
rellenados.

2.8   *Switches* de caudal

Un *switch* de caudal es uno que detecta el caudal de cierto
fluido a través de un tubo capilar. Los *switches* de caudal
frecuentemente utilizan palas como el elemento primario de
sensado, el movimiento de estas palas puentea uno o más
contactos en el *switch*. Sabiendo que normal es el estado
de estímulo mínimo, en el caso de un *switch* de caudal, este
estado corresponde al momento en que se sense el caudal

mínimo. (Ej. que no haya fluido en el tubo) (Fig. 2.23a).

Una pala simple en el medio del caudal de fluido genera una fuerza mecánica que puede ser usada para activar el mecanismo de un *switch* (Fig. 2.23b).

Capítulo 3

Mediciones continuas de Presión

La Presión es la variable principal en una gran cantidad de mediciones de procesos. Muchos tipos de mediciones industriales son mediciones derivadas, no directas, a partir de mediciones de presión. Por ejemplo:

- Caudal (midiendo la presión que cae a través de un estrechamiento del conducto)

- Nivel de líquido (midiendo la presión creada por una columna vertical de líquido)

- Densidad de líquido (midiendo la diferencia entre dos columnas de líquido de altura fija)

- Peso (celda hidráulica de carga *hydraulic load cell*)

Incluso la temperatura podría también ser inferida a partir de mediciones de presión en el caso de una cámara con fluido en que la presión de fluido y la temperatura del fluido están directamente relacionadas. Por eso, la presión es una magnitud muy importante de medir, y de medir en forma precisa *accurately*. Esta sección describe varios principios de funcionamiento para la medición de la presión.

3.1 Manómetros

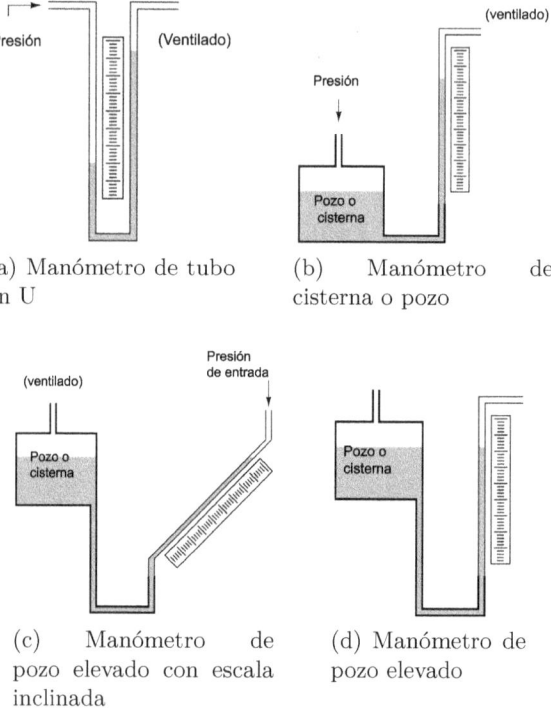

(a) Manómetro de tubo en U

(b) Manómetro de cisterna o pozo

(c) Manómetro de pozo elevado con escala inclinada

(d) Manómetro de pozo elevado

Figura 3.1: Manómetros

Un dispositivo muy simple para medir la presión es el **manómetro** *manometer*: un tubo rellenado con fluido en el que una presión de gas que se aplique logra que la altura del fluido cambie proporcionalmente. Por esto es que la presión, frecuentemente se mide en unidades de altura de líquido (Ejemplo: pulgadas de agua, pulgadas de Mercurio). Como se puede apreciar, un manómetro es fundamentalmente un instrumento de medición de presión diferencial, indicando la diferencia entre dos presiones por un cambio en la altura de una columna de líquido (Fig. 3.2a).

Claramente, es completamente aceptable que se use uno

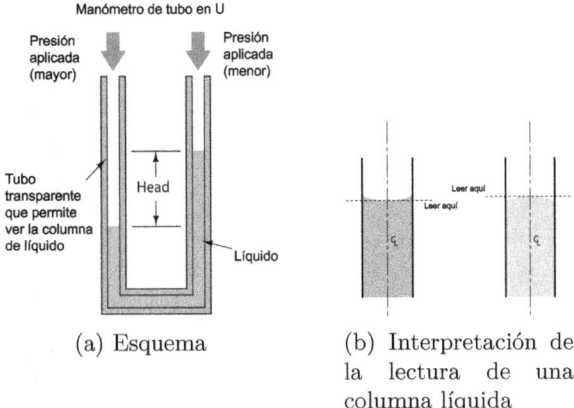

(a) Esquema

(b) Interpretación de la lectura de una columna líquida

Figura 3.2: Manómetros

de los tubos sin cerrar para que esté en contacto con la presión atmosférica y que se use el otro para medir la presión del proceso en comparación con la presión atmosférica.

La altura de la columna de líquido en un manómetro debe ser siempre interpretada en la línea central de la columna de líquido, sin importar la forma de la interface aire/líquido (*meniscus*) (Fig. 3.2b).

Los manómetros vienen en distintos formatos, el más común es el *U-tube*. Otros formatos son *well* (también llamado *cistern*), *raised well, inclined* y *well* (Fig. 3.2).

Los manómetros de tubo en "U" son muy baratos y están construidos de plástico translúcido (vea la foto de la izquierda) (Fig. 3.3b). Los manómetros de estilo pozo *well* son muy utilizados en las bancadas de calibración y están construidos típicamente de tubos de vidrio (vea la foto de la derecha) (Fig. 3.3a).

Los manómetros inclinados se usan para medir presiones muy bajas debido a su sensibilidad excepcional (note la escala fraccional para las pulgadas de columna de agua en la siguiente fotografía (Fig. 3.3c) que se extiende de 0 a 1.5 pulgadas en la escala, leyendo de izquierda a derecha).

Ventilar un lado del manómetro es una práctica común cuando se usa como indicador de *gauge* galga de presión, respondiendo a la presión en exceso con respecto a la presión atmosférica.

Ambos lados del manómetro deben emplearse para medir presiones diferenciales, como el caso del manómetro en "U", pero también se pueden medir presiones absolutas si uno de los extremos del manómetro se conectase a una cámara de vacío. Así es como se construye un barómetro de Mercurio, se sella uno de los lados del manómetro y se elimina el aire en ese lado de tal forma que la presión aplicada (atmosférica) siempre sea comparada con la del vacío.

Los manómetros que usan un *well* pozo tienen la ventaja de un solo punto de lectura: solo se necesita comparar la altura de una columna de líquido, no la diferencia entre dos columnas de líquido. El área transversal del la columna de líquido en el pozo *well* es tan grande en comparación con la del tubo transparente, que un cambio en la altura dentro del pozo será despreciable. En los casos en que la diferencia sea significativa, el espaciamiento entre las divisiones en la escala del manómetro deberán ser corridas para compensar.

(a) de pozo (well)

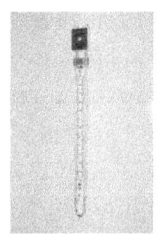

(b) de tubo en U

(c) inclinado

Figura 3.3: Manómetros

Los manómetros inclinados disfrutan la ventaja de mejor sensibilidad porque estos manómetros operan fundamentalmente bajo del principio de balance de presión por altura de líquido, y la altura de líquido siempre es medida paralelamente al empuje gravitatorio (perfectamente vertical). En un tubo inclinado se debe mover más agua para generar el mismo cambio de altura que en un manómetro en posición vertical. Esto explica el aumento de sensibilidad. En un manómetro inclinado se necesita más movimiento de líquido por unidad de presión.

3.2   Elementos mecánicos de presión

Los elementos mecánicos para medir presión incluyen los fuelles, los diafragmas y el tubo Bourdon (Fig. 3.4). Cada uno de estos dispositivos convierte la presión de fluido en una fuerza. Debido a las propiedades elásticas de estos dispositivos, se producirá un movimiento proporcional a la presión aplicada.

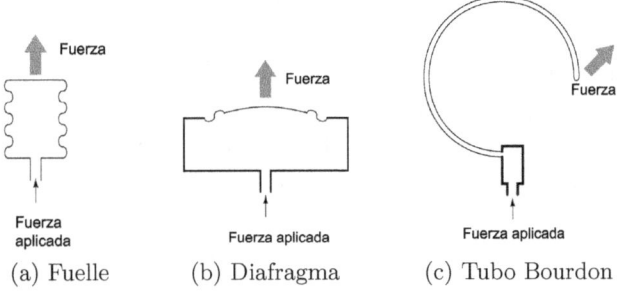

(a) Fuelle   (b) Diafragma   (c) Tubo Bourdon

Figura 3.4: Elementos mecánicos para medición de presión

Los fuelles se parecen a un acordeón construido de metal en lugar de tela. El incremento de la presión en el interior de un fuelle hace que el fuelle aumente de tamaño (Fig. 3.5a).

Un diafragma no es más que un disco de material que se arquea bajo la influencia de la presión del fluido. Algunos diafragmas se construyen con materiales de poco efecto elástico llamados *slack diaphragms* que se usan junto con mecanismos externos para producir la fuerza de restablecimiento necesaria para evitar daños por la presión aplicada.

La foto muestra el mecanismos de una galga pequeña que

(a) Foto de un fuelle

(b) Foto de un diafragma

Figura 3.5: Elementos primarios

usa un diafragma de aleación de cobre y zinc *brass* como el elemento de sensado (Fig. 3.5b).

Una presión que se aplique en la parte trasera del diafragma, lo extenderá hacia arriba (alejándolo de la mesa en la que descansa, como se muestra en la foto (Fig. 3.5b)) y causando que un pequeño eje *shaft* se tuerza como respuesta. Este movimiento de torsión se transfiere a una palanca la que, a su vez, tira de una pequeña cadena que se enrosca alrededor de un puntero. El puntero rota y hace que la aguja del puntero recorra diferentes puntos en la escala de la galga. La escala y la aguja de este mecanismo de galga no se muestran para mayor apreciación del diafragma y mecanismo asociado.

Los tubos Bourdon están hechos de aleaciones de metal elástico que son conformadas en una forma circular. Bajo la influencia de la presión interna, un tubo de Bourdon *trata* de estirarse y adoptar la forma original que tenía antes de que fuera conformado en la fábrica.

La mayoría de las galgas de presión usan tubos de Bourdon como elemento de sensado de presión, en contraste, la mayoría de los transmisores usan un diafragma como elemento de sensado de presión. Los tubos Bourdon pueden ser conformados en forma espiral o helicoidal para obtener más movimiento (y por lo tanto mayor resolución de la galga).

Vea en (Fig. 3.6a) un mecanismo de galga basada en tubo Bourdon conformado en C.

Una fotografía posterior de un mecanismo de galga de presión de tubo en C revela como trabaja el mecanismo (Fig. 3.6b).

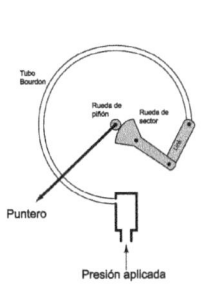

(a) Esquema del mecanismo de galga basado en tubo Bourdon conformado en C

(b) Foto del mecanismo de funcionamiento

(c) Tubo Bourdon en Espiral

Figura 3.6: Tubo de Bourdon

En la foto, el tubo en C, oscuro, es el elemento de sensado tubo Bourdon con las partes metálicas brillantes siendo la unión, la palanca y el conjunto de engranajes.

La próxima foto muestra un tubo Bourdon en espiral diseñado para producir una mayor amplitud de movimiento que un tubo Bourdon con tubo en C (Fig. 3.6c).

Note que los elementos como fuelles, diafragmas y tubos Bourdon pueden ser usados para medir presión absoluta y/o diferencial además de la presión de galga. Todo lo que se necesita es someter el otro lado del elemento sensor de presión a otra presión aplicada (en el caso de mediciones de presión diferencial) o a una cámara de vacío (en el caso de mediciones de presión absoluta).

El próximo conjunto de ilustraciones muestra cómo los fuelles, diafragmas y tubos Bourdon pueden ser usados como elementos de sensado de presión (Fig. 3.7).

El desafío para conseguir esto, reside en cómo hacer para

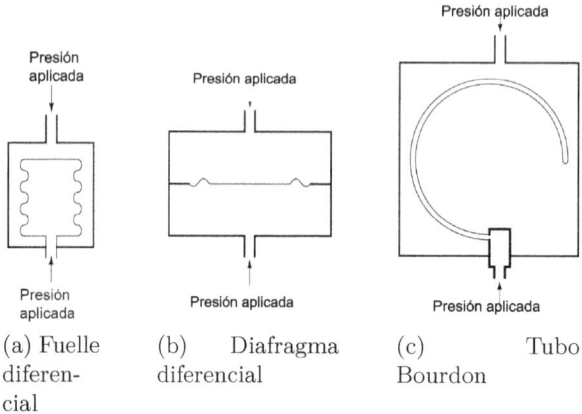

(a) Fuelle diferencial   (b) Diafragma diferencial   (c) Tubo Bourdon

Figura 3.7: Elementos de sensado de presión

que el movimiento mecánico del elemento de sensado de presión no ocurra en el interior, sino que sea implementado como un mecanismo exterior (como un apuntador), a la vez que se mantenga un buen sellado de presión. En los mecanismos de galgas de presión, no hay mayores problemas porque un lado del elemento de sensado de presión siempre deberá estar expuesto a la presión atmosférica así que ese lado siempre estará disponible para conexiones mecánicas.

Una galga de presión diferencial se muestra en la foto siguiente. Las dos entradas de presión son claramente evidentes en ambos lados de la galga (Fig. 3.8).

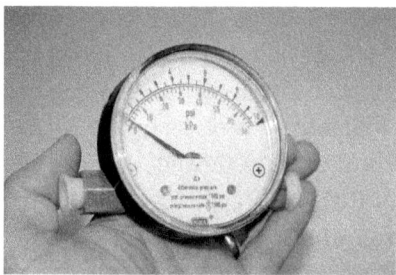

Figura 3.8: Galga de presión diferencial

Tabla 3.1: Breve resumen de los transmisores electrónicos de presión

Fabricante	Modelo	Ppio funcionamiento
ABB/Bailey	PTSD	Reluctancia diferencial
ABB/Bailey	PTSP	Piezorresistivo s. gauge
Foxboro	IDP10	Piezorresistivo s. gauge
Honeywell	ST3000	Piezorresistivo s. gauge
Rosemount	1151	Capacitancia diferencial
Rosemount	3051	Capacitancia diferencial
Rosemount	3095	Capacitancia diferencial
Yokogawa	EJX	Resonancia mecánica

3.3 Elementos eléctricos de presión

Existen unos pocos principios de funcionamiento para la conversión de presión de fluido en una señal eléctrica de respuesta. Estos principios forman la base de los transmisores de presión electrónicos diseñados para medir presión de fluido y transmitir esta información usando señales eléctricas como las del estándar analógico 4-20 mA, o los protocolos digitales HART o Foundation Fieldbus.

Vea un breve resumen de transmisores electrónicos de presión (Tab. 3.1).

3.3.1 Sensores piezorresistivos (galgas extensiométricas)

piezorresistivo significa **resistencia sensible a la presión** o resistencia que cambia con la presión aplicada. La galga extensiométrica es un ejemplo clásico de un elemento piezorresistivo(Fig. 3.9).

Cuando un elemento de prueba se comprime o estira por la aplicación de una fuerza los conductores de la galga extensiométrica se deforman en forma parecida. La

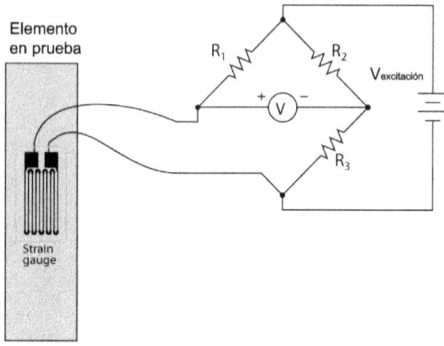

Figura 3.9: Funcionamiento de un elemento piezorresistivo

resistencia eléctrica de cada conductor es proporcional al
cociente entre el largo y el área de la sección transversal
$(R \propto \frac{l}{A})$, lo que significa que la deformación por esfuerzo
(estirado) incrementará la resistencia eléctrica cuando,
simultáneamente, se incremente el largo y se disminuya
el área de la sección transversal.   La deformación por
compresión (*squishing*) hará que disminuya la resistencia
eléctrica a causa de la disminución del largo y el aumento
área de la sección transversal, en forma simultánea.

Al pegar una galga extensiométrica a un diafragma se
obtiene un dispositivo que cambia la resistencia cuando se
aplica una presión. Las fuerzas debidas a la presión hacen
que el diafragma se deforme, lo que a su vez hace que la
galga extensiométrica cambie su resistencia. Al medir este
cambio con una resistencia, podremos inferir la cantidad de
presión que se ha aplicado al diafragma.

El sistema de galgas extensiométricas clásico representado
en la ilustración anterior es de metal, incluyendo el elemento
de prueba. Siempre que se use dentro de los límites elásticos,
muchos tipos de metales muestran buenas características
elásticas. Sin embargo, los metales padecen de fatiga debido a
la ocurrencia de ciclos repetidos de esfuerzos de estiramiento
y compresión, lo que causa que el metal sufra deformación
permanente y pérdida de elasticidad cuando sea sometido a

esfuerzos que superen sus límites elásticos. Esto es una fuente común de errores en instrumentos de presión con elementos piezoresistivos metálicos: si ocurre sobrepresión tienden a perder precisión *accuracy* debido a la pérdida de elasticidad.

Las técnicas modernas han hecho posible la construcción de galgas extensiométricas hechas de Silicio en vez de metales. El Silicio muestra características elásticas muy lineales en un intervalo estrecho de movimiento y oponen gran resistencia a la fatiga. Cuando una galga de Silicio es sometida a esfuerzo excesivo, falla completamente, en vez de perder elasticidad. Esto es una buena cosa, porque la falla del sensor se manifiesta claramente y con ello se facilita la detección de fallas en los sistema de medición y control.

Así, los instrumentos modernos de presión basados en galgas piezoresistivas usan galgas de Silicio para sensar la deformación de un diafragma sometido a presión de fluido. Una ilustración simple de un sensor de galga extensiométrica y su diafragama se muestra(Fig. 3.10a).

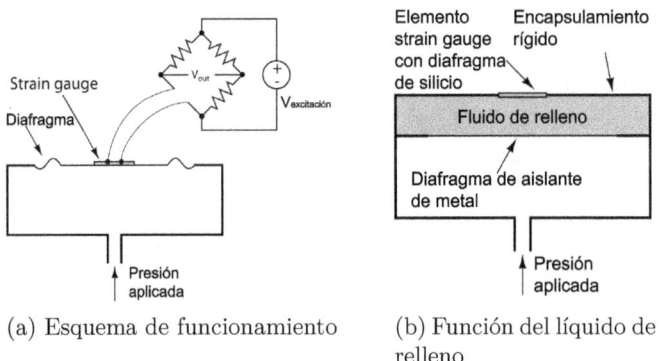

(a) Esquema de funcionamiento

(b) Función del líquido de relleno

Figura 3.10: Funcionamiento de una galga resistiva

Una vez que el diafragma se mueve con la presión, la galga se deforma causando que la resistencia cambie. Este cambio en resistencia desbalancea un circuito puente, lo que causa que un voltaje (V_{out}) se haga proporcional a la presión aplicada. Así, el voltaje de la galga extensiométrica trabaja para convertir la potencia aplicada en una señal de voltaje que pueda ser amplificada y convertida a una señal de 4-20 mA, o a una señal digital Fieldbus.

En algunos diseños, la pieza de Silicio sirve como diafragma y galga extensiométrica para explotar las excelentes propiedades mecánicas del Silicio (alta linealidad y baja fatiga). Sin embargo, el Silicio no es compatible con muchos fluidos de proceso, por lo que la presión debe ser transferida a un sensor o diafragma usando un fluido no reactivo de relleno *fill fluid* que es un líquido basado en Silicio o Fluorocarbono. Un diafragma aislador de metal transfiere la presión del proceso hacia el fluido de relleno, el cual, a su vez, transfiere la presión a la pieza de Silicio. La siguiente ilustración muestra como esto trabaja (Fig. 3.10b).

El diafragma aislador está diseñado para ser mucho más flexible (menos rígido) que el diafragma de Silicio, porque su propósito es transferir la presión de fluido (sin distorsión) desde el fluido de proceso hacia el fluido de relleno. De esta forma, el sensor de Silicio sensará la misma presión que si hubiese estado expuesto al fluido de proceso, sin haber tenido que estar en contacto con este. El transmisor de presión diferencial Foxboro modelo IDP10 es un ejemplo de instrumento que se basa en este principio de funcionamiento, se muestra en la fotografía siguiente (Fig. 3.12).

3.3.2 Sensores de capacidad diferencial

Dentro de la clasificación de sensores eléctricos también se incluyen los basados en el principio de capacitancia diferencial. En este diseño, el elemento de sensado es un diafragma de metal tenso *taut metal diaphragm* ubicado a la misma distancia de dos superficies metálicas estacionarias, formando un par de capacitores complementarios. Un fluido de relleno aislante *insulating* no conductor de electricidad (normalmente un compuesto de líquido de Silicio) transfiere el movimiento desde el diafragma aislador hacia el diafragma de sensado y también sirve como dieléctrico efectivo para los dos capacitores.

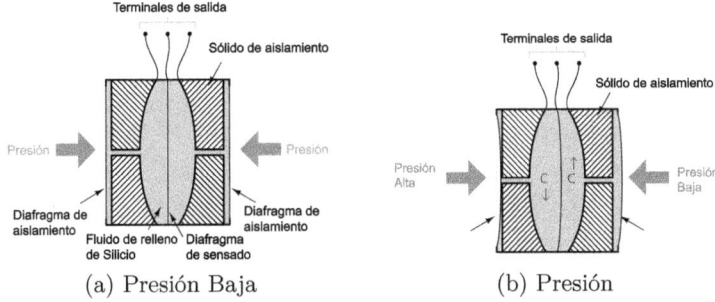

(a) Presión Baja   (b) Presión

Figura 3.11: Principio de funcionamiento de una galga de capacitancia diferencial

Cualquier diferencia de presión a través de la celda hace que el diafragma se curve en la dirección de la menor presión. El diafragma de sensado es un elemento elástico fabricado con mecánica de precisión, lo que significa que su desplazamiento es una función de la fuerza aplicada y responde solamente a la presión diferencial aplicada contra la superficie del diafragma de acuerdo con la conocida ecuación Fuerza-Presión-Area (Ec. 3.1):

Figura 3.12: Transmisor de presión diferencial Foxboro IDP10

$$F = PA \qquad (3.1)$$

En este caso, se tienen dos fuerzas causadas por dos presiones de fluido trabajando en contra, por lo tanto la ecuación Fuerza-Presión-Area puede ser reescrita como la fuerza resultante función de la presión diferencial $(P_1 - P_2)$ y el área del diafragma: $F = (P_1 - P_2)A$. Puesto que el área del diafragma es constante y la fuerza está relacionada con el desplazamiento del diafragma, todo lo que se necesita saber para inferir la presión diferencial es la medición precisa *accurately* del desplazamiento del diafragma.

La función secundaria del diafragma como una placa de dos capacitores ofrece un método conveniente para medir el desplazamiento. Puesto que la capacidad entre dos conductores es inversamente proporcional a la distancia de separación entre ellos, la capacidad en el lado de baja presión se incrementará mientras la capacidad en el lado de alta presión decrecerá (Fig. 3.11b).

Un circuito detector de capacidad conectado a esta celda usa una señal de excitación AC de alta frecuencia para medir la diferencia de capacidad entre las dos mitades, luego traduce esto en una señal DC, que es la que al final se envía como señal de salida del instrumento representando la presión.

Este tipo de medición de presión es muy preciso *accurate*, estable y robusto. El marco sólido bloquea el movimiento de los dos diafragmas móviles para evitar que puedan moverse más allá del límite elástico. Esto ofrece gran resistencia a daños por sobrepresión.

Un ejemplo clásico de un instrumento que usa el principio funcionamiento de la capacidad diferencial es el transmisor de presión diferencial modelo 1151 de Rosemount, el que se muestra en la foto (Fig. 3.13a).

(a) Foto   (b) Componentes de la brida

Figura 3.13: Transmisor de presión diferencial Rosemount 1151

Si se quitan dos tuercas, se pueden eliminar dos bridas *flange* de la cápsula de presión para poder ver los diafragmas aisladores (Fig. 3.13b).

Una foto de detalle (Fig. 3.14a) muestra la construcción

de uno de los diafragmas de aislamiento, el cual, a diferencia del diafragma de sensado, ha sido diseñado para ser muy flexible. Los doblados concéntricos en el metal del diafragma le permite flectarse fácilmente con la presión aplicada, transmitiendo así la presión de fluido a través del fluido de Silicio hasta el diafragma de sensado dentro de la celda de capacidad diferencial.

(a)
Foto del elemento primario de sensado: diafragma de aislamiento

(b) Foto del transmisor

Figura 3.14: Transmisor de presión diferencial Rosemount 3051

Otro instrumento, más moderno, que utiliza el principio de la diferencia de capacidad es el transmisor de presión diferencial modelo 3051 de Rosemount (Fig. 3.14b).

Como en el caso de los dispositivos de presión diferencial, este instrumento tiene dos puertos a través de los cuales el fluido de presión puede ser aplicado al sensor. Este sensor, a su vez, responde solo a la diferencia de presión entre los puertos.

La construcción de este sensor de capacidad diferencial es más compleja en este instrumento en particular, con el plano del diafragma de sensado descansando en forma perpendicular al plano de los dos diafragmas aisladores. Este diseño es mucho más compacto que el estilo más antiguo de sensor y sirve para aislar los diafragmas de sensado de los esfuerzos en las tuercas de las bridas *flanges*: una de las mayores fuentes de error de los diseños más antiguos.

3.3.3 Sensores con elementos resonantes

Cualquier guitarrista puede contarle que la frecuencia natural de una cuerda tensada se incrementa con la tensión. Así es como se pueden afinar los instrumentos: la tensión de cada cuerda se ajusta en forma precisa hasta que alcance la frecuencia de resonancia.

Matemáticamente, la frecuencia de resonancia de una cuerda puede ser descrita con la siguiente fórmula:

$$f = \frac{1}{2L}\sqrt{\frac{F_T}{\mu}} \qquad (3.2)$$

Donde,

f = Frecuencia fundamental de la cuerda (Hertz)

L = Largo de la cuerda (metros)

F_T = Tensión de la cuerda (Newton)

μ = Masa unitaria de la cuerda (kilogramos por metro)

Parece evidente que una cuerda puede servir como un sensor de fuerza. Todo lo que se necesita es completar el sensor con un circuito oscilador para mantener la vibración de la cuerda en su frecuencia resonante y que tal frecuencia se convierta en la indicación de la

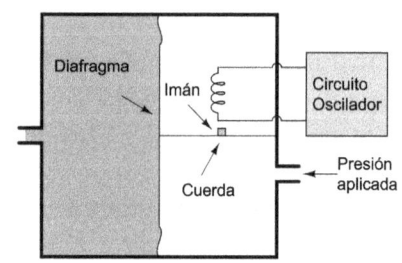

Figura 3.15: Principio de funcionamiento de un sensor con elementos resonantes

tensión (fuerza). Si la fuerza proviniese de la presión aplicada a determinado elemento sensor como un fuelle o diafragma, la frecuencia de resonancia de la cuerda indicará la presión de fluido (Fig. 3.15).

La compañía Foxboro utilizó el principio de un cable resonante para diseñar un transmisor de presión. Después la Corporación Yokogawa de Japón aplicó este principio a un par de micromáquinas con estructuras resonadoras de Silicio, este es un ejemplo de un sistema microelectromecánico, el que constituyó la base para los transmisores de presión de la línea DPHarp.

Se muestra una foto del transmisor de presión modelo EJA110 de Yokogawa (Fig. 3.16a).

    (a) Transmisor   (b) Partes de la brida

Figura 3.16: Transmisor de presión modelo EJA110 de Yokogawa

La presión de proceso entra a través de puertos en las dos bridas *flanges*, presiona un par de diafragmas aisladores transfiriendo el movimiento a un sensor de diafragma donde los elementos resonantes cambian su frecuencia con el esfuerzo del diafragma. Hay circuitos electrónicos en la parte alta del encapsulado que miden las frecuencias de oscilación y luego generan una señal proporcional a la diferencia entre las frecuencias medidas y la de resonancia. Esta es la representación de la diferencia de presión (Fig. 3.16b).

Las verdaderas diferencias entre este sensor y el de capacidad diferencial no se ven porque están escondidas en la cápsula.

Una ventaja interesante de un sensor basado en elementos

resonantes es que la señal es muy fácil de digitalizar. La vibración de cada elemento resonante es captada por el circuito electrónico como una frecuencia AC. Una señal de frecuencia puede ser fácilmente contada durante un determinado intervalo de tiempo para convertirla a una representación binaria. Los osciladores electrónicos de cuarzo son extremadamente precisos por lo que pueden proporcionar una referencia estable que es necesaria en cualquier instrumento basado en frecuencia.

En el diseño DHarp, los dos elementos resonantes oscilan a la frecuencia nominal de 90 kHz. En la medida en que el diafragma se deforma con la presión aplicada, un resonador sufre tensión de estiramiento mientras que el otro sufre compresión, lo que causa que el primero suba su frecuencia y el otro la baje en una cantidad de +/- 20 kHz. El circuito electrónico de condicionamiento del transmisor mide las diferencias de frecuencias de oscilación con respecto a la frecuencia del resonador para inferir la presión aplicada.

3.3.4   Adaptaciones mecánicas

Los sensores de presión electrónicos de presión son capaces de convertir los movimientos muy pequeños del diafragma en señales eléctricas a través del uso de técnicas de sensado de movimiento (galgas extensiométricas, celdas de capacidad diferencial, etc.). Los diafragmas están hechos de materiales elásticos que se comportan como resortes, pero los diafragmas circulares tienen un comportamiento no linear cuando son muy estirados a diferencia de los diseños clásicos de bobina y resorte, los cuales mantienen su linealidad en un intervalo mayor de movimiento. Entonces, para alcanzar una mayor linealidad con respecto a la presión, los diafragmas están diseñados para operar con muy poco estiramiento en el intervalo de medición normal de presión. Para limitar el desplazamiento del diafragma se necesitan técnicas muy sensibles de detección de movimiento tales como las galgas extensiométricas, celdas de capacitancia diferencial y sensores de resonancia mecánica para convertir el movimiento muy restringido del diafragma en señales electrónicas.

Una alternativa para los sistemas de medición electrónicos de medición de presión es el uso de elementos de captación de presión con mejores características lineales de presión-desplazamiento como los tubos Bourdon y los fuelles cargados. Luego se detecta el movimiento de gran escala del elemento de presión, usando dispositivos eléctricos de captación de movimiento menos sofisticados como los potenciómetros, los LVDT (Linear Variable Diferencial Transformer) y los sensores de efecto Hall. En otras palabras, se toman una serie de mecanismos más comunes como galgas de lectura directa de presión y se agrega un potenciómetro (o dispositivo similar) para obtener una señal eléctrica a partir de la medición de presión.

La siguiente foto muestra la vista frontal (Fig. 3.17a) y posterior (Fig. 3.17b) de un transmisor de presión que usa un tubo de Bourdon conformado en C como el elemento sensor (en foto de la izquierda).

(a) Vista frontal   (b) Vista posterior

Figura 3.17: Transmisor de presión con tubo Bourdon conformado en C

Esta solución alternativa es muy simple y menos cara de fabricar que la solución de los diafragmas, sin embargo tiende a ser menos precisa. Los tubos Bourdon y los fuelles no son resortes perfectamente lineales y el movimiento de tales elementos de presión introducen la posibilidad de errores debido a la histéresis (donde el instrumento no responde con precisión durante mediciones reversas de presión en los que el mecanismo cambia la dirección de movimiento) debido a la fricción del mecanismo y errores de banda muerta *deadband* causadas por conexiones mecánicas no apretadas *backlash* o *looseness*.

Con este diseño se puede fabricar un indicador de presión y un transmisor electrónico.

3.4 Transmisores de balance de fuerzas

Un principio de funcionamiento antiguo válido para todos los tipos de mediciones continuas es el sistema de autobalance. Un sistema con autobalance continuamente balancea una magnitud ajustable con una magnitud medida, la magnitud ajustable se convierte en una indicación de la magnitud medida una vez que se haya alcanzado el balance. Un tipo de sistema de balanza manual es el tipo de escalas usadas en laboratorios para medir masa (Fig. 3.18).

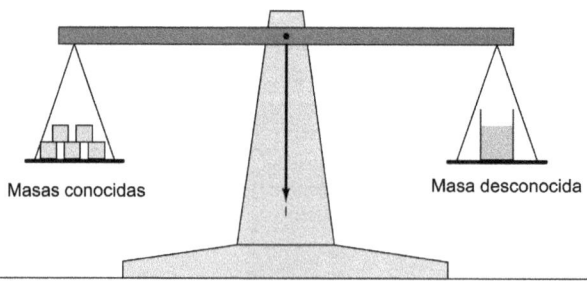

Figura 3.18: Mecanismo de autobalance: Balanza manual de laboratorio

Aquí, la masa desconocida es la magnitud a medir y las masas conocidas son la magnitud ajustable. Un laboratorista coloca tantas masas en el lado izquierdo de la balanza como sea necesario para llegar al balance, el conteo de las masas que se han colocado para contrarrestar el peso de la masa desconocida es el resultado de la medición.

Este sistema es perfectamente lineal y ese es el motivo por el que son tan populares en la investigación científica. El mecanismos de la balanza es un ejemplo de simplicidad y lo único que tiene que indicarse con precisión es la condición de balance (igualdad entre masas).

Si la tarea de balanceado la hiciese un mecanismo automatizado, la cantidad ajustable podría ir cambiando continuamente para adaptarse a la necesidad de balanceado, por lo tanto se convierte en una representación de la magnitud desconocida. En el caso de los instrumentos de presión, la presión es fácilmente convertida en una fuerza que actúa en la superficie de un sensor como el diafragma o el fuelle. Se puede generar una fuerza de balance para cancelar exactamente la fuerza que ejerce la presión del proceso, haciendo que el instrumento pase a ser un instrumento basado en balance de fuerzas. Este tipo de instrumento es muy lineal al igual que la balanza manual.

Se muestra un diagrama de un transmisor de presión neumático de balance de fuerza donde se obtiene la señal neumática de salida al balancear una presión diferencial con una presión de aire ajustable (Fig. 3.19).

La presión diferencial es captada por un diafragma relleno con liquido *cápsula* el cual transmite la fuerza a la barra de fuerza. Si la barra de fuerza se sale de su posición debido a la fuerza aplicada, un mecanismo muy sensible de *baffle* y boquilla *nozzle* lo detecta y envía una cantidad diferente de presión de aire hacia el fuelle. El fuelle presiona la *barra de campo* la que, a su vez, pivotea para contrarrestar el movimiento inicial de la barra de fuerza. Cuando el sistema retorna al equilibrio, la presión de aire en el fuelle será la representación directa y lineal de la presión de fluido aplicada a la cápsula del diafragma.

Este mecanismo se puede convertir de balance de fuerza neumático a balance de fuerza electrónica (Fig. 3.20).

La presión diferencial se mide con el mismo tipo de

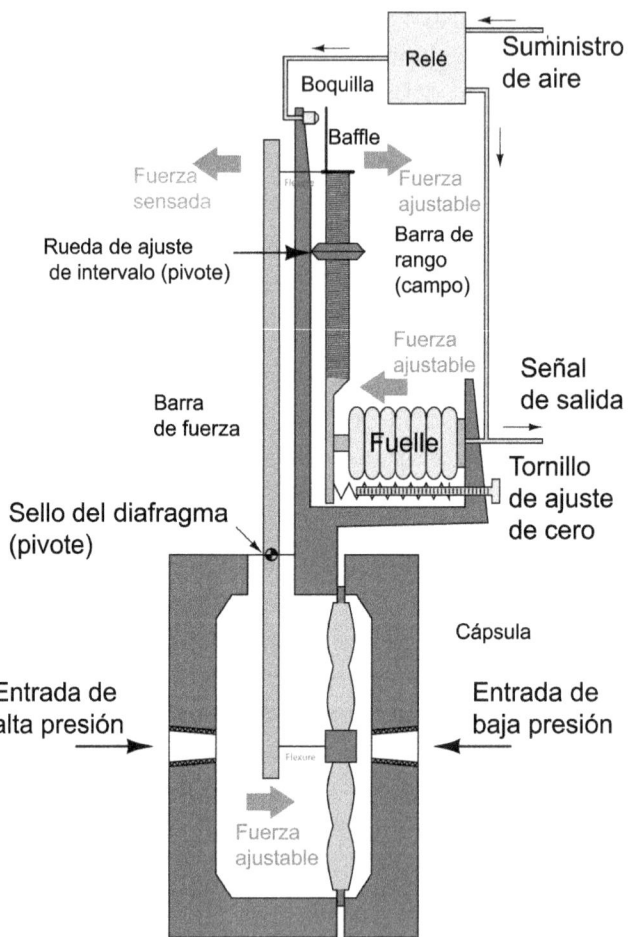

Figura 3.19: Transmisor de presión neumático de balance de presión diferencial con presión de aire

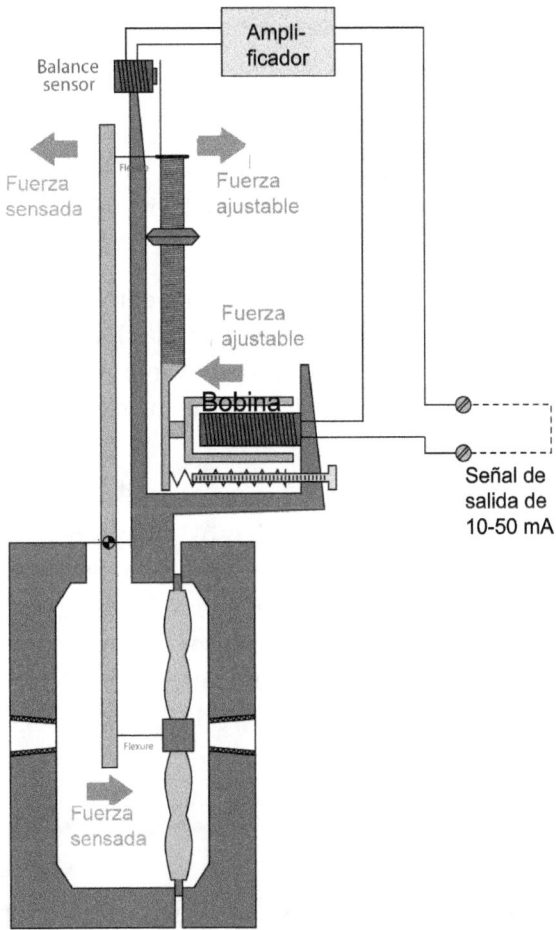

Figura 3.20: Mecanismo de balance de fuerza electrónica

cápsula con diafragma relleno de líquido el cual transmite
fuerza a la barra de fuerza. Si la barra de fuerza se
mueve de su posición debido a la fuerza aplicada, un sensor
electromagnético de gran sensibilidad detecta esto y hace que
un amplificador electrónico envíe una cantidad diferente de
corriente eléctrica a la bobina de fuerza. La bobina de fuerza
ejerce presión contra la barra de campo, la que pivotea para
contrarrestar el movimiento inicial de la barra de fuerza.
Cuando el sistema retorna al equilibrio, la corriente en mA
que fluya por la bobina de fuerza será una representación
directa y lineal de la presión de fluido de proceso en la cápsula
del diafragma.

Una ventaja de este tipo de instrumentos de presión de
balance de fuerzas (aparte de su linealidad) es la restricción
en el movimiento del sensor, debido a que el balance no se
hace a expensas de la elasticidad de un elemento de tipo
resorte.

Desafortunadamente los instrumentos de balance de
fuerza tienden a ser voluminosos y pueden traducir
vibraciones en fuerzas inerciales que se interpretan como
ruido en la señal de salida. Además la energía eléctrica
necesaria para balancear el transmisor de balance de fuerza
electrónica lo hace poco seguro en ambientes potencialmente
explosivos.

3.5 Transmisores de presión diferencial

Estos tipos de dispositivos sensan la diferencia de presión
entre dos puertos y generan una señal de salida representando
esa presión en relación a un intervalo calibrado (campo). Los
transmisores de presión diferencial pueden estar basados en
cualquiera de los principios vistos de sensado de presión.

3.5.1 Transmisores DP construcción y comportamiento

Los transmisores de presión diferencial están compuestos por un encapsulado robusto de metal forjado que alberga los elementos de sensado. En la parte superior tienen un compartimiento para los componentes electrónicos y mecánicos necesarios para traducir la presión sensada a una señal normalizada (3-15 PSI, 4-20 mA, Fieldbus) (Fig. 3.21).

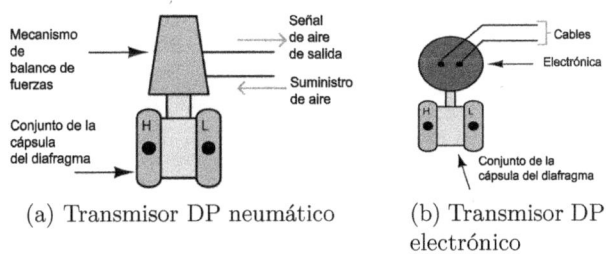

    (a) Transmisor DP neumático   (b) Transmisor DP electrónico

Figura 3.21: Transmisores de presión diferencial

En esta foto se distinguen dos modelos: a la izquierda, modelo 1151 (Fig. 3.22a) y a la derecha el modelo 3051 (Fig. 3.22b), ambos de Rosemount.

Dos modelos adicionales se muestran en la siguiente foto: a la izquierda, el modelo EJA110 de Yokogawa (Fig. 3.22e) y a la derecha, el modelo IDP10 de Foxboro (Fig. 3.22d).

Los puertos de todos estos modelos están fabricados con rosca NPT de 1 y 4 pulgadas para conectarse directamente al fluido del proceso (Fig. 3.22c).

Las etiquetas de alto y bajo no se refieren a que haya que conectar presiones altas o bajas sino que indican el efecto que tendría un aumento en la presión en ese puerto. Así en el puerto alto, un aumento de presión se interpretaría como una presión que sube y si el aumento de presión se produce en el puerto bajo, se interpretará como una disminución de presión (Fig. 3.23).

Al etiquetar de esta forma los puertos, se puede notar

(a) Rosemount 1151

(b) Rosemount 3051

(c) Rosca NPT para conexión directa al fluido de proceso

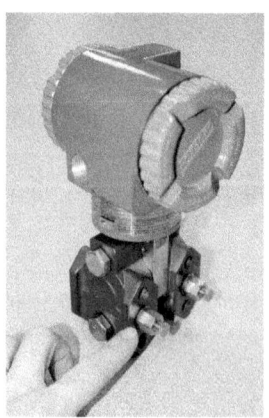

(d) IDP10 de Foxboro

(e) EJA110 de Yokogawa

Figura 3.22: Fotos de transmisores de presión diferencial

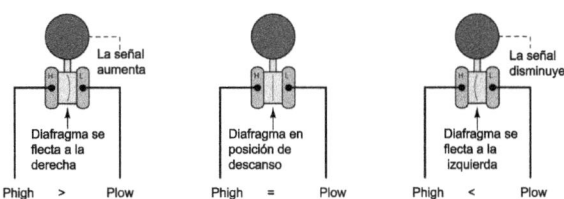

Figura 3.23: Puertos alto y bajo de un transmisor de presión diferencial

parecido con las entradas inversoras y no inversoras de un Amplificador Operacional.

En cualquier aplicación de transmisores diferenciales es necesario tener un medio de conexión entre los puertos del transmisor y el proceso. Para esto se utilizan tubos plásticos o capilares *pipes* que son llamados líneas de impulso *impulse lines*, líneas de galga *gauge lines*, líneas de sensado *sensing lines*, tuberías de sensado *sensing tubes*. Este es el equivalente de las puntas de un *tester* para medir voltaje. Estas tuberías se conectan al proceso por medio de acoples de presión *compression fittings* para permitir la conexión y desconexión fácil.

Capítulo 4

Mediciones continuas de Nivel

Muchos procesos industriales requieren mediciones precisas *accurate* de fluidos o sólidos (polvo, gránulos, etc). Algunos recipientes de proceso contienen una combinación estratificada de fluidos separados en forma natural en diferentes capas debido a las diferentes densidades del líquido de cada capa, en este caso es interesante considerar la altura del punto de interface entre las capas de líquido.

Para medir los niveles de sustancias en un tanque se emplean diferentes principios de funcionamiento explotando diferentes principios físicos.

4.1 Mirillas de nivel

Los instrumentos más simples para medir el nivel de un líquido en un tanque son las mirillas de nivel. Son usadas junto con otros instrumentos para permitir el monitoreo directo del nivel de líquido por parte de un operario cuando se duda de la precisión de otro instrumento.

4.1.1   Conceptos básicos de mirillas de nivel

Estos instrumentos son equivalentes a los manómetros: usan un principio muy simple y efectivo para la indicación visual del nivel del proceso. En su forma más simple, una mirilla de nivel, o galga de nivel, no es nada más que un tubo translúcido a través del cual se puede observar el líquido del proceso. La siguiente foto (Fig. 4.1a) muestra un ejemplo de mirilla de nivel.

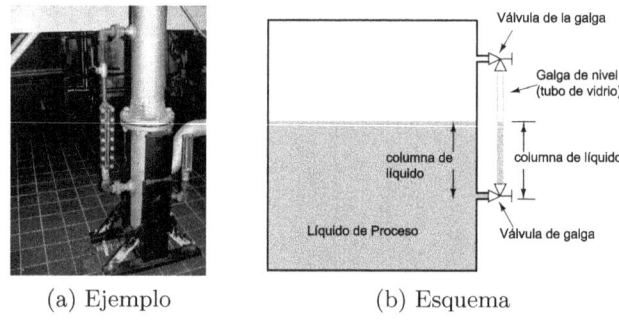

(a) Ejemplo   (b) Esquema

Figura 4.1: Mirilla de nivel

Un diagrama funcional de una mirilla de nivel muestra cómo se representa visualmente el nivel de líquido dentro de un tanque de almacenamiento (Fig. 4.1b).

Una mirilla de nivel no es diferente de un tubo en U, con igual presión aplicada en ambas columnas de líquido (una columna está en la mirilla de nivel y la otra es la columna de líquido en el tanque).

Las válvulas de galga se usan para permitir el reemplazo de los tubos de vidrio sin tener que vaciar o despresurizar el tanque de proceso. Estas válvulas están equipadas con dispositivos limitadores de caudal para que en caso de rotura del tubo, no se escape mucho líquido aún cuando la válvula esté completamente abierta.

Algunas mirillas de nivel son llamadas galgas reflectantes *reflex gauges* y están equipadas con dispositivos ópticos para facilitar la observación clara de los líquidos, lo que es problemático en los tubos de vidrio simples.

4.1.2 Problemas de interfaces

Aunque parezcan simples y libres de errores, las mirillas de nivel pueden dar indicaciones incorrectas. Una de estos casos ocurre cuando hay una capa de líquido más ligero entre dos puertos de conexión de la galga. Cuando hay un líquido menos denso encima de otro en un tanque de proceso, la mirilla de nivel puede que no muestre correctamente la interface (Fig. 4.2a).

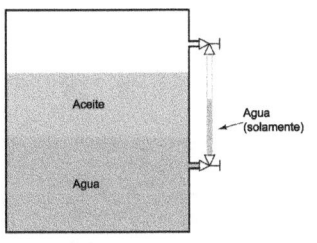
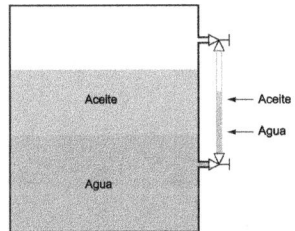

(a) Combinación de líquidos y su efecto en la mirilla de nivel

(b) Error en la determinación del nivel usando una mirilla debido a la presencia de un líquido menos denso combinado con el líquido de proceso

Figura 4.2: Problemas de interface

Aquí vemos una columna de agua en la mirilla de nivel mostrando menos nivel que la combinación de aceite y agua en el interior del tanque de proceso (Fig. 4.2b).

Aunque entre alguna cantidad de aceite a la mirilla de nivel, no se eliminará el error, como se ilustra a continuación (Fig. 4.3).

La única forma de asegurar la indicación correcta de la interface es mantener ambas boquillas *nozzles* sumergidas (Fig. 4.4).

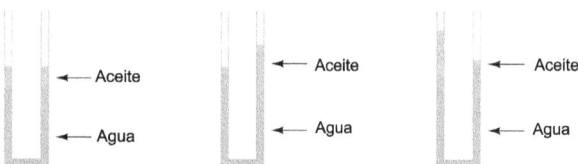

Figura 4.3: Diferentes condiciones de error de medición de nivel en el caso de combinación de líquidos

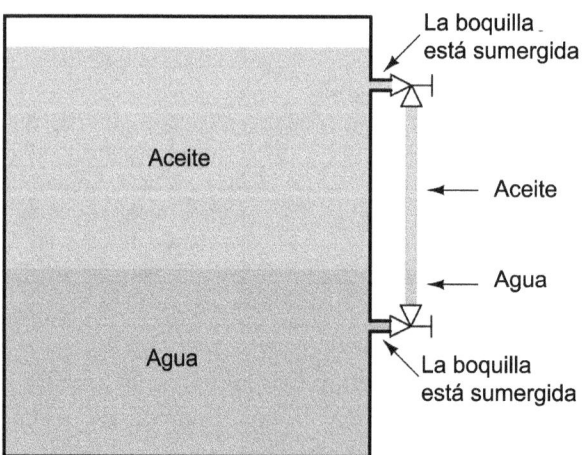

Figura 4.4: Una posible solución a los problemas de medición de nivel de líquidos mezclados usando mirillas

4.2 Problemas de temperatura

Otro escenario complicado ocurre cuando la temperatura dentro del tanque sea sustancialmente mayor que la del líquido en la galga, haciendo que las densidades sean diferentes. Esto se observa comúnmente en mirillas de nivel de hervidores *boiler*, donde el agua dentro de la galga extensométrica se enfría sustancialmente con respecto a la temperatura que tenía en el tambor de vapor *boiler drum* (Fig. 4.5).

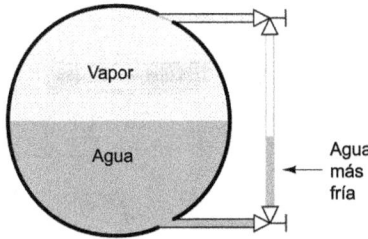

Figura 4.5: Error debido a enfriamiento del líquido en la mirilla de nivel

4.3 Flotadores

Quizás la forma más simple que puede tener una medición de nivel de líquido o sólido es con un flotador: un dispositivo que se apoya en la superficie del fluido o sólido que está en el tanque de almacenamiento *storage vessel*. El flotador en sí mismo debe tener mucha menor densidad que la sustancia de interés y no debe corroerse o reaccionar de alguna forma con la sustancia. Los flotadores pueden ser usados para funcionamiento manual, como se ilustra en (Fig. 4.6a).

Un operario hace bajar un flotador en un tanque usando una cinta de medición hasta que la cinta se detenga al topar con el flotador. La distancias medidas son:

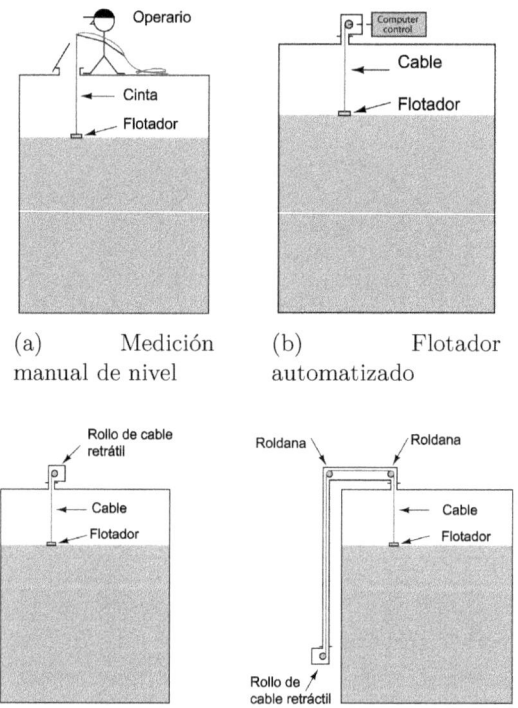

(c) Flotador con rollo retráctil

Figura 4.6: Medición de nivel con flotador

1. *Ullage* siendo la distancia entre la parte superior del tanque y la superficie del material de proceso.

2. *Fillage* es el resultado de restarle a la altura del tanque la medición de *Ullage*

Este método es tedioso, puede ser riesgoso y si el tanque estuviese presurizado no se podría hacer.

Una versión automatizada se puede emplear en tanques presurizados (Fig. 4.6b).

Una versión más simple de esta técnica usa un rollo con cable retráctil para mantener constantemente tensión en el cable que sustenta al flotador mientras este se mantiene en la superficie del líquido en el tanque (Fig. 4.6c).

En la foto siguiente se muestra el dispositivo de medición *measurement head* de un transmisor de nivel de líquido basado en conjunto de flotador de cinta con rollo retráctil. Se observa un tubo que guía a la cinta hacia arriba del tanque, donde se debe devolver en 180° con auxilio de roldanas para volver a entrar al tanque (Fig. 4.7a).

La posición angular del rollo puede ser medida con un potenciómetro de varias vueltas o con un codificador de rotación *rotatory encoder* (dentro del dispositivo *measurement head*), entonces se convierte en un señal electrónica para transmisión hacia una pantalla remota, o hacia un sistema de control y registro. Tal sistema es usado extensivamente para la medición de agua y combustible en tanques de almacenamiento.

Si el líquido dentro del tanque estuviese en régimen de turbulencia se necesitarían guías de *guide wires* para mantener el cable verticalmente (Fig. 4.7b).

Las guías de cables *guide wires* se anclan al piso y techo del tanque pasando a través de anillos en el flotador para evitar la deriva lateral.

Una de las desventajas potenciales del sistema de cinta y flotador es la acumulación de materia en la cinta y en las guías de cables *guide wires* si la sustancia estuviese sucia o pegajosa.

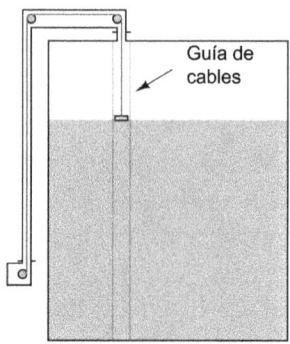

(a)   Dispositivo
de medición de un
transmisor de nivel
de líquido basado en
flotador de cinta con
roldana

(b) Uso de las guías de
cables en un medidor de
flotador

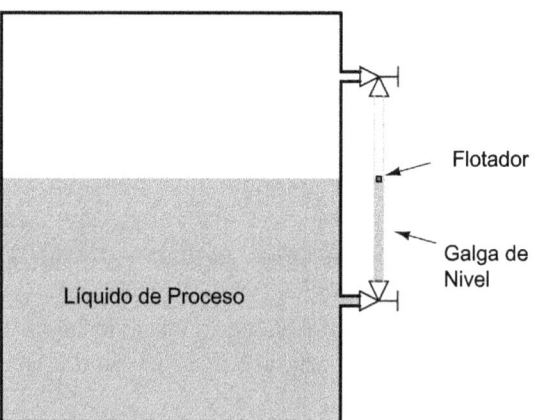

(c) Medidor de nivel que usa un flotador pequeño al
interior de la mirilla de nivel

Figura 4.7: Medidores de flotador

Una variación del tema de medición de nivel con flotador consiste en colocar un flotador pequeño dentro del tubo de una mirilla de nivel (Fig. 4.7c).

La posición del flotador dentro del tubo puede ser rápidamente detectada por sensores de ondas ultrasónicas, sensores magnéticos u otro medio adecuado. Cuando se introduce el flotador en un tubo, deja de ser necesario usar guías de cables o de sistemas sofisticados de retracción o tensado de cinta. En caso de que no se necesite la visualización directa, la mirilla de nivel puede ser construida de metal en vez de vidrio, reduciendo de esta forma el riesgo de rotura.

Otra variación al tema de medición de nivel con flotador es el uso del principio llamado magnetostricción para detectar la posición del flotador a lo largo de una guía cilíndrica de metal llamada guía de onda *waveguide*.

4.4 Presión hidrostática

Una columna vertical de fluido genera un presión en el fondo de la columna debido a la acción de la gravedad en ese fluido. Mientras mayor sea la altura vertical del fluido, mayor será la presión, siempre que el resto de las otras variables permanezcan igual. Este principio nos permite inferir el nivel de líquido en un tanque mediante mediciones de presión.

4.4.1 Presión de una columna de fluido

Una columna de fluido ejerce una presión debido al peso de la columna. La relación entre la altura de la columna y la presión del fluido en el fondo de la columna es constante para cualquier fluido en particular sin importar el ancho o la forma del tanque.

Este principio hace posible inferir la altura del líquido midiendo la presión en el fondo (Fig. 4.8).

La relación matemática entre la columna de líquido y la presión es la siguiente:

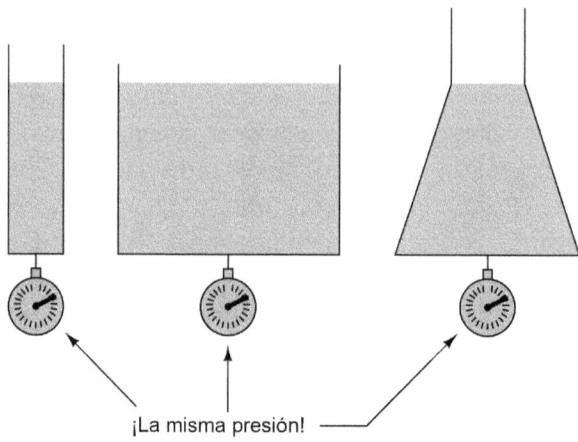

Figura 4.8: Medición indirecta del nivel de líquido a través de mediciones de presión

$$P = \rho g h \qquad\qquad\qquad P = \gamma h$$

Donde, P =Presión hidrostática

ρ = Densidad de masa de fluido en kilogramos por metro cúbico

g = Aceleración de la Gravedad

γ = Densidad de peso de un fluido en Newtons por metro cúbico

h = Altura de una columna vertical de fluido encima del punto de medición de presión

Por ejemplo, la presión generada por una columna de 12 ft teniendo una densidad de peso (γ) de 40 libras *pounds* por pie *ft* cúbico es de:

$$P = \gamma h$$

$$P_{aceite} = \left(\frac{12 \text{ ft}}{1}\right)\left(\frac{40 \text{ lb}}{\text{ft}^3}\right)$$

$$P_{aceite} = \frac{480 \text{ lb}}{\text{ft}^2}$$

Note la cancelación de unidades, resultando en un valor de presión de 480 libras por pié cuadrado (PSF). Para convertir esto en la unidad de presión más común de libras por pulgada cuadrada (PSI), debemos multiplicar por la proporción de pié cuadrado a pulgada cuadrada, eliminando la unidad de pie cuadrado por cancelación y dejando pulgadas cuadradas en el denominador:

$$P_{aceite} = \left(\frac{480 \text{ lb}}{\text{ft}^2}\right)\left(\frac{1^2 \text{ ft}^2}{12^2 \text{ in}^2}\right)$$

$$P_{aceite} = \left(\frac{480 \text{ lb}}{\text{ft}^2}\right)\left(\frac{1 \text{ ft}^2}{144 \text{ in}^2}\right)$$

$$P_{aceite} = \frac{3.\overline{33} \text{ lb}}{\text{in}^2} = 3.\overline{33} \text{ PSI}$$

Así, la galga de presión en el fondo del tanque que soporta 12 ft de columna de este aceite indicará $3.\overline{33}$ PSI. Es posible personalizar la escala de la galga para que se pueda leer directamente en ft de aceite (altura) en lugar de PSI, para mejor conveniencia del operador, quien debe chequear periódicamente la galga. Como la relación entre la altura del aceite es a la vez lineal y directa, la indicación de la galga siempre será proporcional a su altura.

Un método alternativo para calcular presiones generadas por una columna de líquido es relacionarla a la presión generada por una columna equivalente de agua, resultando en una presión en exceso en unidades de columna de agua (Ejemplo, pulgadas de W.C. Water Column) la que puede ser convertida en PSI u otra unidad deseada.

Para la columna de 12 ft de aceite, podríamos comenzar calculando la gravedad específica *specific gravity* (Ejemplo, qué tan denso es el aceite comparado con el agua). Con una densidad dada de 40 libras por pie cúbico, el cálculo de gravedad específica es la siguiente:

$$\text{gravedad específica de aceite} = \frac{\gamma_{aceite}}{\gamma_{water}}$$

$$\text{gravedad específica de aceite} = \frac{40 \text{ lb/ft}^3}{62.4 \text{ lb/ft}^3}$$

$$\text{gravedad específica de aceite} = 0.641$$

La presión hidrostática generada por una columna de agua de 12 ft de alto, será una columna de 144"W.C.. Como estamos trabajando con un aceite que tiene una gravedad específica de 0.641 en lugar de agua, la presión generada por 12 ft de columna de aceite será solamente 0.641 veces (64.1%) la de la columna de 12 ft de agua, o:

$$P_{aceite} = (P_{agua})(\text{Gravedad Específica})$$

$$P_{aceite} = (144 \text{ "W.C.})(0.641)$$

$$P_{aceite} = 92.3 \text{ "W.C.}$$

Podemos convertir este valor de presión en unidades de PSI simplemente dividiendo por 27.68, puesto que sabemos que 27.68 pulgadas de agua son equivalentes a 1 PSI:

$$P_{aceite} = \left(\frac{92.3 \text{ "W.C.}}{1}\right)\left(\frac{1 \text{ PSI}}{27.68 \text{ "W.C.}}\right)$$

$$P_{aceite} = 3.33 \text{ PSI}$$

Como se puede ver, se ha llegado al mismo resultado que cuando se usó $P = \gamma h$. Cualquier diferencia de valor entre los dos métodos se debe a la imprecisión de los factores de conversión empleados (Ejemplo, 27.68 "W.C., 62.4 lb/ft^3 densidad del agua).

Cualquier tipo de instrumento de medición de presión puede ser usado como transmisor de nivel de líquido por medio de este principio. En la siguiente foto se muestra el transmisor de presión modelo 1151 de Rosemount siendo usado para medir la altura de agua coloreada dentro de un tubo plástico claro (Fig. 4.9a).

(a) Transmisor de Presión 1151

(b)   Transmisor hidrostático Rosemount con diafragma extendido

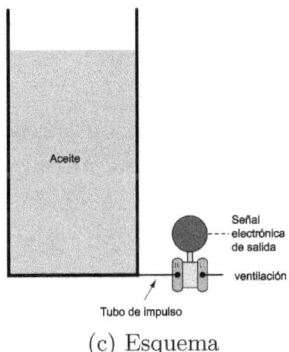

(c) Esquema

Figura 4.9: Transmisores de presión diferencial para inferir nivel de líquido

El factor más crítico de una medición de nivel de líquido utilizando presión hidrostática es la densidad del líquido. Se debe conocer en forma precisa la densidad del líquido para poder medir el nivel de ese líquido utilizando la presión hidrostática, ya que la densidad forma parte de la relación altura-presión ($P = \rho g h$ y $P = \gamma h$). Además la densidad debe estar relativamente constante, a pesar de cualquier otro cambio en el proceso. Si la densidad de líquido variase en forma aleatoria, también lo hará el nivel basado en presión.

Excepcionalmente los cambios en la densidad del líquido

no serían perjudiciales si el tanque tuviese una sección transversal constante en toda su altura. Imagine un tanque parcialmente lleno de líquido con un transmisor de presión conectado al fondo para medir la presión hidrostática. Si la temperatura del líquido en el tanque subiese por alguna razón, hará que el volumen ocupado por el líquido se incremente, lo que refleja el hecho de que los átomos del líquido se han separado más y por tanto la densidad ha disminuido debido a la entrega de energía calorífica que corresponde a un calentamiento. Asumiendo que no se agregue o extraiga líquido, cualquier incremento en el nivel de líquido se deberá exclusivamente a la expansión de volumen (disminución de la densidad). El nivel de líquido en el tanque subirá pero el transmisor sensará exactamente la misma presión hidrostática que antes del calentamiento porque no se ha cambiado la cantidad de átomos, por lo tanto no hay cambio en la masa total del líquido. El aumento en altura se compensará con la disminución de la densidad. En la fórmula anterior, si h se incrementase por el mismo factor que disminuye γ, entonces $P = \gamma h$ no debiera cambiar.

Los transmisores de presión diferencial son los dispositivos más comunes para sensar presión que se usan para inferir el nivel de líquido en un tanque. En el caso hipotético anterior se podría conectar al tanque el puerto marcado como *high* del transmisor y la parte *low* se ventilaría hacia la atmósfera (Fig. 4.9c).

Conectado de esta forma, el transmisor de presión diferencial funcionará como un transmisor de galga de presión que responde a la presión hidrostática en exceso sobre la presión ambiente. Mientras que el nivel de líquido suba, la presión hidrostática aplicada en el puerto *High* se incrementará, haciendo que la señal de salida del transmisor se eleve.

Algunos instrumentos de presión están construidos específicamente para mediciones hidrostáticas de nivel de líquidos en tanques, no usan capilares sino que un tipo especial de diafragma que se extiende ligeramente hacia

Tabla 4.1: Tabla de calibración para un transmisor DP acoplado directamente al fondo del tanque de proceso

Nivel	% intervalo	Presión hidrostática	Salida
0 ft	0 %	0 PSI	4 mA
3 ft	25 %	0.833 PSI	8 mA
6 ft	50 %	1.67 PSI	12 mA
9 ft	75 %	2.50 PSI	16 mA
12 ft	100 %	3.33 PSI	20 mA

dentro del tanque a través de una entrada de capilar con brida *flange*. En la foto se muestra una transmisor de nivel hidrostático de Rosemount con un diafragma extendido (Fig. 4.9b).

La tabla de calibración para un transmisor directamente acoplado al fondo de un tanque de almacenamiento de aceite podría ser la que se muestra, suponiendo un intervalo de medición entre 0 y 12 ft para la altura del aceite, una densidad de aceite de 40 libras por pie cúbico y un intervalo de señal de salida de 4-20 mA en el transmisor (Tab. 4.1).

4.5 Sistema de burbujas

Una variación interesante al tema de la medición directa de presión hidrostática es el uso de un gas de purga para medir la presión hidrostática en un tanque conteniendo líquido. Este sistema elimina la necesidad del contacto directo entre el líquido de proceso y el elemento sensor de presión: el contacto directo podría representar un problema si es que el líquido de proceso fuese corrosivo.

Tales sistemas se denominan sistemas de tubo de burbujas *bubble tube* o *dip tube*, el primer nombre recuerda la forma en que el gas de purga burbujea en el fondo del tubo una vez que se sumerge en líquido de proceso. Un sistema muy simple de burbujeador *bubbler* puede ser simulado insertando cuidadosamente una bombilla (pajilla) en un vaso de agua y manteniendo un flujo continuo de burbujas saliendo de la bombilla mientras cambia la profundidad a que se encuentre el final de la bombilla en el agua (Fig. 4.10).

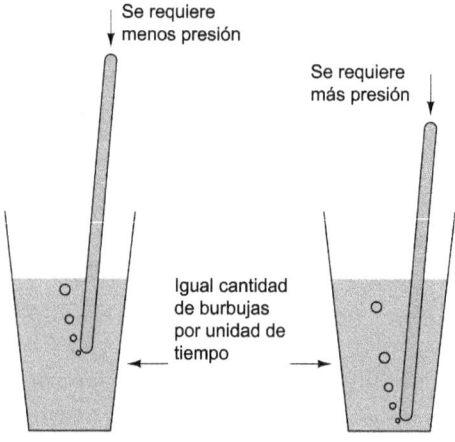

Figura 4.10: Principio de funcionamiento del medidor de burbujas

Mientras más profundo se sumerja la bombilla, más difícil le resultará a las burbujas salir. La presión hidrostática del agua en la punta de la bombilla se traduce en presión de aire en su boca mientras Ud sople, puesto que la presión de aire debe exceder la presión del agua para escapar por el extremo de la bombilla. Cuando haya relativamente pocas burbujas por segundo, la presión de aire será casi igual a la presión de agua, permitiendo mediciones de presión de agua (y por ende de profundidad del agua) en cualquier punto a lo largo del tubo de aire.

Si alargásemos la bombilla y midiésemos presión en todos los puntos a su largo, obtendríamos la misma presión en el extremo sumergido de la bombilla (asumiendo que la fricción entre las moléculas de aire y las paredes interiores de la bombilla sea despreciable) (Fig. 4.11).

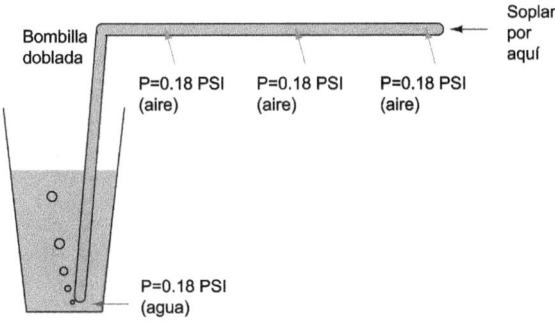

Figura 4.11: Medidor de nivel basado en burbujeo

Así es como los burbujeadores industriales trabajan: un gas de purga se introduce suavemente en un *dip tube* sumergido en el líquido de proceso, de tal forma que no más que algunas burbujas por segundo emerjan desde el extremo del tubo. La presión del gas dentro de todos los puntos del sistema de tubos será casi igual a la presión hidrostática del líquido en el extremo sumergido del tubo. Cualquier dispositivo de medición de presión colocado en cualquier punto de la extensión del sistema de tubos sensará la presión y será capaz de inferir la profundidad del líquido en el tanque de proceso sin tener que contactar directamente el líquido de proceso.

Un detalle clave en un sistema de tubos de burbuja es proporcionar los medios para limitar el flujo de gas a través del tubo, de tal forma que la presión hacia atrás refleje correctamente la presión hidrostática en el extremo del tubo sin presión adicional debida a pérdidas por fricción de flujo de purga a lo largo del tubo. Por tanto, la mayor parte de los sistemas de tubo de burbujas, se fabrican con algún tipo de monitoreo de flujo de gas de purga, típicamente con un rotámetro *rotameter* o con un burbujeador con mirilla *sightfeed bubbler* (Fig. 4.12).

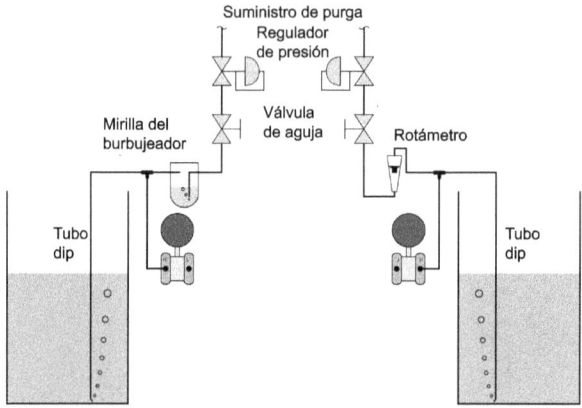

Figura 4.12: Burbujeador industrial

Si el flujo de gas de purga no fuese muy grande, la presión de gas medida en cualquier lugar del sistema de tubos aguas abajo de la válvula de aguja será igual que la presión hidrostática del líquido de proceso en el extremo del tubo, por donde se escapa el gas. En otras palabras, el gas de purga transmite la presión hidrostática hacia un punto remoto donde esté el instrumento sensor de presión.

Hay que observar los siguientes cuidados con este sistema, al igual que con cualquier otro sistema de purga:

1. El suministro de gas de purga debe ser confiable: si el flujo se detuviese por cualquier razón, la medición de nivel dejaría de ser precisa e incluso el *dip tube* podría resultar inutilizado.

2. La presión de suministro de gas de purga debe exceder siempre la presión hidrostática, sino el intervalo de medición de nivel quedaría por debajo del nivel real de líquido.

3. El flujo de gas de purga debe ser mantenido a baja velocidad para evitar errores por caída de presión

(Ejemplo: presión en exceso medida debido a la fricción del gas de purga a través del tubo])

4. El gas de purga no debe reaccionar con el proceso.

5. El gas de purga no debe contaminar el proceso.

6. El gas de purga debe ser de bajo costo debido a que es un consumible.

En un sistema de tubo de burbuja hay una pequeña variación de presión cada vez que una nueva burbuja sale del extremo del tubo. La cantidad de variación de presión es aproximadamente igual a la presión hidrostática del fluido de proceso a una altura igual al diámetro del tubo, el que, a su vez, es aproximadamente igual al diámetro de la burbuja. Por ejemplo: un *dip tube* de 1/4" de diámetro sufrirá oscilaciones de presión con una amplitud pico a pico de aproximadamente1/4" de elevación de altura de líquido de proceso. La frecuencia de oscilación será igual a la velocidad *rate* a la que se generan las burbujas en forma individual. Normalmente, se considera que esto es una pequeña variación cuando se considera en el contexto de la altura de líquido en un tanque. Una oscilación de presión de 1/4" aproximadamente con respecto a un intervalo de medición de 0 a 10 ft, corresponde a un 0.2% del alcance *span*. Los transmisores de presión modernos tienen la capacidad para filtrar o amortiguar *damping* variaciones de presión, lo que es una característica útil para minimizar los efectos que pueda tener tal variación de presión en el desempeño del sistema.

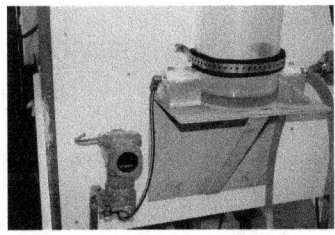

Figura 4.13: Transmisor de presión diferencial Rosemount 3051

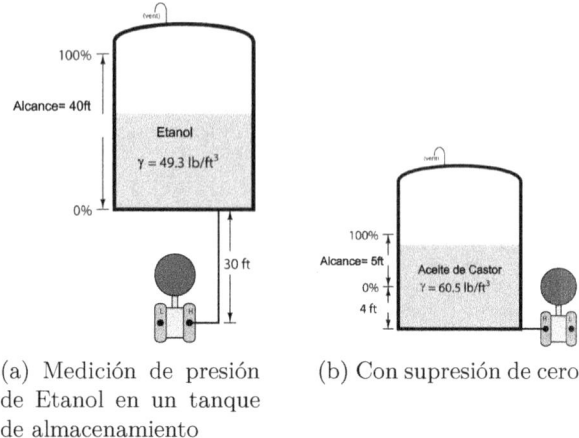

(a) Medición de presión
de Etanol en un tanque
de almacenamiento

(b) Con supresión de cero

Figura 4.14: Mediciones de presión

4.5.1 Supresión o elevación de transmisor

Un escenario muy común para las mediciones de nivel de
líquido ocurre cuando el instrumento de sensado de presión no
está ubicado en el mismo nivel que el punto 0% de medición.
La siguiente foto muestra un ejemplo de esto, donde un
transmisor de presión diferencial se usa para sensar la presión
hidrostática de agua coloreada al interior de un tubo vertical
de plástico (Fig. 4.13) .

Considere el ejemplo de un sensor de presión que mide el
nivel de Etanol en un tanque de almacenamiento. El intervalo
de medición para la altura del líquido en este tanque de
almacenamiento de Etanol es de 0 a 40 ft, pero el transmisor
está ubicado a 30 ft bajo el tanque (Fig. 4.14a).

Esto significa que las líneas de impulso del transmisor
tienen una diferencia de 30 ft de elevación de Etanol, por lo
que el transmisor ve 30 ft de Etanol cuando el tanque está
vacío y 70 ft de Etanol cuando el tanque está lleno. Una
tabla de calibración de 3 puntos para este instrumento sería
así, asumiendo un intervalo en la señal de salida de 4 a 20mA
DC (Tab. 4.2).

Otro escenario común ocurre cuando el transmisor está

Tabla 4.2: Tabla de calibración de 3 puntos para un sensor de presión usado para medir nivel en un tanque de almacenamiento

Nivel Etanol	% de campo	Presión (inch agua)	Presión (PSI)	Salida (mA)
0 ft	0 %	284 "W.C.	10.3 PSI	4 mA
20 ft	50 %	474 "W.C.	17.1 PSI	12 mA
40 ft	100 %	663 "W.C.	24.0 PSI	20 mA

montado en o cerca del fondo del tanque, pero el intervalo de medición de nivel deseado no se extiende hasta el fondo del tanque (Fig. 4.14b).

En este ejemplo, el transmisor está montado exactamente al mismo nivel que el fondo del tanque, pero el intervalo de medición de nivel va desde 4 ft hasta 9 ft (un alcance de 5 ft). Cuando el nivel del aceite de castor esté en 0%, el transmisor verá una presión hidrostática de 1.68 PSI (46.5 pulgadas de columna de agua) y al nivel de 100% de aceite de castor el transmisor verá una presión de 3.78 PSI (105 pulgadas de columna de agua). Así, estos dos valores de presión podrían definir los valores de mayor y menor campo (LRV y URV), respectivamente.

El término que describe ambos escenarios previos, donde los valores de extremo de campo (LRV) de calibración del transmisor es un número positivo, se denomina supresión de cero. Si el desplazamiento de cero se invirtiese (cuando el transmisor se monte en un lugar más alto que el nivel 0% del proceso) se denomina elevación de cero.

Si el transmisor es elevado por encima del punto de conexión al proceso, probablemente vería una presión negativa (vacío) con un tanque vacío debiendo poner líquido en la línea que va desde el instrumento al tanque. Es muy importante que en las instalaciones de transmisores elevados se use un sellado remoto en lugar de una línea de impulso abierta para que el líquido no se desborde de la línea y caiga al tanque (Fig. 4.15).

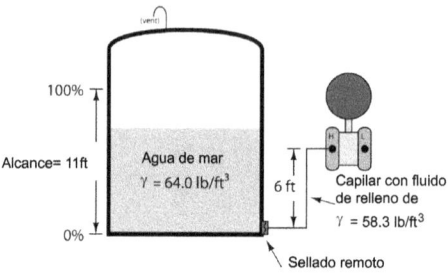

Figura 4.15: Elevación de transmisor

En este ejemplo, se ve un sistema con sello remoto que tiene un fluido de relleno con una densidad de 58.3 lb/ft^3 y un intervalo de medición de nivel de proceso desde 0 a 11 ft de agua de mar (densidad = 64 lb/ft^3). La elevación del transmisor es de 6 ft, lo cual significa que este verá un vacío de -2.43 PSI (-67.2 pulgadas de columna de agua) cuando el tanque esté completamente vacío. Esto, claro, será el valor menor de rango del transmisor calibrado (LRV). El valor máximo del rango (URV) será la presión vista con 11 ft de agua de mar en el tanque. Esta cantidad de agua de mar contribuirá con un 4.89 PSI de presión hidrostática al nivel del sello remoto de diafragma, haciendo que el transmisor experimente una presión de +2.46 PSI.

4.5.2   Sistema de compensación

La relación simple y directa entre la altura del líquido en un tanque y la presión en el fondo del tanque puede ser arruinada por otra fuente de presión que pueda existir en el tanque que no sea la presión hidrostática *elevation head*. Este puede ocurrir en un tanque no ventilado. Cualquier presión acumulada de vapor o gas en un tanque cerrado agregará presión hidrostática en el fondo, haciendo que cualquier instrumento que sense la presión realice registros falsos con un nivel mayor (Fig. 4.16).

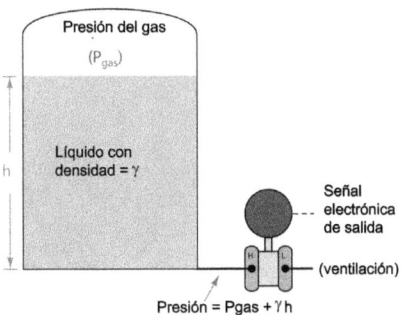

Figura 4.16: Registros falsos de presión en medición de nivel con sensores de presión

Un transmisor de presión no tiene como saber qué cantidad de la presión sensada se debe a la elevación de líquido y cuánta se debe a la presión existente de vapor que está encima del líquido. A menos que se pueda encontrar una forma de compensar cualquier presión no hidrostática en el tanque, esta presión extra podría ser interpretada por el transmisor como un nivel adicional de líquido.

Adicionalmente, este error cambiará a medida que la presión de gas al interior del tanque cambie, por lo que no puede haber una forma de resolverlo por calibración haciendo un ajuste de la deriva de cero. La única forma de medir hidrostáticamente niveles de líquido al interior de un tanque no ventilado es compensar continuamente la presión de gas. Afortunadamente, las capacidades de los transmisores de presión diferencial permiten hacer esto en forma simple. Todo lo que se necesita es conectar una segunda línea de impulso (llamada *compensating leg*), desde el puerto bajo (L) del transmisor hacia el lado superior del tanque de tal forma que el lado bajo (L) del transmisor solamente sienta la presión de gas encerrada en el tanque, mientras que el lado alto (H) sienta la suma de la presión de gas y la presión hidrostática. Debido a que el transmisor de presión diferencial solamente responde a diferencias de presión entre los puertos alto (H) y bajo (L), este haría la substracción natural de la presión de gas P_{gas} para obtener una medición que se basa solamente en la presión hidrostática γh (Fig. 4.17).

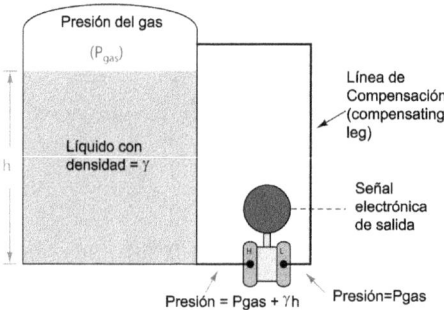

Figura 4.17: Compensación en mediciones de nivel

$$(P_{gas} + \gamma h) - P_{gas} = \gamma h$$

La cantidad de presión de gas al interior del tanque ahora es completamente irrelevante para la indicación del transmisor, porque su efecto se cancela por la presión diferencial en el elemento sensor del instrumento. Si la presión de gas dentro el tanque se incrementase mientras el nivel de líquido se mantuviese constante, la presión sensada por los dos puertos del transmisor de presión diferencial se incrementaría exactamente en la misma cantidad, con la diferencia entre los puertos High y Low permaneciendo absolutamente constante y señalizando un nivel de líquido constante. Esto significa que la señal de salida del instrumento es una representación de presión hidrostática solamente, la que presenta la altura del líquido γ (asumiendo que se conoce la densidad del líquido).

Desafortunadamente, es común que los tanques no ventilados tengan vapores condensables, lo que, con el tiempo hace que se llenen de líquido las tuberías de compensación. Si la tubería que conecta el lado *Low* de un transmisor de presión diferencial se llenara completamente de líquido, esto agregaría presión hidrostática a ese lado del transmisor, lo que causaría otro desplazamiento de calibración. Esta condición *wet leg* hace que las mediciones de nivel sean más complicadas que en la condición de *dry leg* cuando solamente la única presión sensada por el lado *Low* del transmisor corresponde a presión de gas (P_{gas}) (Fig. 4.18).

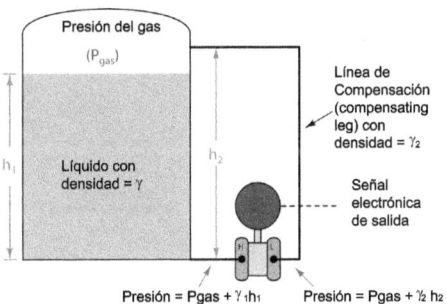

Figura 4.18: Medición de nivel con compensación

$$(P_{gas} + \gamma_1 h_1) - (P_{gas} + \gamma_2 h_2) = \gamma_1 h_1 - \gamma_2 h_2$$

La presión de gas aún se cancelaría debido a la naturaleza diferencial del transmisor de presión, pero entonces la salida del transmisor indicaría una diferencia de presión hidrostática entre el tanque y el *wet leg*, en lugar de indicar únicamente la presión hidrostática correspondiente al nivel de líquido del tanque. Afortunadamente, la presión hidrostática generada por el *wet leg* será constante mientras que la densidad de los vapores condensados que llenan la tubería de condensación sea constante (γ_2). La presión hidrostática de la tubería de condensación se puede compensar en el transmisor usando calibración con un corrimiento intencional del cero, de tal forma que muestre indicaciones como si se estuviese midiendo la presión hidrostática de un tanque ventilado.

$$\text{Presión diferencial} = \gamma_1 h_1 - \text{Constante}$$

Se debe asegurar la densidad constante del líquido en el *wet leg* rellenando intencionalmente esta tubería con un líquido que sea más denso que el vapor condensado más denso en el tanque. Se podría usar un transmisor de presión diferencial con sellos remotos y tubos capilares rellenos con líquidos de densidad conocida (Fig. 4.19).

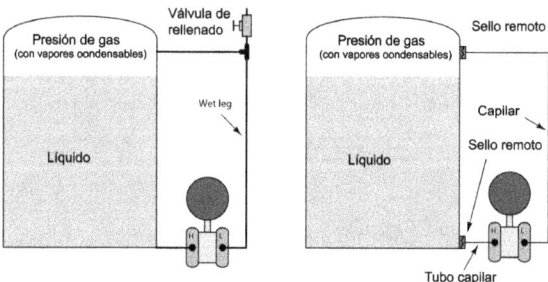

Figura 4.19: Transmisor de presión diferencial con sellos remotos y tubos capilares rellenos textitwet leg

Un accesorio comúnmente utilizado en los sistemas con capilares *wet leg* no sellados es un *seal pot*. Es una cámara en la parte superior de la unión entre la línea *wet leg* y la línea de impulso que se conecta a la parte superior del tanque. Este pote de sellado *seal pot* mantiene un poco de líquido para permitir pérdidas ocasionales durante los procedimientos de mantenimiento sin que se afecte la altura de la columna líquida en el *wet leg* (Fig. 4.20).

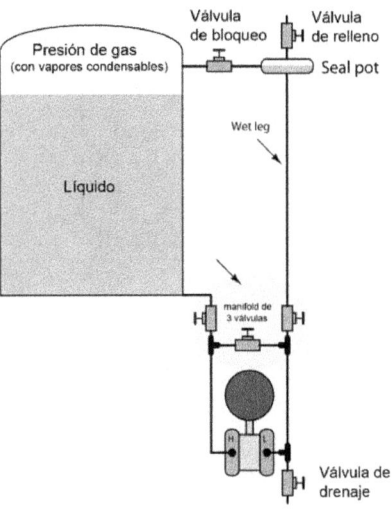

Figura 4.20: Uso de la cámara de sellado o compartimento estanco *seal pot* para compensar errores en al altura de la columna líquida *wet leg*

La operación normal del *manifold* de tres válvulas del transmisor (y de la válvula de drenaje) durante las operaciones de mantenimiento de rutina de los instrumentos inevitablemente deja escapar un poco de líquido de la *wet leg*. Sin un *seal port* aún una pequeña pérdida de líquido en la *wet leg* crearía una gran pérdida en la columna de líquido dentro del tubo, dado el pequeño diámetro del tubo. Con un *seal pot*, el volumen comparativamente grande de líquido que almacena el *seal pot* permite pérdidas sustanciales de líquido a través del *manifold* del transmisor sin que se afecte sustancialmente la altura de la columna de líquido dentro de la *wet leg*.

Los *seal pots* son normales en los sistemas de medición de nivel de calderas, donde el vapor se condensa rápidamente

Tabla 4.3: Calibración de un sistema de compensación por *wet leg*

Nivel bencina	%	Presión Dif.	Transmisor
0 ft	0 %	-4.77 PSI	4 mA
2.5 ft	25 %	-4.05 PSI	8 mA
5 ft	50 %	-3.34 PSI	12 mA
7.5 ft	75 %	-2.63 PSI	16 mA
10 ft	100 %	-1.92 PSI	20 mA

en el tubo de impulso superior en lo que es una *wet leg* que se forma naturalmente. Aunque el vapor se condense con el tiempo y llene la *wet leg*, cuando se pierda agua en esa tubería las mediciones de nivel tomadas durante el tiempo de rellenado estarán equivocadas. La presencia de un *seal pot* prácticamente elimina este error a medida que el vapor se condense para reponer el agua perdida por el pote, debido a que la magnitud del cambio en la altura provocada por el pote debido a su pequeña pérdida de volumen, es trivial comparada al cambio de altura de la *wet leg* que no tenga *seal pot*.

El siguiente ejemplo muestra la tabla de calibración de un sistema de medición de nivel hidrostático que posee compensación de *wet leg* para un tanque de almacenamiento de bencina, en el que se usa agua como fluido de relleno de la *wet leg*. Se asume una densidad de 41.0 lb/ft^3 para la bencina *gasoline* y 62.4 lb/ft^3 para el agua, con un rango de medición de 0 a 10 ft y 11 ft de altura de la tubería de compensación *wet leg* (Tab. 4.3).

Note que debido a la densidad superior y a la altura de la *wet leg* de agua, el transmisor siempre ve una presión negativa (presión en el lado *Low* excede la presión en el lado *High*). En algunos tipos de transmisores de presión diferencial antiguos, esto era un problema. Consecuentemente, es común ver los transmisores hidrostáticos *wet leg* instalados con el puerto *Low* en el fondo de los tanques y el puerto *High* conectado a la tubería de compensación *compensating leg*. De hecho, es común ver transmisores de presión diferencial instalados de esta manera, aunque los transmisores modernos pueden tener rangos de presión negativa como de presión positiva. Es importante darse cuenta de que los transmisores de presión diferencial conectados de esta forma responderán en forma reversa con el incremento de líquido. Esto es, a medida que el líquido aumente en el tanque, la señal de salida del transmisor decrecerá en vez de incrementarse (Fig. 4.21).

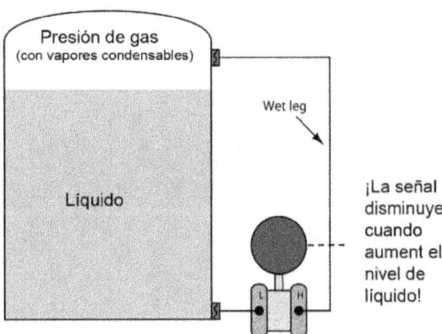

Figura 4.21: Efecto del intercambio de puertos en la conexión de un transmisor diferencial: *Low* en lugar de *High* y viceversa

Cualquier forma de conexión del transmisor al tanque sería suficiente para medir el nivel de líquido, siempre que el instrumento que reciba la señal del transmisor esté correctamente configurado para interpretarla. La elección de cómo conectar el transmisor al tanque debe ser basada en diseño de sistema seguro contra falla *fail-safe*, lo cual significa que se diseñe el sistema de medición de tal forma que las fallas más probables del sistema – incluyendo cables de señal cortados – hagan que el sistema de control perciba como más peligrosa esta condición y que tome, por lo tanto, la acción más segura.

4.5.3 Expert systems de tanques

En vez de usar una tubería de compensación para substraer la
presión de gas en un tanque cerrado se puede usar un segundo
transmisor de temperatura para substraer electrónicamente
las dos presiones en un computador (Fig. 4.22).

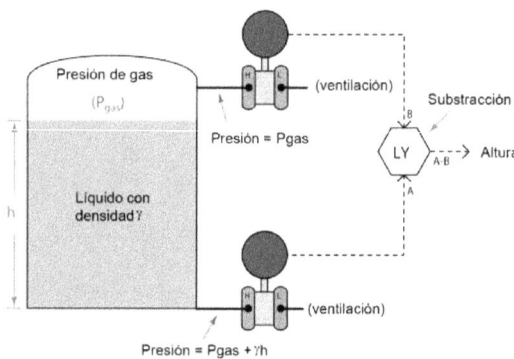

Figura 4.22: Uso de transmisor para compensar el efecto *wet
leg*

Esta solución evita el problema de la tubería húmeda *wet
compensating leg* pero sufre la desventaja del costo extra
de un error mayor debido a la deriva de calibración de
dos transmisores en lugar de solo uno. Estos sistemas no
son prácticos en aplicaciones donde la presión de gas sea
comparable con la presión hidrostática *elevation head*.

Cuando se agrega un tercer transmisor de presión a este
sistema, ubicado a una distancia conocida (x) encima del
fondo del transmisor, tenemos todas las piezas necesarias
de lo que se denomina un sistema especialista de tanque
Expert System. Estos sistemas se usan en tanques de
almacenamiento grandes operando a un presión cercana a
la atmosférica y tienen la posibilidad de medir por inferencia

la altura, la densidad, el volumen total y la masa total de líquido almacenada en el tanque (Fig. 4.23).

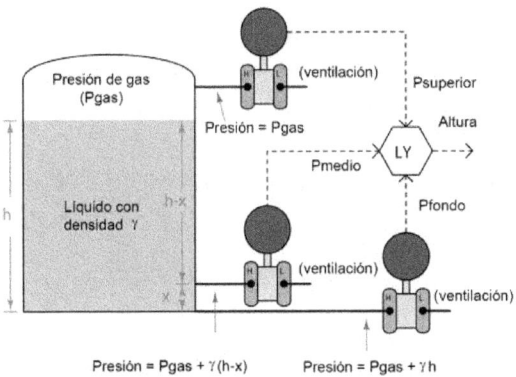

Figura 4.23: Expert system de tanque

La diferencia de presión entre los transmisores del fondo y del medio cambiarán solamente si la densidad del líquido cambiase, puesto que ambos transmisores están separados por una diferencia de altura fija y conocida.

La manipulación algebraica muestra cómo las presiones medidas pueden ser usadas por el computador de nivel (LY) para el cálculo continuo de la densidad de líquido (γ):

$$P_{fondo} - P_{medio} = (P_{gas} + \gamma h) - [P_{gas} + \gamma(h - x)]$$

$$P_{fondo} - P_{medio} = P_{gas} + \gamma h - P_{gas} - \gamma(h - x)$$

$$P_{fondo} - P_{medio} = P_{gas} + \gamma h - P_{gas} - \gamma h + \gamma x$$

$$P_{fondo} - P_{medio} = \gamma x$$

$$\frac{P_{fondo} - P_{medio}}{x} = \gamma$$

Una vez que el computador conozca el valor de γ se puede calcular la altura del líquido en el tanque con gran precisión basándose en las mediciones de presión que se han tomado por los transmisores de fondo y superior:

$$P_{fondo} - P_{superior} = (P_{gas} + \gamma h) - P_{gas}$$

$$P_{fondo} - P_{superior} = \gamma h$$

$$\frac{P_{fondo} - P_{superior}}{\gamma} = h$$

Usando toda la potencia computacional en LT, es posible caracterizar el tanque de tal forma que se puedan obtener mediciones precisas de volumen a partir de las mediciones de altura. Primeramente, el computador calcula la densidad de masas basado en la proporcionalidad entre masa y peso (se muestra aquí, partiendo por la equivalencia entre las dos fórmulas de presión hidrostática):

$$\rho g h = \gamma h$$

$$\rho g = \gamma$$

$$\rho = \frac{\gamma}{g}$$

Armado con la densidad de masa del líquido que está dentro del tanque, el computador puede calcular ahora la masa total de líquido dentro del tanque:

$$m = \rho V$$

El análisis dimensional muestra cómo las unidades de masa y volumen se cancelan para obtener solamente unidades de masa en la última ecuación:

$$[\text{kg}] = \left[\frac{\text{kg}}{\text{m}^3}\right]\left[\text{m}^3\right]$$

Se verá como algunas mediciones pueden ser inferidas desde unas pocas mediciones de proceso (en este caso, presión). Tres mediciones de presión en teste tanque permiten calcular cuatro variables inferidas: densidad, altura, volumen y masa de líquido.

La medición precisa de líquidos en un tanque de almacenamiento no es solamente una operación de proceso, sino que también sirve para los negocios. Ya sea cuando el líquido represente una materia prima adquirida desde un proveedor o un producto procesado listo para ser bombeado a un cliente, ambas partes estarían interesadas en conocer la cantidad exacta de líquido comprado o vendido. La aplicaciones de medición como esta, son conocidas como **transferencia de custodia**, porque estas representan la transferencia de custodia (propiedad) de una sustancia intercambiada en un acuerdo de negocios. En algunas ocasiones, el comprador y el vendedor operan y mantienen sus propias estaciones de custodia, mientras que en otras ocasiones solo existe un instrumento, el que se calibra por un tercera parte neutral.

4.5.4 Mediciones de nivel con interface hidrostática

Los sensores de presión hidrostáticos se pueden usar para detectar el nivel de una interface líquido-líquido, si y solo si la altura total sensada por el instrumento está fija. Un instrumento sencillo de nivel basado en hidrostática no puede discernir entre un nivel de interface que cambia y el cambio total del nivel, por lo que el último debe estar fijo para después poder medir el primero.

Una forma de fijar la altura total del líquido es equipar al tanque con una tubería de desborde o de rebalse *overflow*, para asegurar que el caudal de drenaje sea siempre menor que el caudal que entra (forzando a que vaya algún fluido siempre a través de la tubería de drenaje). Esta estrategia lleva por sí misma en forma natural a la separación en aquellos procesos en los que haya una mezcla de líquidos ligeros y líquidos pesados que sean separables por sus densidades diferentes (Fig. 4.24).

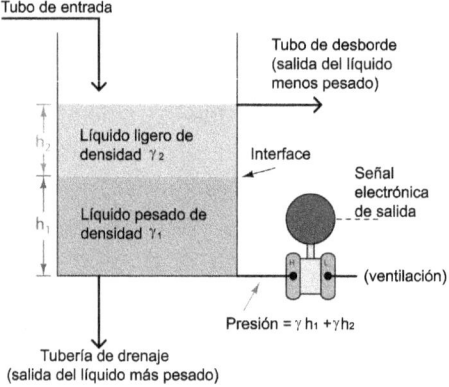

Figura 4.24: Tubería de rebalse

Se tiene una aplicación práctica de una medición de nivel de interface líquido-líquido. Si el objetivo es separar dos líquido de diferentes densidades, se necesita solamente que salga el líquido ligero por la tubería de desborde. Esto significa que debe controlarse el nivel de la interface para que esté entre los dos puntos de tubería en el tanque. Si la interface se apartase mucho, el líquido pesado sería sacado por la tubería de desborde; y si se deja que la interface baje mucho, sería el líquido ligero el que se despejaría por la tubería de drenaje. El primer paso para controlar cualquier variable de proceso es medir la variable, por lo que estamos enfrentados con la necesidad de medir el punto de interface entre los dos líquidos.

Otra forma para fijar la altura total que ve el transmisor es usar una tubería de compensación ubicada en un punto del tanque que esté siempre más abajo que la altura total del líquido. En este ejemplo, se usa un transmisor con sello remoto (Fig. 4.25).

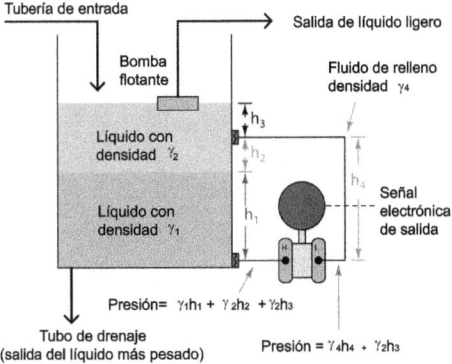

Figura 4.25: Uso de una tubería de compensación para fijar la altura total que ve un transmisor de presión

Debido a que ambos lados del transmisor de presión diferencial ven la presión hidrostática generada por la columna de líquido por encima del punto de conexión superior ($\gamma_2 h_3$), este término se cancela en forma natural:

$$(\gamma_1 h_1 + \gamma_2 h_2 + \gamma_2 h_3) - (\gamma_4 h_4 + \gamma_2 h_3)$$

$$\gamma_1 h_1 + \gamma_2 h_2 + \gamma_2 h_3 - \gamma_4 h_4 - \gamma_2 h_3$$

$$\gamma_1 h_1 + \gamma_2 h_2 - \gamma_4 h_4$$

La presión hidrostática de la tubería de compensación es constante ($\gamma_4 h_4 =$ Constante), puesto que el fluido de relleno nunca cambia la densidad y la altura nunca cambia. Esto significa que la presión sensada por el transmisor será la misma que la que señalaría un transmisor no compensado, salvo por una constante, la cual puede ser considerada durante los ajustes de calibración para que no impacte en las mediciones.

$$\gamma_1 h_1 + \gamma_2 h_2 - \text{Constante}$$

Al principio puede parecer imposible determinar los puntos de calibración (valores extremos de rango – LRV y URV) para un transmisor de nivel de interface debido a todas las presiones existentes. Una forma de visualizar la solución es imaginar cómo el proceso se vería en la condición de rango menor LRV y en la condición de valor mayor de rango URV, se muestra en las dos ilustraciones siguientes (S.G.: gravedad específica) (Fig. 4.26).

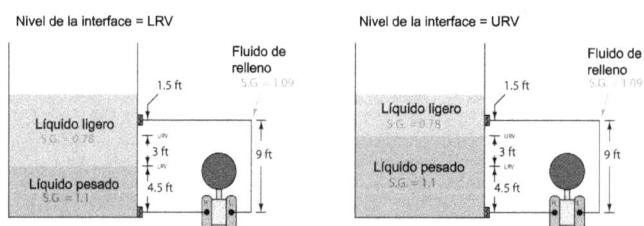

Figura 4.26: Determinación de los puntos de calibración

Por ejemplo, suponga que debemos calibrar un transmisor de presión diferencial para medir el nivel de la interface entre dos líquidos que tengan gravedades específicas de 1.1 y 0.78 respectivamente, y un alcance de 3 ft. El transmisor está equipado con sellos remotos, cada uno con un fluido de relleno de halocarbono con una gravedad específica de 1.09. La disposición física de este sistema es la siguiente (Fig. 4.27).

Como primer paso en el experimento imaginario se deben calcular las presiones hidrostáticas en ambos lados

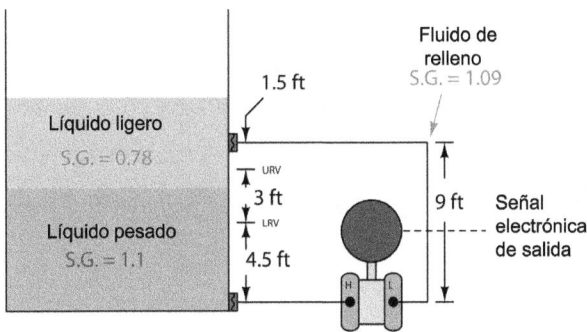

Figura 4.27: Sistema para calibrar transmisores de presión diferencial que miden nivel de una interface

del transmisor cuando la interface estén en el nivel LRV (Fig. 4.28).

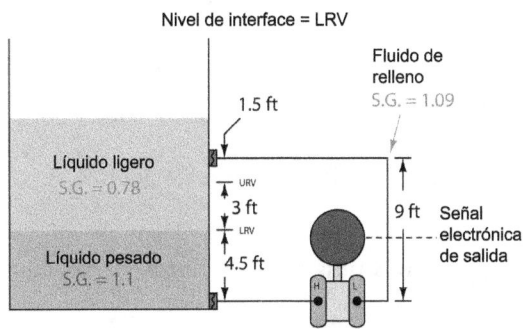

Figura 4.28: La interface está en el nivel LRV

Anteriormente se ha establecido que cualquier presión hidrostática resultante del nivel de líquido que esté encima de la ubicación del sello remoto superior es irrelevante para el transmisor, puesto que es visto en ambos lados del transmisor y así se cancela. Todo lo que debe hacerse entonces, es calcular la presión hidrostática considerándola como el nivel de líquido total detenido en el punto de conexión del diafragma superior.

Primeramente, se puede calcular la presión hidrostática vista en el puerto High del transmisor:

$$P_{alto} = 4.5 \text{ ft de líq pesado } + 4.5 \text{ ft de líq. ligero}$$

$$P_{alto} = 54\text{pulg. líq pesado } + 54 \text{ pulg. líquido ligero}$$

$$P_{alto} \text{ ”W.C.} = (54\text{pulg. l. pesado})(1.1)+(54\text{pulg. l. ligero})(0.78)$$

$$P_{alto} \text{ ”W.C.} = 59.4 \text{ ”W.C.} + 42.12 \text{ ”W.C.}$$

$$P_{alto} = 101.52 \text{ ”W.C.}$$

A seguir, se calcula la presión hidrostática vista en el puerto Low del transmisor:

$$P_{bajo} = 9 \text{ ft de fluido de relleno}$$

$$P_{bajo} = 108 \text{ pulgadas de fluido de relleno}$$

$$P_{bajo} \text{ ”W.C.} = (108 \text{ pulgadas de fluido de relleno})(1.09)$$

$$P_{bajo} = 117.72 \text{ ”W.C.}$$

La presión diferencial aplicada al transmisor en esta condición es la diferencia entre las presiones de los puertos *High* y *Low*, la cual se interpreta como el valor menor del rango (LRV) para la calibración:

$$P_{LRV} = 101.52 \text{ "W.C.} - 117.72 \text{ "W.C.} = -16.2 \text{ "W.C.}$$

Un segundo paso en el experimento es imaginar cómo el proceso se vería con la interface en el nivel de URV para luego calcular las presiones hidrostáticas a cada lado del transmisor:

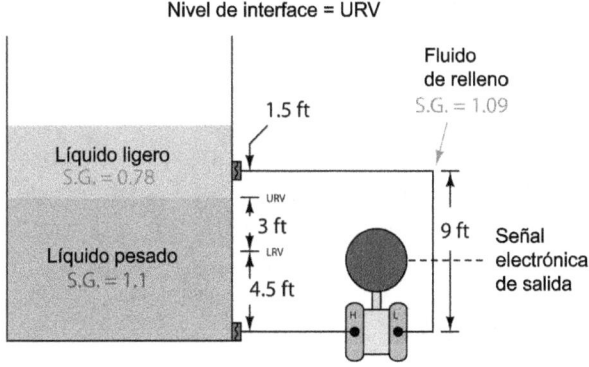

Figura 4.29: Interface en el nivel URV

$$P_{high} = 7.5 \text{ ft de líquido pesado} + 1.5 \text{ ft de líquido ligero}$$

$$P_{high} = 90 \text{ pulg. l. pesado} + 18 \text{ pulg. l. ligero}$$

$$P_{high} \text{ "W.C.} = (90\text{pulg. l. pesado})(1.1) + (18\text{pulg. l. ligero})(0.78)$$

$$P_{high} \text{ "W.C.} = 99 \text{ "W.C.} + 14.04 \text{ "W.C.}$$

$$P_{high} = 113.04 \text{ "W.C.}$$

Tabla 4.4: Tabla de calibración de 5 puntos

Nivel de interf.	% rango	P. diferencial en transmisor	Salida del transmisor
4.5 ft	0 %	-16.2 "W.C.	4 mA
5.25 ft	25 %	-13.32 "W.C.	8 mA
6 ft	50 %	-10.44 "W.C.	12 mA
6.75 ft	75 %	-7.56 "W.C.	16 mA
7.5 ft	100 %	-4.68 "W.C.	20 mA

La presión hidrostática de la tubería compensadora es exactamente la misma que antes: 9 ft de fluido de relleno con una gravedad específica de 1.09, lo cual significa que no hay necesidad de calcularla nuevamente. Aún son 117.72 pulgadas de la columna de agua. Así, la presión diferencial en el punto URV es:

$$P_{URV} = 113.04 \text{ "W.C.} - 117.72 \text{ "W.C.} = -4.68 \text{ "W.C.}$$

Usando estos dos valores de presión y alguna interpolación se puede generar un tabla de calibración de 5 puntos (asumiendo un rango en la señal de salida de 4-20 mA) para este sistema de medición de nivel (Tab. 4.4).

Cuando llegue el tiempo de calibrar este instrumento en la tienda, la forma más fácil de hacer esto es situar los dos diafragmas remotos en el banco de trabajo (al mismo nivel) y entonces aplicar una presión de 16.2 a 4.68 pulgadas de columna de agua en el lado *Low* del diafragma de sellado remoto mientras que el otro diafragma se expone a la presión atmosférica para simular el intervalo deseado de presiones diferenciales negativas.

El alcance del instrumento ((URV − LRV) is igual que el alcance del nivel de la interface (3 ft, o 36 pulgadas) multiplicado por la diferencia de gravedades específicas (1.1 − 0.78):

$$\text{Alcance in "W.C.} = (36 \text{ pulgadas})(1.1 - 0.78)$$

$$\text{Alcance} = 11.52 \text{ "W.C.}$$

Observando las ilustraciones de los dos experimentos se puede ver que la única diferencia entre los dos escenarios es el tipo de líquido que rellena la región de 3 ft entra las marcas de LRV y URV. Entonces, la única diferencia entre las presiones del transmisor en esas dos condiciones será la diferencia de altura multiplicada por la diferencia en densidad. Esta no solo es una forma fácil para calcular rápidamente el alcance del transmisor sino que también una forma de chequear el trabajo anterior: se puede notar que la diferencia entre las presiones LRV y URV es, en realidad, una diferencia de 11.52 pulgadas de columna de agua justamente como predice el método.

4.6 Desplazamiento

Los instrumentos de nivel desplazadores explotan el **Principio de Arquímedes** para detectar el nivel de líquido mediante la medición continua del peso de una varilla que está sumergida en el líquido del proceso. A medida que el líquido sube su nivel, la varilla de desplazamiento sufre una fuerza de flotación mayor, haciendo que sea mas ligero desde el punto de vista del instrumento, el que detecta la pérdida de peso como un incremento en el nivel y transmite una señal de salida proporcional. En la práctica, un instrumento de nivel desplazador se ve así (Fig. 4.30).

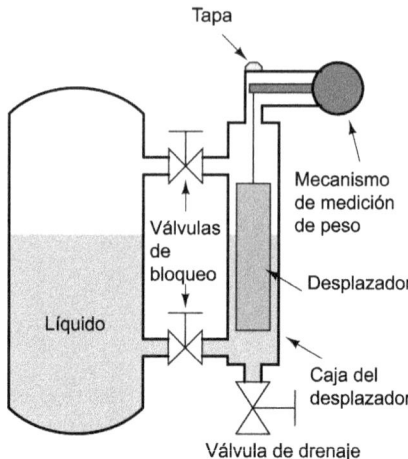

Figura 4.30: Medidor de nivel por desplazamiento

4.6.1 Instrumentos de fuerza de flotación

La siguiente foto muestra un transmisor neumático modelo Fisher Level - Trol midiendo nivel de condensados en un tanque de condensados *knockout drum* de una corriente de gas. Esta foto fue tomada en una instalación de compresión de gas natural, donde es muy importante que el gas a ser comprimido esté seco, ya que los líquidos son esencialmente incompresibles. Si se deja entrar un poco de líquido a un compresor puede hacer que este falle en forma catastrófica para el servicio de gas natural. El instrumento en sí mismo se vé en el lado derecho de la foto, con una unidad *head* de color gris que posee dos galgas neumáticas visibles en el extremo superior. La caja del desplazador *cage* es la tubería que está detrás y debajo de la unidad *head*. Note que aparece una mirilla de nivel en el lado izquierdo de la cámara de knockout *condensate boot* para que haya una indicación visual del nivel de condensado al interior del tanque de proceso (Fig. 4.31).

Vea las dos fotos de un instrumento desplazador de tipo Level - Trol mostrando como el desplazador se ubica dentro

Figura 4.31: Transmisor neumático Fisher Level-Trol midiendo nivel de condensados en un tanque de condensados *knockout drum* de una corriente de gas

de la tubería de caja (Fig. 4.32).

Figura 4.32: Instrumento desplazador de tipo Level Trol

La tubería caja está acoplada con el tanque de proceso a través de dos válvulas de bloqueo, permitiendo el aislamiento del proceso. Una válvula de drenaje permite que la caja se pueda vaciar para mantenimiento y calibración del instrumento.

Algunos tipos de sensores de nivel de tipo desplazador no usan una caja sino que cuelgan el elemento desplazador directamente en el tanque del proceso. Estos se denominan sensores sin caja *"cageless"*. Son más simples que los que tienen caja, pero no se les puede realizar mantenimiento sin despresurizar (y quizás, vaciar) el tanque de proceso en el que están instalados. También son más propensos a errores y a ruidos si el líquido dentro del tanque estuviera agitado por causa de las propelas accionadas por motor que puedan estar instaladas en el tanque para hacer la mezcla de los líquidos del proceso.

La calibración en todo el rango se puede realizar haciendo flotar la caja con el líquido de proceso (calibración húmeda) o suspendiendo el desplazador con una cuerda y una escala precisa (una calibración seca), subiendo hacia arriba el desplazador en la cantidad exacta que simule un flotamiento del 100% del nivel de líquido (Fig. 4.33).

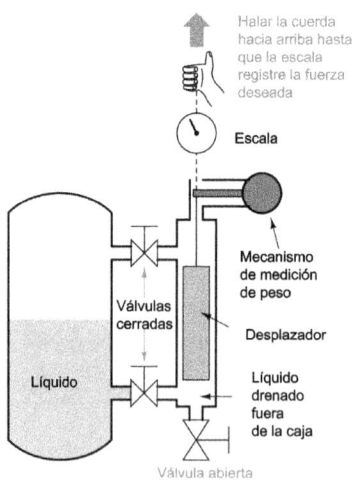

Figura 4.33: Calibración en todo del rango usando el desplazador

El cálculo de la fuerza de flotación es una cuestión simple. De acuerdo al Principio de Arquímedes, la fuerza de flotación siempre es igual al peso del volumen de fluido desplazado.

En el caso de un instrumento de nivel basado en desplazador que opere a pleno rango, esto significa usualmente que todo el volumen del elemento desplazador se sumerge en líquido. Simplemente calcule el volumen del desplazador (si fuera un cilindro, $V = \pi r^2 l$, donde r es el radio del cilindro y l es el largo del cilindro (γ)):

$$F_{flotante} = \gamma V$$

$$F_{flotante} = \gamma \pi r^2 l$$

Por ejemplo, si la densidad de peso del fluido de proceso fuese de 57.3 libras por pie cúbico y el desplazador un cilindro midiendo 3 pulgadas de diámetro y 24 pulgadas de largo, la fuerza necesaria para simular un condición de flotación a plena escala se puede calcular así:

$$\gamma = \left(\frac{57.3 \text{ lb}}{\text{ft}^3} \right) \left(\frac{1 \text{ ft}^3}{12^3 \text{ in}^3} \right) = 0.0332 \frac{\text{lb}}{\text{in}^3}$$

$$V = \pi r^2 l = \pi (1.5 \text{ in})^2 (24 \text{ in}) = 169.6 \text{ in}^3$$

$$F_{flotante} = \gamma V = \left(0.0332 \frac{\text{lb}}{\text{in}^3} \right) \left(169.6 \text{ in}^3 \right) = 5.63 \text{ lb}$$

Note lo importante que es mantener la consistencia de las unidades. La densidad del líquido en unidades de libras por pie cúbico y el desplazador en unidades de pulgadas, lo que podría causar un grave problema si no se pudiese convertir entre ft y pulgadas. En este ejemplo, se ha optado por expresar la densidad en unidades de libras por pulgada cúbica, aunque también se podría convertir la unidad del desplazador a ft para llegar a un volumen de desplazamiento en unidades de pie cúbico.

4.6.2 Tubos de torsión *torque tube*

Un problema interesante que surge en el caso de los
transmisores de nivel de tipo desplazamiento es cómo
transferir el peso sensado desde el desplazador hacia el
mecanismo del transmisor manteniendo el sellado de la
presión de vapor de este mecanismo. La solución más
común es un mecanismo ingenioso llamado tubo de torsión.
Desafortunadamente, los tubos de torsión pueden ser muy
difíciles de entender a menos que se tenga acceso manual a
uno de estos.

Imagine, una varilla de metal sólido horizontal con una
brida *flange* en un extremo y una palanca perpendicular
en el otro extremo. La brida se monta en una superficie
estacionaria con un peso suspendido desde el extremo de la
palanca. Un círculo trazado en línea discontinua muestra
donde la varilla está soldada al centro de la brida (Fig. 4.34).

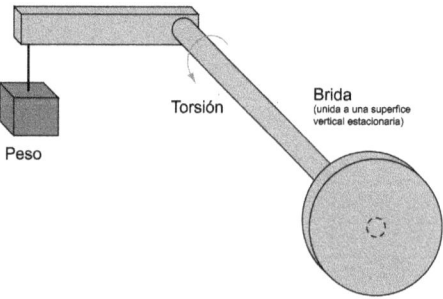

Figura 4.34: Mecanismo de tubo de torsión

La fuerza hacia abajo que provoca la acción del peso sobre
la palanca se convierte en una fuerza de torsión (torque)
en la varilla, haciendo que se tuerza ligeramente a lo largo.
Mientras más peso cuelgue en el extremo de la palanca, más
se torcerá la varilla. Mientras la torsión aplicada por el peso
y la palanca no exceda nunca el límite elástico de la varilla,
la varilla seguirá funcionando. Si conociésemos la constante

de elasticidad de la varilla y la medida de la flexión debida a la torsión, se podría usar este movimiento leve como una medida de la magnitud del peso que cuelga en el extremo de la palanca.

Ahora, imagine que se pueda perforar un orificio a través de la varilla, a lo largo, que casi alcance el extremo donde está unida a la palanca. En otras palabras, imagine un orificio ciego *blind hole* a través del centro de la varilla, que comienza en el *flange* y que termina justamente antes de la palanca (Fig. 4.35a).

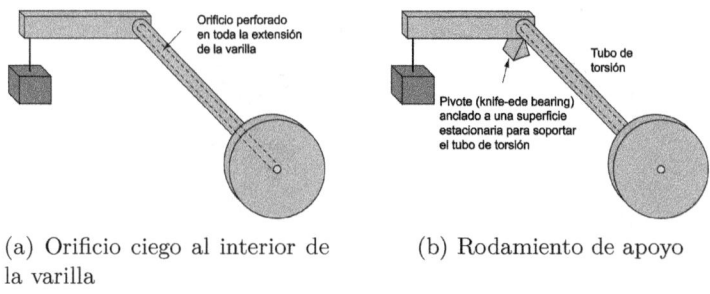

(a) Orificio ciego al interior de la varilla

(b) Rodamiento de apoyo

Figura 4.35: Funcionamiento del tubo de torsión

La presencia de este orificio profundo no cambia mucho el comportamiento del conjunto, excepto, quizás alterando la constante de elasticidad de la varilla. A menor circunferencia, la varilla tendrá menor efecto de resorte y se torcerá más con el peso aplicado en el extremo de la palanca. Lo que es más importante, el orificio largo transforma a la varilla en un tubo con un extremo sellado. En vez de verla como una barra de torsión, esta varilla es ahora un tubo de torsión, que se tuerce muy ligeramente cuando se aplica peso en el extremo de la palanca.

Para apoyar el tubo en forma vertical para que no se curve por efecto del peso, frecuentemente se coloca un rodamiento de apoyo *Knife-edge bearing* bajo el extremo de la palanca donde se une al tubo de torsión. El propósito de este pivote es proporcional apoyo vertical para el peso mientras que se forma un punto de pivoteo que casi no tiene fricción, asegurando que el único esfuerzo aplicado al tubo de torque sea la torsión desde la palanca (Fig. 4.35b).

Finalmente, imagine otra varilla de metal sólido (de un diámetro un poco menor que el orificio) soldada al extremo lejano del orificio ciego, extendiéndose más allá del extremo de la brida *flange* (Fig. 4.36).

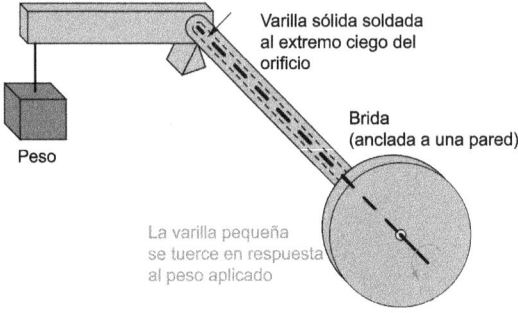

Figura 4.36: Varilla interna

La función de esta varilla de menor diámetro es transferir el movimiento de torsión del tubo de torsión a un punto más allá de la brida donde pueda ser sensado. Imagine la brida anclada a una pared vertical, mientras que un peso ejerce una gran fuerza hacia abajo en el extremo de la palanca. El tubo de torsión se flexionará en un movimiento de torsión con la fuerza variable, pero ahora será capaz de ver cuánta torsión existe detectando la rotación de la varilla menor en el lado cercano de la pared. El peso y la palanca pueden estar completamente fuera de la vista, pero el pequeño movimiento de torsión de la varilla pequeña revela, sin embargo, cuánta torsión puede soportar el tubo de torsión por efecto de la fuerza del peso.

Se puede aplicar este mecanismo de tubo de torsión a la tarea de medir el nivel de líquido en un tanque presurizado reemplazando el peso con un desplazador, uniendo la brida a una boquilla soldada al tanque y alineando un dispositivo de sensado de movimiento con el extremo de la varilla pequeña para medir su rotación. A medida que el nivel de líquido suba o baje, el peso aparente del desplazador variará, haciendo que el tubo de torsión se tuerza ligeramente. Este ligero movimiento de torsión se sensa entonces en el extremo de la varilla pequeña, en un ambiente aislado de la presión del fluido de proceso.

Se muestra una foto de un tubo de torsión real de un transmisor de nivel Fisher Level-Trol (Fig. 4.37a).

El metal de color oscuro es un resorte de acero que se usa para suspender el peso por acción de un resorte de torsión, mientras que la porción brillante es la varilla interna que se usa para transmitir movimiento. Como se puede apreciar, el tubo de torsión en sí mismo no tiene un diámetro considerable. Si lo tuviese sería demasiado rígido como resorte para que pueda ser de utilidad práctica en un instrumento de nivel del tipo desplazador, puesto que el desplazador no es muy pesado y la palanca no es muy larga.

Una mirada más cercana al extremo del tubo de torsión revela el extremo abierto donde la varilla de menor diámetro sale (izquierda) (Fig. 4.37b) y donde el extremo ciego del tubo está unido a la palanca (derecho) (Fig. 4.37c).

Si se cortara a la mitad el conjunto del tubo de torsión, su sección transversal se vería como esta (Fig. 4.37d).

La próxima ilustración muestra el tubo de torsión como parte de un transmisor de nivel de desplazamiento (Fig. 4.38).

Como se puede ver en la ilustración, el tubo de torsión sirve para tres cosas: (1) para hacer de resorte de torsión suspendiendo el peso de un desplazador, (2) para separar la presión de proceso de los mecanismos de sensado de posición y (3) para transferir movimiento desde el extremo lejano del tubo de torsión hacia el mecanismo de sensado.

En un transmisor neumático de nivel, el mecanismo de sensado que se usa para convertir el movimiento de torsión de un tubo de torsión a una señal de presión de aire es típicamente del tipo de balance de movimiento. El

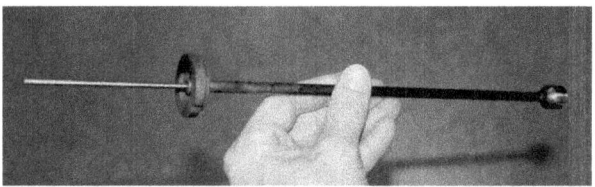

(a) Tubo de torsión un transmisor de nivel Fisher "Level-Trol'

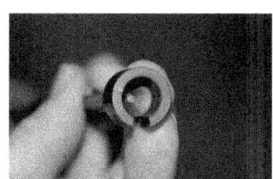

(b) Extremo abierto del tubo de torsión

(c) Extremo ciego del tubo de torsión

(d) Sección transversal del tubo de torsión

Figura 4.37: Tubo de torsión

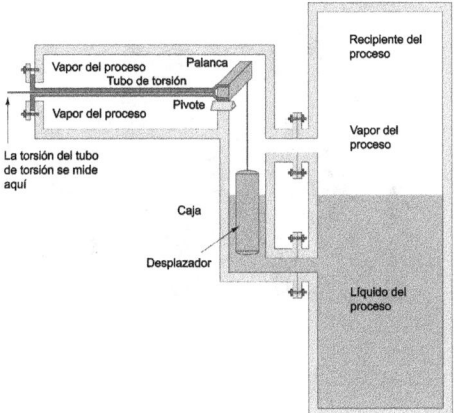

Figura 4.38: Transmisor de nivel basado en desplazamiento que usa un tubo de torsión

mecanismo de Fisher Level-Trol, por ejemplo, usa un tubo de Bourdon con forma de C con una boquilla en el extremo que sigue a una placa, que a su vez está unida a la varilla pequeña. El centro del tubo de Bourdon está alineado con el centro del tubo de torsión. A medida que la varilla rota la placa, avanza hacia la boquilla en el extremo del tubo Bourdon, haciendo que la contrapresión suba, la que, a su vez hace que el tubo de Bourdon se flexione. Esta flexión aleja la boquilla de la placa hasta que se logre una condición de balance. El movimiento de la varilla es balanceado con el movimiento del tubo de Bourdon, en lo que constituye un sistema neumático de balance de movimiento (Fig. 4.39).

4.6.3 Mediciones de desplazamiento de interface

Los instrumentos de desplazamiento de nivel pueden ser usados para medir interfaces líquido-líquido al igual que los instrumentos de presión hidrostáticos. Un requerimiento importante es que el desplazador esté siempre sumergido (inundado). Si esta regla fuese violada, el instrumento no

Figura 4.39: Tubo de Bourdon usado como sensor en un tubo de torsión

podría discriminar la diferencia entre el nivel de líquido total y un nivel más bajo de la interface.

Si el instrumento de desplazador tuviese su propia caja *cage*, es importante que las dos tuberías que conectan la caja al tanque de proceso (llamadas algunas veces boquillas *nozzles*) estén sumergidas. Esto asegura que la interface de líquido en la caja sea la misma que la interface dentro del tanque. Si la boquilla superior se secara, en un instrumento desplazador con caja, ocurriría el mismo problema de una mirilla de nivel.

No es tan difícil calcular la fuerza de flotación causada por la combinación de dos líquidos en un elementos desplazador. El principio de Arquímedes sigue siendo aplicable: la fuerza de flotación iguala al peso del fluido que se desplaza. Todo lo que tenemos que hacer es calcular los pesos combinados y los volúmenes de los líquidos desplazados para calcular la fuerza de flotación. En el caso de un líquido solo, la fuerza de flotación es igual a la densidad de peso de ese líquido (γ) multiplicado por el volumen desplazado (V):

$$F_{flotante} = \gamma V$$

En una interface de dos líquidos, la fuerza flotante es igual a la suma de los dos pesos líquidos desplazados, con cada peso líquido siendo igual a la densidad de peso de ese líquido multiplicado por el volumen desplazado de ese líquido:

$$F_{flotante} = \gamma_1 V_1 + \gamma_2 V_2$$

Asumiendo un desplazador de área de sección transversal constante en todo su largo, el volumen del desplazamiento de cada líquido es simplemente igual a la misma área (πr^2) multiplicada por el largo del desplazador sumergido en ese líquido (Fig. 4.40).

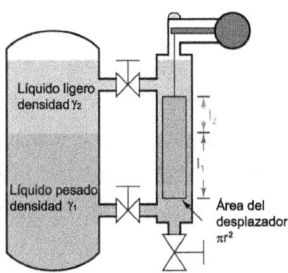

Figura 4.40: Esquema para determinar la expresión de la fuerza de Arquímedes en un instrumento de desplazamiento

$$F_{flotante} = \gamma_1 \pi r^2 l_1 + \gamma_2 \pi r^2 l_2$$

Puesto que el área (πr^2) es común en ambos términos de esta ecuación, se puede extraer por factorización para tener más simplicidad:

$$F_{flotante} = \pi r^2 (\gamma_1 l_1 + \gamma_2 l_2)$$

La determinación de los puntos de calibración de un instrumento de nivel de tipo desplazador para aplicaciones

de interface es relativamente fácil si las condiciones LRV y
URV se entienden como experimentos imaginarios. Primero,
imagine que la condición del desplazador pudiese verse como
si la interface estuviese en el valor menor del campo, entonces
imagine un escenario diferente con la interface en el valor
mayor del campo *range*.

Suponga que se tiene un instrumento desplazador
midiendo la interface de nivel entre dos líquidos que tengan
gravedades específicas de 0.850 y de 1.10, con un largo del
desplazador de 30 pulgadas y un diámetro del desplazador
de 2.75 pulgadas (radio = 1.357 pulgadas). Suponga
adicionalmente que el LRV en este caso es cuando la interface
está en el fondo del desplazador y el URV es cuando la
interface está en el extremo superior del desplazador. La
ubicación de los niveles de interface LRV y URV en los
extremos del desplazador simplifica los cálculos de LRV y
URV; y, como con el experimento imaginario del LRV, el
desplazador estará completamente sumergido en el líquido
ligero y, como en el experimento imaginario del URV,
el desplazador estará completamente sumergido en líquido
pesado.

Calculando la fuerza de flotación:

$$F_{flotante} \ (\text{LRV}) \ = \pi r^2 \gamma_2 L$$

Calculando la fuerza flotante URV:

$$F_{flotante} \ (\text{URV}) \ = \pi r^2 \gamma_1 L$$

La flotación de cualquier porcentaje de medición entre
LRV (0%) y URV (100%) puede ser calculado por
interpolación (Tab. 4.5).

$$\gamma_1 = \left(62.4 \ \frac{\text{lb}}{\text{ft}^3} \right) (1.10) = 68.6 \ \frac{\text{lb}}{\text{ft}^3} = 0.0397 \ \frac{\text{lb}}{\text{in}^3}$$

Tabla 4.5: Fuerza de flotación para diferentes puntos de nivel de líquido en un medidor de desplazamiento

Interface (pulgadas) de nivel (pulgadas)	Fuerza flotadora (libras *pounds*)
0	5.47
7.5	5.87
15	6.27
22.5	6.68
30	7.08

$$\gamma_2 = \left(62.4\,\frac{\text{lb}}{\text{ft}^3}\right)(0.85) = 53.0\,\frac{\text{lb}}{\text{ft}^3} = 0.0307\,\frac{\text{lb}}{\text{in}^3}$$

$$F_{flotante}\,(\text{LRV}) = \pi(1.375\text{ in})^2\left(0.0307\,\frac{\text{lb}}{\text{in}^3}\right)(30\text{ in}) = 5.47\text{ lb}$$

$$F_{flotante}\,(\text{URV}) = \pi(1.375\text{ in})^2\left(0.0397\,\frac{\text{lb}}{\text{in}^3}\right)(30\text{ in}) = 7.08\text{ lb}$$

4.7 Eco

Una forma de medir nivel de líquido completamente distinta es hacer rebotar una onda a partir de la superficie del líquido – típicamente desde un lugar en el extremo superior del líquido – usando el tiempo de vuelo de las ondas como indicador de la distancia, y por lo tanto, un indicador de la altura de líquido en el tanque. Los instrumentos de nivel basados en eco tienen la ventaja exclusiva de inmunidad a cambios en la densidad de líquidos, un factor crucial para la calibración precisa de instrumentos de nivel de desplazamiento e hidrostáticos.

Desde este punto de vista, son comparables con sistemas de medición de nivel basados en flotadores.

Los instrumentos de nivel basados en desplazamiento y los basados en hidrostática son más simples que los instrumentos basados en eco y fueron usados desde mucho tiempo antes de que se usara la tecnología moderna basada en electrónica. Los instrumentos basados en eco necesitan una temporización precisa y una circuitería basada en conformación de ondas, elementos transceptores más robustos y sensibles, lo que demanda un nivel mucho más sofisticado de tecnología. Sin embargo los diseños electrónicos modernos han conseguido instrumentos de nivel basados en eco que son más y más prácticos para las aplicaciones industriales.

Las interfaces líquido-líquido se pueden medir también con algunos tipos de instrumentos de nivel basados en eco como los radares de onda guiada.

El factor más importante en la precisión de un instrumento de nivel basado en eco es la velocidad a la que la onda viaja en dirección al líquido (y a la que retorna). La velocidad de propagación de la onda es fundamental en la precisión de un instrumento de eco como lo es la densidad del líquido en la precisión de instrumento desplazador o hidrostático. Mientras que la velocidad sea conocida y estable las mediciones serán precisas. Aunque también es verdad que la calibración de un instrumento de nivel basado en eco no depende de la densidad del fluido de proceso por la misma razón que lo es para los instrumentos de nivel basados en desplazamiento o hidrostáticos, esto no significa necesariamente que la calibración de un instrumento de nivel basado en eco permanezca fija cuando la densidad de fluido de proceso cambie. La velocidad de propagación de la onda usada en un instrumento de nivel basado en eco puede estar sujeta a cambios a medida que el fluido de proceso cambie su temperatura o composición. En el caso de instrumentos de eco ultrasónico, la velocidad del sonido es un función (fuerte) de la densidad del medio. Así, un transmisor de nivel ultrasónico que mida el tiempo de vuelo a través del vapor que está encima del líquido puede tener deriva de calibración en la densidad (incide en la velocidad del sonido) cuando el vapor cambie mucho, lo que puede deberse a cambios de temperatura y presión del vapor. Si el tiempo de vuelo del sonido se midiera mientras las ondas pasan a través del líquido, la calibración podría sufrir deriva si la temperatura del líquido cambiase. En el caso de instrumentos de radar (onda de radio), la velocidad de propagación de la onda de radio varía de acuerdo a la permitividad dieléctrica del medio. La permitividad también se afecta por cambios en la densidad del fluido del medio, por lo que los instrumentos de nivel basados en radar pueden sufrir deriva de calibración con los cambios en la densidad del fluido.

Los instrumentos de nivel basados en eco pueden ser engañados por capas de espuma que estén encima de los líquidos y los modelos de detección de interface líquido-líquido pueden tener dificultad para detectar interfaces entre elementos distintos (como ocurre en el caso de las emulsiones). Las estructuras irregulares que están dentro del espacio de vapor de un tanque (como por ejemplo: puertos de acceso, paletas mezcladoras, escaleras y ductos *shafts* pueden interferir con el funcionamiento de instrumentos de nivel basados en eco originando ecos falsos en el instrumento, aunque este problema puede ser atenuado con la instalación de tubos que guían las ondas mientras estas se desplazan, o usando sondas de onda en el caso de instrumentos de radares con ondas guiadas. Los líquidos que entran al tanque goteando a través de un espacio de vapor también pueden causar problemas en un instrumento basado en eco. Además, todo los instrumentos basados en eco tienen zonas muertas en las que los niveles de líquido están tan cercas del transceptor para que puedan ser medidas con precisión o incluso que puedan ser detectadas (el tiempo de vuelo del eco es tan corto que los receptores electrónicos no pueden distinguirlo desde el pulso incidente).

4.7.1 Mediciones ultrasónicas de nivel

Los instrumentos de nivel miden la distancia desde el transmisor (que está ubicado en algún punto alto) a la superficie del material de proceso ubicado más abajo usando una onda de sonido reflejada. La frecuencia de esas ondas reflejadas se extienden más allá de la audición humana, motivo por el cual son llamadas ondas ultrasónicas. El tiempo de vuelo de un pulso de sonido indica la distancia y es interpretada por la electrónica del transmisor como el nivel del proceso. Estos transmisores pueden emitir una

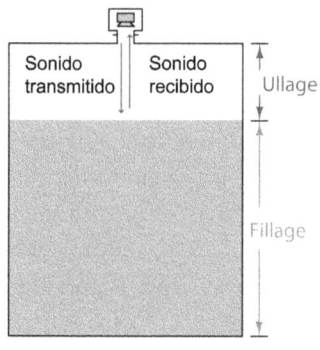

Figura 4.41: Esquema de un medidor nivel basado en eco ultrasónico

señal que corresponda con la cantidad de llenado *fillage* o la cantidad de espacio que queda en el extremo superior del tanque *ullage*(Fig. 4.41).

Ullage es el modo natural de medición de este tipo de instrumento de nivel, por que el tiempo de vuelo de la onda de sonido es un función directa de la cantidad de espacio vacío en el extremo superior del tanque. La altura total del tanque siempre será la suma de *fillage* y de *ullage*. Si el transmisor de nivel ultrasónico estuviese programado con la altura total del tanque, se podría calcular el *fillage* a través de un sustracción simple:

$$\text{Fillage} = \text{Altura total} - \text{Ullage}$$

Si una onda de sonido se encontrase con un cambio brusco en la densidad del material, algo de la energía de la onda sería reflejada en forma de otra onda que viaja en la dirección opuesta. En otras palabras, la onda de sonido producirá un eco cuando alcance una discontinuidad en la densidad. Esta es la base de todos los dispositivos de gama ultrasónica. Así, para un transmisor de nivel ultrasónico la diferencia de densidad en la interface entre líquido y gas puede ser muy extensa. La interfaces entre elementos diferentes como líquido y gas siempre tienen diferencias enormes de densidad, por lo que son relativamente fáciles de detectar usando ondas ultrasónicas. Los líquidos con una capa pesada de espuma que flota encima son más difíciles, debido a que la espuma es menos densa que el líquido pero considerablemente más densa que el gas que está encima. En este caso, se generará un eco débil en la interface entre el gas y la espuma y otro en la interface entre el líquido y la espuma, con la espuma dispersando y disipando gran parte de la energía del segundo eco.

El instrumento en sí mismo, está compuesto por un módulo que contiene todos los circuitos de potencia, computación y procesamiento de señal y un transductor ultrasónico para emitir y recibir las ondas de sonido. Este transductor es típicamente de naturaleza piezoeléctrica, es el equivalente de un parlante de alta frecuencia. La foto muestra el módulo electrónico típico (a la izquierda) (Fig. 4.42a) y el módulo de un transductor ultrasónico (a la derecha) (Fig. 4.42b).

Según el estándar ISA el módulo electrónico sería un transmisor de nivel (LT: Level Transmitter) y el transductor sería un elemento de nivel (LE: Level Element). Aunque hemos denominado transductor al dispositivo responsable de transmitir y recibir ondas de sonido, su función principal es ser elemento principal (primario) de sensado en el sistema de medición de nivel y por lo tanto, se denomina con propiedad un elemento de nivel (LE).

Si el transductor ultrasónico fuese lo suficientemente robusto y el tanque de proceso lo suficientemente libre de materiales amortiguadores de sonido (*sludge*) que se acumulan en el fondo del tanque, el transductor se podría montar en el fondo del tanque, haciendo rebotar las ondas

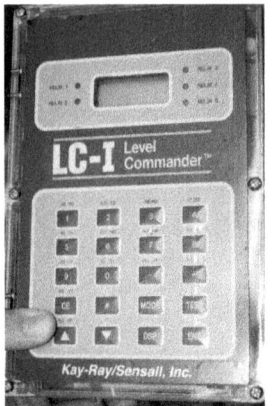

(a)   (b)   Transductor
Módulo electrónico de un   ultrasónico
instrumento ultrasónico

Figura 4.42: Partes de un instrumento ultrasónico

desde la superficie del líquido, a través del líquido en vez del
espacio de vapor. Como se ha dicho anteriormente, cualquier
diferencia significativa en las densidades de los materiales es
suficiente para reflejar una onda de sonido. Si este fuese el
caso, no debiese importar a través de qué medio se propagase
antes la onda incidente (Fig. 4.43).

Esta solución consiste en usar *fillage* como la medición
natural y *ullage* como la medición derivada (calculada por
substracción a partir de la altura total del tanque).

$$\text{Ullage} = \text{Altura total} - \text{Fillage}$$

Como se ha mencionada previamente, la calibración de
un transmisor de nivel depende de la velocidad del sonido a
través del medio entre el transductor y de la interface. En
el caso de los transductores montados en la parte superior,
esta es la velocidad del sonido a través del aire (o vapor)
sobre el líquido, puesto que este es el medio a través del
cual se miden las ondas incidentes y reflejadas. En el caso

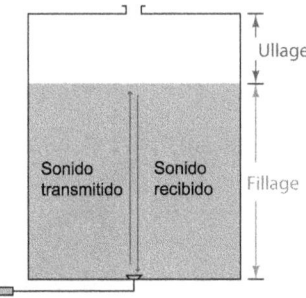

Figura 4.43: Sensor en el fondo del tanque

de los transductores montados en el fondo del tanque esta es la velocidad del sonido a través del líquido. En ambos casos, para asegurar la buena precisión, se debe estar seguro de que la velocidad del sonido a través del trayecto medido permanezca razonablemente constante (o de lo contrario que se compense por cambios en la velocidad de sonido a través del medio usando mediciones de presión o temperatura y un algoritmo de compensación).

Los instrumentos ultrasónicos de nivel tienen la ventaja de ser capaces de medir la altura de materiales sólidos como polvos y granos almacenados en tanques, no solamente de líquidos. El criterio fundamental para detectar niveles de material es que el cambio de la densidad por encima o por debajo de la interface debe ser diferente (a mayor diferencia, más fuerte el eco). Los materiales de baja densidad presentan dificultades que solo afectan a este tipo de instrumentos debido a que no causan reflexiones fuertes. Los perfiles de flujo no lineales también dan lugar a dificultades (solo para estos instrumentos) al hacer que las reflexiones sean laterales en lugar de rectas y hacia el instrumento ultrasónico. Un problema clásico que se encuentra en la medición de niveles de materiales granulados o en polvo en un tanque, es el ángulo de reposo formado por el material como resultado de la forma en que se alimenta (se alimenta solamente por un punto) el

tanque (Fig. 4.44a)

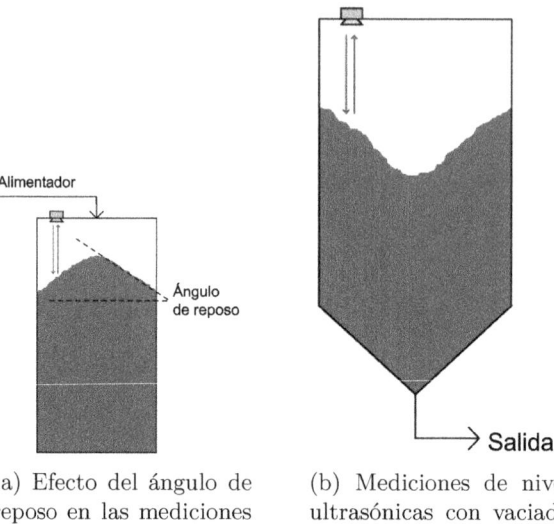

(a) Efecto del ángulo de reposo en las mediciones de nivel ultrasónica

(b) Mediciones de nivel ultrasónicas con vaciado del tanque de proceso desde el punto central

Figura 4.44: Influencia del ángulo de reposo en las mediciones de nivel ultrasónica

Esta superficie angulada es difícil de detectar por un dispositivo ultrasónico, porque tiende a dispersar las ondas de sonido lateralmente en lugar de reflejarlas fuertemente hacia el instrumento. Si embargo, aún cuando el problema de la dispersión no sea significativo, aún permanece el problema de la interpretación: ¿Qué nivel realmente mide el instrumento? El nivel detectado cerca la pared del tanque ciertamente no registra menos que en el centro, pero el nivel detectado a medio camino entre la pared del tanque y el centro del tanque puede que no sea un promedio preciso de estas dos alturas. Además, este ángulo puede hacer que el material fluya y se desplace desde el centro al extremo.

Note que este ángulo probablemente se revertirá se el tanque fuese vaciado desde un punto central (Fig. 4.44b).

Por esta razón, las aplicaciones de medición de

almacenamiento de sólidos en general requieren mayor precisión que otras técnicas, tales como las mediciones basadas en peso.

4.7.2 Mediciones de nivel usando radar

Los instrumentos de medición de nivel basados en radar miden la distancia desde el transmisor (ubicado en algún punto alto) a la superficie del material de proceso ubicado más abajo, en la misma forma que lo hacen los transmisores ultrasónicos: midiendo el tiempo de propagación (vuelo) de una onda viajera. La diferencia fundamental entre un instrumento basado en radar y uno ultrasónico es el tipo de onda usado: ondas de radio en lugar de ondas de sonido. Las ondas de radio son de naturaleza electromagnética (lo que comprende los campos eléctricos y magnéticos) y son de muy alta frecuencia (en el intervalo de microondas: GHz). Las ondas de sonido son vibraciones mecánicas que se transmiten de molécula en molécula en un fluido o sustancia sólida a una frecuencia mucho menor (decenas o cientos de kHz: todavía muy alto para que sea percibida como un tono audible por las personas) que las ondas de radio.

Algunos instrumentos de nivel basados en radar usan sondas de guía de onda para guiar las ondas electromagnéticas en el líquido de proceso mientras que otros envían sondas a través del espacio abierto para que se reflejen en el material de proceso. Los instrumentos que usan guías de onda se denominan radares de onda guiada y los que usan el espacio abierto para la propagación de las señales se denominan radares de no contacto. Las diferencias entre estos dos tipos de radares se muestra en la siguiente ilustración (Fig. 4.45).

Los transmisores de radar de no contacto siempre están montados en el lado superior de un tanque de almacenamiento, en cambio, los transmisores de radar modernos son muy compactos como muestra la foto (Fig. 4.46).

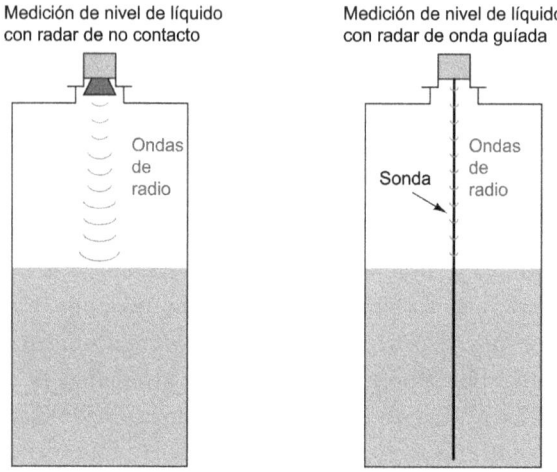

Figura 4.45: Medición de nivel de líquido con radar

Figura 4.46: Foto de un radar de no contacto

Las sondas usadas en instrumentos de radar de onda guiada pueden ser varillas simples de metal, pares de varillas paralelas de metal o varillas de metal coaxial y con estructura de tubo. Las sondas de varilla única guían la energía de microondas hacia y desde la superficie del líquido. Sin embargo, las sondas de varilla única son mucho más tolerantes a errores que las de dos varillas (o que las sondas coaxiales), debido a la existencia de masas pegajosas de líquido viscoso y/o materia sólida unida a la sonda. Estas acrecencias que inducen a engaño, cuando son muy severas, originan reflexiones de onda electromagnética que le hacen creer al transmisor que son reflexiones reales provenientes del nivel real de líquido.

Los instrumentos de nivel basados en radar de no contacto descansan en el uso de antenas que dirigen la energía de microonda hacia el tanque y que reciben la energía de retorno de eco. Estas antenas deben mantenerse limpias y secas lo que puede ser un problema si el líquido siendo medido emitiera vapores condensables. Por esta razón los instrumentos basados en radar de no contacto frecuentemente se separan desde el interior del tanque por medio de una ventana dieléctrica (construida por alguna sustancia que sea relativamente transparente a las ondas electromagnéticas para que aún así actúen como una barrera para el vapor) (Fig. 4.47a).

Las ondas electromagnéticas viajan a la velocidad de la luz: 2.9979×10^8 metros por segundo en el vacío perfecto. La velocidad de la ondas electromagnética a través del espacio depende de la permitividad dieléctrica (la cual se simboliza por la letra griega ε) del espacio. Se muestra una fórmula que relaciona la velocidad de la onda, la permitividad relativa y la velocidad de la luz en el vacío perfecto, simbolizado como ε_r y algunas veces llamado constante dieléctrica de la sustancia y la velocidad de la luz en el vacío perfecto (c): :

$$v = \frac{c}{\sqrt{\varepsilon_r}}$$

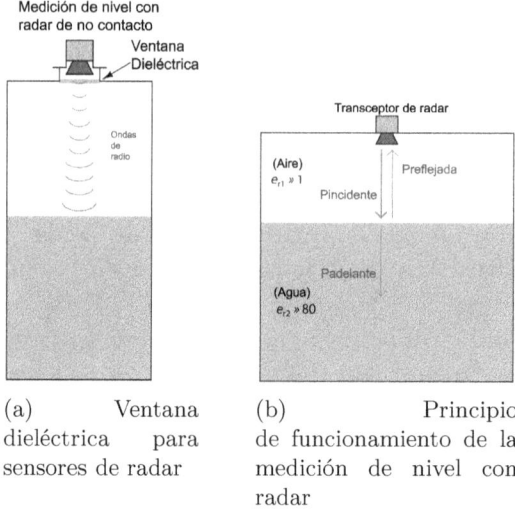

(a)   Ventana
dieléctrica   para
sensores de radar

(b)   Principio
de funcionamiento de la
medición de nivel con
radar

Figura 4.47: Mediciones de radar

Como se ha mencionado antes, la calibración de un transmisor de nivel basado en eco depende de saber la velocidad de propagación de la onda a través del medio que separa al instrumento de la interface de fluido del proceso. En el caso de los transmisores de radar que sensan un solo líquido que está debajo de un gas o vapor, esta velocidad es la de la luz a través del espacio de gas o de vapor, la que se sabe es función de la permitividad eléctrica.

La permitividad relativa del aire a una presión y temperatura normal es muy cercana a la unidad (1). Esto significa que la velocidad de la luz en el aire bajo presión atmosférica y temperatura ambiente es muy cercana a la del vacío perfecto (2.9979×10^8 metros por segundo). Sin embargo, si el espacio de vapor encima del líquido no fuese aire ambiental y estuviese sujeto a cambios grandes de temperatura y presión, la permitividad de este vapor cambiaría sustancialmente y consecuentemente afectaría a la velocidad de la luz y por tanto a la calibración del instrumento de nivel.

La permitividad de cualquier gas está relacionada con la presión y la temperatura a través de la siguiente fórmula:

$$\varepsilon_r = 1 + (\varepsilon_{ref} - 1)\frac{PT_{ref}}{P_{ref}T}$$

Donde, ε_r = Permitividad relativa del gas a una presión (P) y temperatura (T) ε_{ref} = Permitividad relativa del mismo gas a una presión normal (P_{ref}) y una temperatura de (T_{ref}) P = Presión absoluta del gas (bars) P_{ref} = Presión de gas bajo condiciones normalizadas ($\approx$ 1 bar) T = Temperatura absoluta del gas (Kelvin) T_{ref} = Temperatura absoluta del gas bajo condiciones normalizadas ($\approx$ 273 K).

Esta ecuación nos permite inferir que la permitividad del gas se incrementa con el incremento de presión y disminuye con el incremento de temperatura.

Si una onda electromagnética encontrase un cambio brusco de la permitividad dieléctrica algunas de las ondas de energía serían reflejadas como otra onda que viaja en la dirección opuesta. En otras palabras, la onda genera un eco cuando encuentra una discontinuidad. Este es el principio de funcionamiento de los dispositivos de radar (Fig. 4.47b).

El mismo principio explica la reflexión en las líneas de transmisión de Cobre. Cualquier discontinuidad (cambios bruscos de impedancia) a lo largo de la línea de transmisión reflejará una parte de la potencia eléctrica de la señal hacia la fuente. En una línea de transmisión, las discontinuidades pueden ser causadas por pinchazos, roturas o cortocircuitos. En los sistemas de medición de nivel basados en radar, cualquier cambio súbito de permitividad constituye una discontinuidad que refleja algo de la onda incidente hacia la fuente. Así, los instrumentos de nivel basados en radar funcionan mejor cuando hay una gran diferencia de permitividad entre las dos sustancias en la interface. Como se ha mostrado en la ilustración anterior, el aire y el agua cumplen con este criterio, teniendo un cociente de permitividad de 80:1.

El cociente entre la potencia reflejada y la incidente (o transmitida) en cualquier interface entre materiales se denomina factor de reflexión de potencia R. Esto puede ser expresado como un cociente adimensional, a veces en la forma de decibeles (dB). La relación entre la permitividad dieléctrica y el factor de reflexión es:

$$R = \frac{\left(\sqrt{\varepsilon_{r2}} - \sqrt{\varepsilon_{r1}}\right)^2}{\left(\sqrt{\varepsilon_{r2}} + \sqrt{\varepsilon_{r1}}\right)^2}$$

Donde, R = Factor de reflexión de potencia en la interface, como unidad adimensional

ε_{r1} = Permitividad Relativa (constante dieléctrica) del primer medio

ε_{r2} = Permitividad Relativa (constante dieléctrica) del segundo medio

La fracción de la potencia de la onda incidente que es transmitida a través de la interface ($P_{adelante}/P_{incidente}$) es un complemento matemático del factor de reflexión de potencia: $1 - R$.

En situaciones donde el primer medio sea el aire o algún gas de baja permitividad, la fórmula se simplifica en la siguiente forma (con ε_r siendo la permitividad relativa de la sustancia reflejadora):

$$R = \frac{\left(\sqrt{\varepsilon_r} - 1\right)^2}{\left(\sqrt{\varepsilon_r} + 1\right)^2}$$

En la ilustración previa, los dos medios eran aire (ε_r aprox 1) y agua (ε_r aprox 80) – muy cerca del escenario ideal de una reflexión fuerte. Dados los valores de permitividad relativa, el factor de reflexión de potencia tiene un valor de 0.638 (63.8%), o -1.95 dB. Esto significa que muy por encima de la mitad de la onda incidente se refleja de la interface aire/agua, mientras que el remanente 0.362 (36.2%) de la potencia pertenece a la onda que viaja a través de la interface aire-agua y que se propaga por el agua. Si el líquido en cuestión es gasolina en lugar de agua (con una permitividad lo suficientemente baja de 2), el cociente de reflexión de potencia será solamente de 0.0294 (2.94%) o de -15.3 dB, con la gran mayoría de las ondas de potencia penetrando con éxito en la interface aire-gasolina.

Esta definición más extensa del factor de reflexión de potencia sugiere que las interfaces líquido-líquido podrían ser detectables usando radares. Todo lo que se necesita es una diferencia lo suficientemente grande en las permitidades de ambos líquidos para crear un eco lo suficientemente fuerte para que pueda ser detectado sin errores. Las mediciones de nivel de interface líquido-líquido basadas en radar trabajan bien cuando el líquido de arriba tiene menor valor de permitividad que el líquido de abajo. El caso de que haya una capa de aceite de hidrocarbonos encima de agua (o de cualquier solución acuosa como ácidos o bases) es un buen candidato para ser medido con un instrumentos de nivel basados en radar. Un ejemplo de una interface líquido-líquido que podría ser de difícil detección con instrumentos basados en radar es el agua (ε_r aprox 80) encima de la glicerina (ε_r aprox 42).

Si un instrumento basado en radar usase un protocolo de red digital para transmitir información a una sistema host (como el estándar HART o cualquier otro estándar fieldbus), podría comportarse como un transmisor multivariable, transmitiendo las mediciones de nivel de interface y las mediciones de nivel total de líquido en forma simultánea. Esta es una habilidad que solo poseen los transmisores de radar de onda guiada y es muy útil para ciertos procesos porque evita el uso de varios instrumentos midiendo niveles.

Un fluido con menor ε_r que esté encima de un fluido de mayor ε es más fácil de detectar que cuando ocurre lo contrario, porque la señal tendría que viajar a través de una interface gas-líquido antes de penetrar la interface líquido-líquido. En el caso de gases y vapores que tengan valores

de ε tan pequeños, la señal tendría que pasar a través e
la interface gas-líquido primero para después alcanzar la
interface líquido-líquido. Esta interface gas-líquido, tiene la
mayor diferencia en los valores de ε para cualquier interface
dentro del tanque y por lo tanto será la más reflectiva a la
energía electromagnética (en ambas direcciones). Así, solo
una pequeña parte de la onda incidente nunca llegará a la
interface líquido-líquido (esta es una fracción de la potencia
de la onda que viaja atravesando la interface gas-líquido
hacia abajo) y una porción similar de la onda reflejada de la
interface líquido-líquido tampoco atravesará la interface gas-
líquido en su retorno a la fuente. Esta situación mejoraría
mucho si los valores ε de las dos capas de líquido se hubiesen
invertido, como se muestra en esta comparación hipotética
(todos los cálculos asumen que no hay disipación de potencia
a lo largo del camino, solamente la reflexión en las interfaces)
(Fig. 4.48).

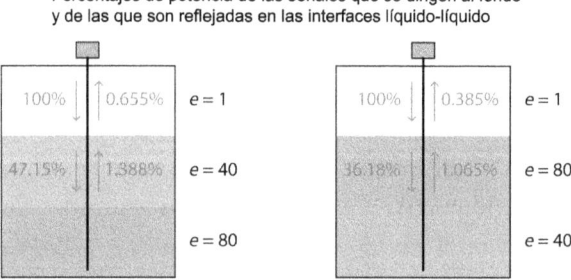

Figura 4.48: Dos casos de reflexión

Como se puede ver en la ilustración, la proporción de
potencia devuelta hacia el instrumento es casi de dos a uno,
donde el líquido de arriba tendría el menor de los valores de
epsilon. En la vida real, no existe la posibilidad de elegir cual
líquido irá encima de otro, esto depende de sus densidades,
pero sí se puede elegir la tecnología de medición, como se
puede ver en ciertos valores de ε que son menos detectables

con radares que con otros.

Otro factor que conspira contra el uso de radares como tecnología de medición de interface en los casos en que la interface en la que el líquido superpuesto tenga una constante diélectrica mayor; es el hecho de que muchos líquidos con alta ε son acuosos por naturaleza por el hecho de que el agua disipa rápidamente la energía de microondas. Este último se explota en los hornos de microondas, donde la radiación de microondas excita las moléculas de agua en el alimento, disipando energía en forma de calor. En un sistema de medición de nivel basado en radar que consista de gas o vapor sobre agua a algún otro líquido más pesado, las señal de eco sería extremadamente débil porque la señal debe pasar a través de la capa de agua (que hacer perder mucha energía) dos veces antes de que retorne al instrumento de radar.

Las pérdidas de energía electromagnética son un tema importante a considerar en la instrumentación de nivel basada en radar, aún cuando la interface a ser detectada sea simplemente gas (o vapor) sobre líquido. La fórmula del factor de reflexión de potencia solamente predice el cociente entre la potencia de la onda reflejada y la onda incidente (es una interface de sustancias). Justamente porque una interface de aire-agua refleja el 63.8% de la potencia incidente esto no significa que el 63.8% de la potencia incidente retorne a la antena del transceptor. Cualquier pérdida disipativa entre el transceptor y la interface debilitará la señal hasta el punto donde puede ser difícil distinguirla del ruido.

Otro factor importante es la maximización de la potencia reflejada es el grado de dispersión de las microondas en su camino hacia la interface líquida y en su retorno al transceptor. Los instrumentos basados en radar de onda guiada reciben un porcentaje mucho mayor de su potencia transmitida que un radar de no contacto porque la sonda de metal que se usa para guiar los pulsos de señal de microondas ayudan a evitar que las ondas se dispersen (y por lo tanto que se debiliten) a medida que se propagan en los líquidos. En otras palabras, la sonda funciona como una línea de transmisión que dirige y focaliza la energía de microondas, asegurando un camino recto entre el instrumento y el líquido, y un camino recto para que vuelva el eco. Por esto los radares de onda guiada son la única tecnología práctica de radar para medir interfaces líquido-líquido.

Un factor críticamente importante en las mediciones de nivel precisas usando instrumentos de radar es que la permitividad dieléctrica de las sustancias que están arriba (todos los medios entre el instrumento de radar y la interface de interés) deben ser conocidas con precisión. La razón para esto es la dependencia de la velocidad de propagación de la onda elecromagnética y de la permitividad relativa. Se muestra nuevamente la fórmula vista antes:

$$v = \frac{c}{\sqrt{\varepsilon_r}}$$

Donde, v = Velocidad de la onda electromagnética a través de una sustancia en particular c = Velocidad de la luz en el vacío (vacío perfecto) ($\approx 3 \times 10^8$ metros por segundo) epsilon-r = Permitividad relativa constante dieléctrica de la sustancia.

La permitividad de un gas o vapor tiene que conocerse con precisión en el caso de una aplicación donde haya solo un tipo líquido y solamente gas o vapor encima de este. En el caso de interfaces de dos líquidos con gas o vapor encima, las permitividades relativas de los gases y los líquidos que están encima deben conocerse con precisión para lograr una medición precisa de la interface líquido - líquido. Los cambios de la constante dieléctrica del medio o de los medios por los cuales debe viajar la microonda y su eco harán que la propagación se realice a diferentes velocidades. Los cambios en la velocidad de la onda a través de los medios afectarán la cantidad necesaria de tiempo para que la onda vaya desde el transceptor hasta la interface de eco y se refleje hacia el transceptor, esto influye en las mediciones de radar porque están basadas en el tiempo de propagación a través de los medios que separan el transceptor de radar y la interface de eco. Por lo tanto, los cambios de la constante dieléctrica son relevantes para la precisión de cualquier medición de nivel basada en radar.

Los factores que influyen en la constante dieléctrica de los gases incluyen la presión y la temperatura, lo cual significa que la precisión de un instrumento de nivel basado en radar variará en la medida que la presión del gas y/o la temperatura del gas cambien. El que esto sea importante en las mediciones de una aplicación en particular depende de la precisión con que se necesitan las mediciones y el grado en que la permitividad cambie desde un extremo de presión/temperatura a otro. En ningún caso el instrumento de radar debiese ser considerado en una aplicación de medición de nivel a menos que la constante dieléctrica del medio que esté encima sea conocida con precisión. Esto es equivalente a la dependencia que tienen los instrumentos de nivel hidrostáticos con respecto a la densidad de los líquidos. Es inútil intentar medir basándose en la presión hidrostática si la densidad del líquido fuese desconocida, y por lo mismo es inútil medir nivel usando radar si la constante dieléctrica fuese desconocida.

Como con el caso de los instrumentos ultrasónicos de nivel, los instrumentos de nivel basados en radar tiene la capacidad de medir el nivel de sustancias sólidas en tanques (polvos y gránulos). La misma consideración del ángulo de reposo se aplica en el caso de las mediciones con radar. Cuando los sólidos particulados no sean muy densos (mucho aire entre partículas), la constante dieléctrica puede ser muy baja, haciendo que la superficie del material sea más difícil de detectar.

Los instrumentos modernos de nivel basados en radar proporcionan una gran cantidad de información de diagnóstico para ayudar durante la detección de fallos. Una de las más informativas es la curva de eco que muestra cada señal reflejada en el instrumento y el camino de la señal incidente a lo largo del trayecto que sigue la señal. La siguiente imagen es una captura de una pantalla de un computador, en el que corre un software para configurar

una transmisor de nivel basado en radar de onda guiada
Rosemount modelo 3301 con una sonda coaxial (Fig. 4.49a).

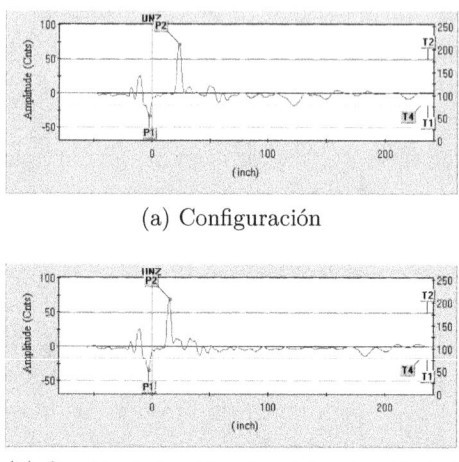

(a) Configuración

(b) Cambio de la ubicación del pulso fiducial
para mediciones de nivel de agua mayor

Figura 4.49: Transmisor de nivel Rosemount Modelo 3301

El pulso P1 es la referencia o pulso *fiducial*, que resulta
de un cambio en la permitividad dieléctrica entre el cuello
extendido de la sonda (que conecta al transmisor con el tubo
de sonda) y la sonda coaxial en sí misma. Este pulso marca
el extremo superior de la sonda, estableciendo un punto de
referencia para mediciones de tipo *ullage*.

La próxima captura de pantalla muestra el mismo
transmisor de nivel midiendo un nivel de agua que es 8
pulgadas mayor que antes. Note como el pulso P2 está más a
la izquierda (indicando un eco recibido antes en el tiempo),
lo cual indica una medición de *ullage* menor (mayor nivel)
(Fig. 4.49b).

Algunos ajustes de umbral determinan como el transmisor
categoriza cada pulso recibido. El umbral T1 en este
instrumento de radar en particular define cuál pulso es la
referencia *fiducial*. Así, el primer eco en el tiempo que exceda
el valor de umbral T1 es interpretado por el instrumento

como el punto de referencia. El umbral T2 define el nivel mayor de producto, así el primer eco en el tiempo que exceda este valor de umbral se interpreta como un punto de la interface vapor/líquido. El umbral T3 para este transmisor en particular se usa para definir el eco generado por una interface líquido-líquido. Si embargo, el umbral T3 no aparece en la gráfica de los ecos porque la opción de medición de la interface fue deshabilitada durante el experimento. El último umbral, T4 define la detección de fin de sonda. Cuando se pone a un valor negativo (al igual que el umbral de referencia T1), el umbral T4 busca el primer pulso en el tiempo que exceda ese valor: este es el pulso que se obtiene cuando la señal llega al extremo de la sonda (al menos así se interpreta).

A lo largo de la curva de eco se pueden ver señales de ecos débiles que resaltan. Estos ecos pueden ser causados por discontinuidades a lo largo de la sonda, como depósitos sólidos, agujeros de ventilación, espaciadores, etc.), o discontinuidades en el líquido de proceso (sólidos suspendidos, emulsiones, etc.) o aún a discontinuidades en los alrededores del tanque de proceso (en el caso de sondas no coaxiales que tienen grados diferentes de sensibilidad hacia los objetos que la rodean). Un desafío al configurar los transmisores de radar es encontrar los valores de umbral que no permitan que los ecos falsos sean interpretados como reales o niveles de interface.

Una forma simple de eliminar ecos cerca del punto de referencia es establecer una zona nula en la que cualquier eco sea ignorado. La zona nula superior (UNZ) en un transmisor de nivel de radar Rosemount 3301 ya ha sido mostrada, en esta, la UNZ fue seteada a cero, lo que significa que podría ser sensible a todos y a cada uno de los ecos que estén cerca del punto de referencia. Si un eco falso que proviniese de una boquilla de un tanque o de alguna otra discontinuidad que esté cerca del punto de entrada de la sonda en el tanque de proceso, hubiese creado un problema de medición, se podría setear la zona nula superior (UNZ) en una posición que esté justamente detrás de ese punto (el de la discontinuidad), de tal forma que el eco falso no sea interpretado como un eco de nivel de líquido, sin importar el valor que tenga el umbral T2. Una zona nula se denomina algunas veces como una distancia de *hold-off*.

Algunos instrumentos de nivel basados en radar permiten que los umbrales sean curvas en lugar de líneas rectas. Así, los umbrales pueden ser seteados en valores altos durante determinados períodos a lo largo del eje horizontal (tiempo/distancia) para que se ignoren los ecos falsos y seteados en valores bajos durante otros períodos para que se puedan capturar señales de ecos legítimas.

Sin importar cómo se hayan seteado las zonas nulas y los umbrales para

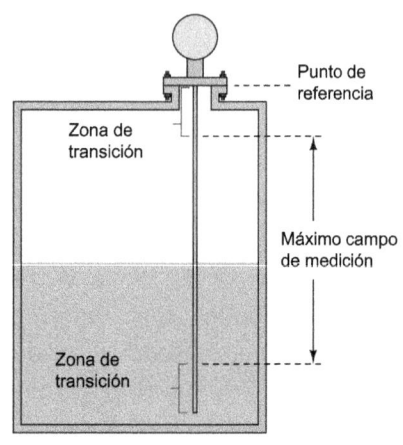

Figura 4.50: Ajuste de la zona de transición en un sensor de radar Rosemount 3301

cualquier transmisor de nivel basado en radar, el técnico debe estar al tanto de las zonas de transición cercas de los extremos del largo de la sonda. Las mediciones de nivel de líquido o de niveles de interface dentro de esas zonas puede que no sean precisas o de respuesta lineal. Por eso, se recomienda ajustar el campo del instrumento para que los valores comienzo y terminación del campo (LRV y URV) estén entre las zonas de transición (Fig. 4.50).

El tamaño de las zonas de transición depende tanto de las sustancias de proceso así como del tipo de sonda. El fabricante del instrumento deberá proporcionar los datos apropiados para determinar las dimensiones de las zonas de transición.

4.7.3 Mediciones de nivel con Láser

La forma menos común de medición de nivel usando eco es la medición con Láser, la cual utiliza pulsos de luz láser que se hacen reflejar en la superficie de un líquido para detectar el nivel de líquido. Quizás el factor más limitante de las mediciones láser es la necesidad de que haya suficiente superficie reflectante para que la luz de láser pueda generar un eco. Muchos líquidos no son lo suficientemente reflectivos para que la técnica pueda ser usada en forma práctica y la presencia de polvo o de vapores densos en el espacio entre el láser y el líquido hace que se disperse la luz, debilitando la señal de luz y haciendo que el nivel sea más difícil de detectar.

Si embargo, los láseres han sido aplicados con gran éxito en la medición de distancias entre objetos. La aplicación de esta tecnología incluye el control de movimiento de grandes máquinas, donde un láser apunta a un reflector en movimiento, la electrónica del láser calcula la distancia hasta el reflector basado en la cantidad de tiempo que emplea el eco para retornar. La producción en masa de electrónica de precisión ha hecho que esta tecnología sea práctica y abordable para muchas aplicaciones.

4.7.4 Mediciones magnetostrictivas de nivel

En un instrumento magnetostrictivo de nivel, el nivel de líquido se sensa con un flotador de poco peso con forma de rosquilla que contiene un imán. Este flotador está centrado alrededor de una varilla larga de metal denominada guía de onda, colgada verticalmente de un tanque de proceso (o colgada verticalmente en una caja protectora parecida a la que se usa en los instrumentos de tipo de desplazamiento) de tal forma que pueda subir y bajar con el nivel del líquido de proceso. El campo magnético originado por el imán del flotador tiene un efecto en la estructura molecular del metal en la guía de onda. Así cuando se envía un pulso de corriente eléctrica a través de la varilla, se genera un pulso de esfuerzo de torsión en la ubicación precisa de la varilla donde el campo magnético del flotador interactúa con el campo magnético circular generado en la varilla. Este esfuerzo de torsión viaja a la velocidad del sonido a través de la varilla hasta llegar a cualquiera de los extremos. En el extremo inferior hay un dispositivo amortiguador que absorbe la onda mecánica.

Se puede pensar que este tipo de instrumento no es un tecnología de eco. A diferencia de los instrumentos láser, de radar y ultrasónicos no se está haciendo reflejar una onda desde una discontinuidad entre materiales. En su lugar, se genera una onda mecánica (un pulso) en la ubicación del flotador magnético en respuesta a un pulso eléctrico. Sin embargo el principio de medir la distancia de propagación de la onda midiendo el tiempo de propagación es el mismo. En el extremo superior de la varilla (encima del nivel del líquido de proceso) hay un sensor y un módulo electrónico que está diseñado para detectar la llegada de una onda mecánica. Un circuito electrónico de precisión mide el tiempo transcurrido entre el pulso de corriente eléctrico (llamado pulso de interrogación) y el pulso mecánico recibido. Mientras que la velocidad del sonido a través de la onda de metal a través de la varilla permanezca fija, la demora de tiempo será una función estricta de la distancia entre el flotador y el sensor, lo que ya se conoce con anterioridad y es llamado *ullage*.

En la siguiente foto (a la izquierda) (Fig. 4.51a) e ilustración (a la derecha) (Fig. 4.51b) se muestra un transmisor de nivel magnetostrictivo apoyado contra un muro e instalado en un tanque de contiene líquido .

El diseño de este tipo de instrumento es una reminiscencia de los transmisores de radar de onda guiada, donde una guía de onda de metal cuelga verticalmente sobre el líquido de proceso, guiando un pulso hacia la cabeza del sensor, donde se colocan los componentes electrónicos. La principal diferencia aquí es que el pulso es una vibración acústica que viaja a través del metal de la guía de onda de varilla, en vez de ser un pulso electromagnético como en el caso del radar. Como con las ondas de sonido, el pulso de torsión en un

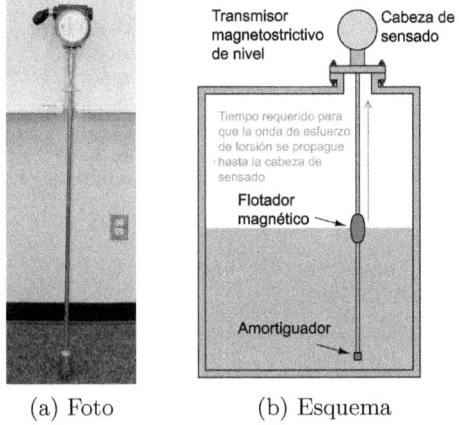

(a) Foto   (b) Esquema

Figura 4.51: Dispositivo magnetostrictivo

transmisor de nivel basado en magnetostricción viaja mucho más lentamente que las ondas electromagnéticas.

También se pueden medir las interfaces líquido-líquido con instrumentos magnetostrictivos. Si la guía de onda estuviese equipada con un flotador de tal densidad que flote en la interface entre los dos líquidos (el flotador es más denso que el líquido más ligero y menos denso que el líquido más pesado), el pulso acústico generado en la guía de onda por la posición del flotador representaría el nivel de la interface. Los instrumentos magnetostrictivos pueden tener dos flotadores: uno para sensar la interface líquido-líquido y el otro para la interface líquido-vapor, de tal forma que pueda medir las dos interfaces y los niveles totales en forma simultánea como si fuese un transmisor de radar de onda guiada (Fig. 4.52).

Con este tipo de instrumento, cada pulso eléctrico de interrogación devuelve dos pulsos acústicos a la cabeza del sensor: el primer pulso representa el nivel total de líquido (flotador superior más ligero) y el segundo pulso representando el nivel de la interface (flotador inferior más pesado). Si el instrumento tiene capacidad de comunicación digital (HART, FOUNDATION FieldBus, Profibus, etc.),

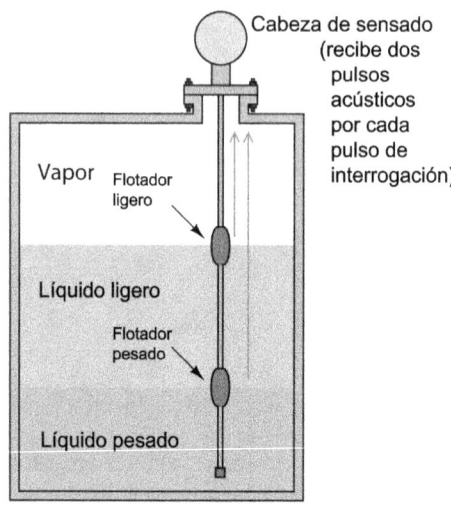

Figura 4.52: Medición de nivel magnetostrictiva con dos flotadores

ambos niveles pueden ser reportados al sistema de control usando el mismo par de cables, lo que lo convertiría en un instrumento multivariable.

Quizás la limitación más importante de los instrumentos de nivel magnetostrictivos sea la fricción entre el flotador y la varilla. Para lograr un buen efecto el imán del flotador debe estar lo suficientemente cerca de la varilla. Esto significa que el flotador debe encajar estrechamente en la varilla a medida que suba o baje a lo largo de la varilla debido a cambios en el nivel de líquido. Existen errores que puede sufrir la varilla debido a la presencia de sólidos suspendidos, precipitados u otros materiales semi-sólidos que puedan hacer que el flotador se atasque y por lo tanto que no responda a cambios en el nivel de líquido.

4.8 Peso

Los instrumentos de nivel basados en peso sensan el nivel de proceso en un tanque midiendo directamente el peso del tanque. Si el peso del tanque vacío se conoce, el peso del proceso es un cálculo simple de peso total menos el peso de la tara. Obviamente que los sensores de nivel basados en peso pueden medir materiales sólidos y líquidos y tienen el beneficio de proporcionar mediciones lineales de almacenamiento de masa. Los elementos primarios que se escogen casi siempre para medir el peso de un tanque son las galgas extensométricas (*strain gauges*) unidas a un elemento de módulo (de elasticidad) conocido. A medida que el peso del tanque cambie, las *load cells* se comprimen o se relajan a una escala microscópica, haciendo que la galga extensiométrica cambie sus resistencia. Estos pequeños cambios en la resistencia eléctrica son la indicación del peso del tanque.

La siguiente foto muestra tres envases usados para almacenar leche en polvo, cada uno soportado por pilares equipados con celdas de carga cerca de sus bases (Fig. 4.53a).

Una foto de detalle muestra las unidades de celdas de carga en detalle, cerca de la base de un pilar (Fig. 4.53b).

Cuando se usan muchas celdas de carga para medir el peso de un tanque de almacenamiento, las señales de todas las unidades de células de caga deben ser consideradas en conjunto (se deben sumar) para producir una señal representativa del peso total del tanque. No es suficiente con medir el peso en un solo punto de suspensión, porque uno nunca podrá estar seguro de que el peso del tanque esté igualmente distribuido entre los apoyos.

La siguiente foto muestra la instalación a pequeña escala de una celda de carga que se usa para medir la cantidad de material con que se alimenta a un proceso de fermentación de cerveza (Fig. 4.53c).

Las mediciones basadas en peso se usan frecuentemente cuando se quiere saber la masa verdadera en vez del nivel.

(a) Uso de celdas de carga como sensores de nivel

(b) Foto de un celda de carga

(c) Foto de otro tipo de celda de carga

Figura 4.53: Céldas de carga

Mientras que la densidad del material sea una constante conocida, la relación entre el peso y el nivel en un tanque de área de sección transversal constante será lineal y predecible. No siempre se puede contar con que la densidad sea constante, especialmente en el caso de los materiales sólidos, por lo que el peso basado en la inferencia a partir del nivel de líquido puede ser un problema.

En aplicaciones en las que la masa del lote sea más importante que el nivel (altura), se suele preferir el método de medición basado en peso para dividir los lotes. Esto es típico en las industrias de procesamiento de alimentos (para llenar bolsas y cajas con producto) y también en el caso de transferencia de custodia de ciertos materiales (carbón y minerales *metal ore*).

Un tema importante en el caso de los instrumentos de nivel basados en peso es el aislamiento del tanque contra cualquier esfuerzo mecánico externo generado por tuberías o maquinarias. La siguiente ilustración muestra una instalación típica de un sistema de medición basado en peso en el que todas las tuberías que se conectan al tanque lo hacen a través de acoplamientos flexibles y el peso de las tuberías se ejerce sobre una estructura exterior a través de colgadores de tuberías *pipe hangers* (Fig. 4.54).

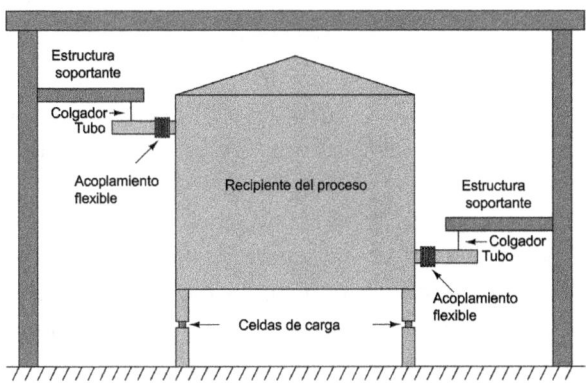

Figura 4.54: Infraestructura de medición de peso

La mitigación del esfuerzo es muy importante porque cualquier fuerza que actúe contra el tanque de almacenamiento será interpretada por las células de carga como más o menos material almacenado en el tanque. La única forma de asegurar que las mediciones de célula de carga sean un indicación directa del material mantenido al interior del tanque es asegurar que no haya otras fuerzas actuando contra el tanque excepto la fuerza gravitacional del peso del material.

Otro problema parecido de las mediciones basadas en peso de lotes es la vibración de las maquinarias que rodean o están en el tanque. La vibración no es otra cosa que aceleración oscilatoria. La aceleración de cualquier masa produce una fuerza de reacción ($F = ma$). Cualquier sacudida vibratoria en un tanque suspendido por elementos de sensado de peso como las células de carga inducirá fuerzas de oscilación en las células de carga. Este hace que sea complicada la instalación y operación de agitadores y de otras maquinarias rotatorias en un tanque al que se le controla el peso.

Un problema interesante asociado con las mediciones de celda de carga en tanques que se pesan, surge cuando una corriente eléctrica atraviesa la celda de carga. Esto no es muy frecuente, pero puede ocurrir cuando un trabajador de mantenimiento conecte un equipamiento de soldadura al arco a la estructura soportante del tanque, o si ciertos equipos eléctricos se montasen en el tanque, como por ejemplos motores y luces que tengan fallas en la toma de tierra. El circuito amplificador electrónico que interpreta la resistencia de una célula de carga detectará la caída de voltaje creada por estas corrientes interpretándolas como cargas en la celda de carga y por lo tanto como cambios en el nivel de material. Corrientes suficientemente grandes pueden incluso causar cambios permanentes a las células de carga como en el caso en que se conecten equipos de arco eléctrico.

Una variación a este tema es la celda hidráulica de carga que consiste en un mecanismo de pistón y cilindro diseñado para traducir el peso del tanque directamente en presión hidráulica. Un transmisor de presión normal puede entonces medir la presión desarrollada por una celda de carga y reportarla a medida que el material se almacena en el tanque. Las celdas hidráulicas de carga supera completamente los problemas eléctricos asociados a las celdas resistivas de carga, pero son más difíciles de poner en red para el cálculo del peso total (se usan varias celdas para medir el peso de un tanque grande).

4.9   Instrumentos capacitivos de nivel

Los instrumentos capacitivos de nivel miden la capacidad eléctrica de una varilla insertada verticalmente en un tanque de proceso. A medida que el nivel de proceso suba, la capacidad entre la varilla y las paredes del tanque será la mayor, haciendo que el instrumento emita una señal creciente.

El principio básico en que se basan los instrumentos capacitivos de nivel es la ecuación de capacidad:

$$C = \frac{\varepsilon A}{d}$$

Donde, C = Capacidad epsilon = Permitividad del material dieléctrico (aislante) entre las placas

A = Área de superposición de las placas

d = Distancia de separación entre las placas.

La capacidad existente entre una varilla de metal insertada en un tanque y la paredes de metal del tanque varían con los cambios en la permitividad (epsilon), el área (A) o la distancia (d). Debido a que A es constante (el área de la superficie interior del tanque es fija, como también lo es el área de la varilla una vez que se instala), solamente los cambios en ε o d pueden afectar la capacidad de la sonda.

Las sondas capacitivas de nivel vienen en dos variedades básicas: una para líquidos conductores y una para los líquidos no conductores. Si el líquido en el tanque es conductor, no puede ser usado como el medio dieléctrico (aislador) del capacitor. Por lo que las sondas capacitivas de nivel se diseñan para líquidos conductores y están forradas con plástico u otra sustancia dieléctrica de tal forma que la sonda de metal sean una placa del capacitor y el líquido conductor sea la otra (Fig. 4.55a).

En este tipo de sondas capacitivas de nivel, las variables son la permitividad ε y la distancia (d), puesto que un incremento en el nivel de líquido desplazará el gas de baja permitividad y actuará esencialmente como si se acercara eléctricamente la pared del tanque a la sonda. Esto significa que la capacidad total será la mayor cuando el tanque esté lleno: ε es mayor; y la distancia efectiva estará a un mínimo. Será la menor cuando el tanque esté vacío (la permitividad ε del gas estará en acción y sobre una distancia mucho mayor).

Si el líquido no fuese conductor, podría ser usado como dieléctrico, con la pared de metal del tanque de

almacenamiento formando la segunda placa del capacitor
(Fig. 4.55b).

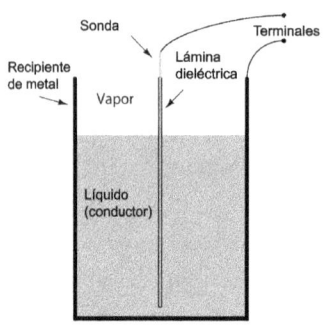 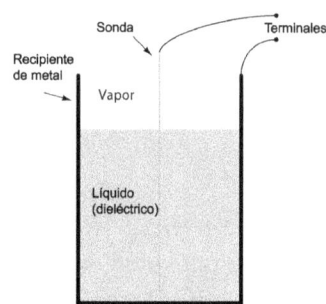

(a) Principio de funcionamiento
de una sonda capacitiva

(b) Principio de funcionamiento
de un medidor de nivel
capacitivo cuando el líquido es
no conductor de electricidad

Figura 4.55: Mediciones capacitivas de nivel

En este tipo de sonda de nivel capacitiva, la variable es
la permitividad (epsilon) siempre que el líquido tenga una
permitividad sustancialmente mayor que la del espacio de
vapor encima del líquido. Esto significa que la capacidad
total será mayor cuando el tanque esté lleno (la permitividad
promedio es ε_{mxima}) y la menor cuando el tanque esté vacío.

La permitividad de una sustancia de proceso es una
variable crítica de este tipo de sonda de nivel capacitiva,
por lo que se puede tener buena precisión con este tipo de
instrumento solamente cuando la permitividad del proceso
sea conocida con precisión. Una forma inteligente de
asegurar una medición de nivel con buena precisión cuando
la permitividad no sea estable con el tiempo, es equipar
el instrumento con una sonda especial de compensación
(llamada *composition probe*) y ubicarla debajo del punto
LRV en el tanque, donde estará siempre sumergida en el
líquido. Debido a que la sonda de compensación siempre
estará sumergida, sus dimensiones A y d serán constantes
y la capacidad será una función pura de la permitividad

del líquido (epsilon). Esto le ofrece al instrumento una forma de medir continuamente la permitividad, la cual se usará para calcular el nivel basándose en la capacidad de la sonda principal. La inclusión de una sonda compensadora para medir y compensar los cambios en la permitividad del líquido es equivalente a la inclusión de un tercer transmisor de presión en un sistema especialista (hidrostático) de tanque para compensar la densidad del líquido. Esta es la forma de corregir los cambios en la variable del sistema que no está relacionada con cambios en el nivel de líquido.

Los instrumentos capacitivos de nivel pueden ser usados para medir el nivel de sólidos (polvos y gránulos) además del nivel de los líquidos. En esas aplicaciones la sustancia sólida casi siempre es no conductora, por lo que la permitividad de la sustancia es un factor en la precisión de las mediciones. Esto puede ser un problema, porque las variaciones de contenido de la mezcla de sólido y el tamaño de los granos pueden afectar mucho la permitividad. En todo caso, estos instrumentos no tienen gran precisión debido a la sensibilidad a cambios en la permitividad del proceso y a errores causados por la capacidad parásita en los cables de la sonda.

4.10 Radiación

Ciertos tipos de radiaciones nucleares penetran fácilmente los muros de los tanques industriales, pero son atenuados al atravesar los materiales almacenados en esos tanques. Se puede obtener una medición aproximada del nivel de un tanque colocando una fuente radioactiva en un lado del tanque y midiendo la radiación en el otro lado. Otros tipos de radiación son dispersadas por el material de proceso en los tanques, lo que significa que el nivel del material del proceso puede ser sensado enviando la radiación hacia los tanques a través de un muro y midiendo la radiación esparcida de vuelta a través del mismo muro.

Las cuatro formas más comunes de radiación nuclear son las partículas alfa (α), las partículas beta (β), los

rayos gamma (γ) y los neutrones (n). Las partículas alfa
son núcleos de helio (dos protones unidos a dos neutrones)
eyectados a gran velocidad desde los núcleos de ciertos
átomos. Son fáciles de detectar pero tienen muy poco
poder de penetración y por eso no se usan en aplicaciones
industriales de medición de nivel. Las partículas beta son
electrones eyectados a una velocidad alta desde los núcleos de
ciertos átomos. Al igual que las partículas alfa, tienen poco
poder de penetración y por eso no se usan en la medición
de nivel industrial. Los rayos gamma son de naturaleza
electromagnética (como los rayos X y las ondas de luz)
y tienen mayor poder de penetración. La radiación de
los neutrones también penetra los metales en forma muy
efectiva, pero son muy atenuados por cualquier sustancia que
contenga Hidrógeno (agua, hidrocarbonos, y muchos otros
fluidos industriales), lo que lo hace casi ideal para detectar
la presencia de muchos fluidos de proceso. Estas dos últimas
formas de radiación (rayos gamma y neutrones) son las más
comunes en las mediciones industriales, los rayos gamma se
usan en aplicaciones atravesando tanques y los neutrones se
usan típicamente en aplicaciones de dispersión de rebote.

Las fuentes de radiación nuclear están constituidas por
muestras radioactivas contenidas en cajas protegidas. La
muestra en sí misma es una pequeña pieza de sustancia
radioactiva encerrada en una cápsula de acero *Stainless*
con doble pared, típicamente se parecen a una cápsula de
medicamento en su forma y tamaño. La cantidad y tipo en
específico del material emisor de radioactividad depende de
la naturaleza y la intensidad de la radiación requerida por la
aplicación. La regla básica es que menos es mejor: la fuente
más pequeña capaz de realizar tareas de mediciones es la
mejor para la aplicación.

Los tipos comunes de fuente de rayos gama son Cesio-
137 y Cobalto-60. Los números representan la masa atómica
de cada isótopo: la suma total de protones y neutrones en
el núcleo de cada átomo. Estos núcleos de isótopos son

inestables y se convierten con el tiempo en otro elementos (Bario-137 y Niquel-60, respectivamente). El Cobalto-60 tiene un tiempo corto de semidesintegración radioactiva *half-life* de 5.3 años y el Cesio-137 tiene un tiempo de semidesintegración radioactiva de 30 años. Esto significa que los sensores basados en radiación que usan Cesio serán más estables en el tiempo (deriva de calibración) que los sensores que emplean Cobalto. En compensación el Cobalto emite rayos gamma más poderosos que el Cesio, lo cual lo hace más apropiado para las aplicaciones donde la radiación debe penetrar tanques de proceso gruesos o viajar largas distancias (a través de tanques de procesos más amplios).

Uno de los métodos más efectivos de protegerse contra la radiación grama es con una sustancia de mucha densidad como plomo u hormigón. Esa es la razón por la que las cajas de fuente de radiación que contienen cápsulas gamma-radioactivas están llenas con Plomo, de tal forma que la radiación se dirija en la dirección adecuada (Fig. 4.56).

Estas fuentes se pueden bloquear para pruebas y mantenimiento moviendo una palanca que permite colocar una puerta de Plomo *shutter* sobre la ventana de la caja. Este disparador *shutter* actúa como un *switch* de encendido/apagado para la fuente radioactiva. La palanca que activa al disparador está provista de seguros para que el personal de mantenimiento

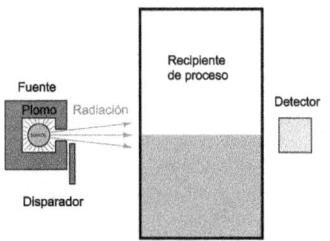

Figura 4.56: Medidor de nivel por radiación

pueda bloquearla y evitar que alguien la encienda durante el mantenimiento. En el caso de aplicaciones con *switch* de nivel, el disparador de fuente actúa como un simulador simple de tanque lleno (en el caso de una instalación de paso a través del tanque) o de un tanque vacío en el caso de una instalación de dispersión de rebote. Un tanque lleno puede ser simulado en el caso de instrumentos de dispersión de neutrones de rebote, colocando una hoja de plástico (u otra sustancia rica en Hidrógeno) entre la caja fuente y la pared del tanque del proceso.

El detector de un instrumento basado en radiación es, por lejos, el componente más complejo y caro del sistema. Existen mucho diseños de detector, dentro de los más comunes están los tubos de ionización como los tubos de Geiger-Muller. En estos dispositivos, un cable de metal fino se coloca al centro de un cilindro de metal sellado y lleno con un gas inerte energizado con alto voltaje DC. Cualquier radiación ionizante alfa, beta o gamma que entre al cilindro hace que las moléculas de gas se ionicen, permitiendo que un pulso eléctrico de corriente viaje entre el cable y la pared del tubo. Un circuito electrónico sensible detecta y cuenta esos pulsos de tal forma que una velocidad mayor de pulso corresponda a una mayor intensidad de radiación detectada.

La radiación de neutrones es mucho más difícil de detectarse en forma electrónica, puesto que los neutrones no son ionizables. Existen tubos de ionización específicamente para la detección de radiación de neutrones y están llenos con sustancias especiales que se sabe que reaccionan con la radiación de neutrones. Un ejemplo de este tipo de detectores es la cámara de fisión, que es una cámara de ionización llena de un material fisionable como el Uranio-235 (^{235}U). Cuando un neutrón entra a la cámara y es capturado por el núcleo de fisión, este núcleo se divide en dos partes con la emisión de rayos gamma y de partículas cargadas, las cuales son entonces detectadas por la ionización que producen en la cámara. Otra variación a este tema es llenar un tubo de ionización con gas *Boron Trifluoride*. Cuando el núcleo Boron-10 (^{10}B) captura un neutrón, lo transmuta en Litio-7 (^7Li) y emite una partícula alfa y muchas partículas beta, cualquiera de las dos causa ionización detectable en la cámara.

La precisión de los instrumentos de nivel basados en radiación varía con la estabilidad de la densidad del fluido de proceso, del recubrimiento de la pared del tanque, del tiempo de semidesintegración radioactiva y de la deriva del detector. Los instrumentos de radiación se usan típicamente donde no es práctico el uso de otros instrumentos. Ejemplo: la medición de nivel de fluidos de proceso tóxicos o altamente corrosivos donde la penetración en el tanque debe ser minimizada y donde los requerimientos de tuberías hacen poco prácticas las mediciones basadas en peso (Ejemplo de esto son los procesos de *alkylation* de separación de hidrocarbonos y ácido en la industria de refinamiento de aceite) como los proceso donde las condiciones internas de los tanques son físicamente muy violentas para que sobreviva cualquier instrumento (Como por ejemplo *delayed coking vessels* en la industria de refinación de aceites, donde el *coke* se saca del tanque con un chorro de agua a alta presión).

Capítulo 5

Mediciones de temperatura

La temperatura es la medida de la energía cinética molecular dentro de una sustancia. El concepto es más fácil de entender para los gases bajo presión donde las moléculas se mueven aleatoriamente. La energía cinética (de movimiento) promedio para estas moléculas definen la temperatura para esa cantidad de gas. Hay una fórmula que expresa la relación entre la energía cinética promedio (E_{trmica}) y la temperatura (T) para un gas monoatómico (con moléculas de un solo átomo).

$$\overline{E_k} = \frac{3kT}{2} \tag{5.1}$$

Donde,

$\overline{E_k}$ = Energía cinética promedio de las moléculas de gas (joules)

k = Constante de Boltzmann(1.38×10^{-23} joules/Kelvin)

T = Temperatura absoluta del gas (Kelvin)

La **energía térmica** es un concepto diferente: Es la cantidad de energía cinética total para este movimiento molecular aleatorio. Si la energía cinética media está definida como en (Ec. 5.1), entonces la energía cinética total para todas las moléculas de un gas monoatómico debe ser esa cantidad multiplicada por el número total de moléculas (N) en la muestra de gas.

$$E_{\text{térmica}} = \frac{3NkT}{2}$$

Esto puede ser equivalentemente expresado en términos del número de *moles* de gas en lugar del número de moléculas (que es un número muy grande para cualquier muestra real):

$$E_{\text{térmica}} = \frac{3nRT}{2}$$

Donde,

$E_{\text{térmica}}$ = Energía térmica total para una muestra de gas (joules)

n = Cantidad de gas en la muestra (moles)

R = Constante del gas Ideal (8.315 joules por mole-Kelvin)

T = Temperatura absoluta del gas (Kelvin)

La temperatura es una magnitud que se puede detectar más fácilmente que el calor. Hay muchas formas en que se puede medir temperatura, desde un termómetro de Mercurio hasta sistemas sofisticados de sensores ópticos infrarrojos. Como todos las otras áreas de medición no hay un principio único que sea el mejor para todas las aplicaciones. Cada técnica de medición de temperatura tiene sus propias fortalezas y debilidades. Una responsabilidad del instrumentista es conocer los pros y los contras para poder seleccionar la mejor tecnología para la aplicación y ese conocimiento se adquiere entendiendo bien los principios de operación de cada tecnología.

5.1 Sensores de temperatura Bi-metálicos

El suelo tiende a expandirse cuando se calienta. La cantidad en que una muestra sólida se expande con el incremento de temperatura depende del tamaño de la muestra, del tipo de material que la constituye y del valor del incremento de temperatura. La siguiente fórmula relaciona la expansión lineal con el cambio de temperatura:

$$l = l_0(1 + \alpha \Delta T) \tag{5.2}$$

Donde,

l = Longitud del material después de calentado
l_0 = Longitud original del material
α = Coeficiente de expansión lineal
ΔT = Cambio de temperatura

Estos son algunos valores típicos de α para los metales comunes.

- Aluminio = 25×10^{-6} por °C

- Cobre = 16.6×10^{-6} por °C

- Hierro 12×10^{-6} por °C

- Estaño = 20×10^{-6} por °C

- Titanio = 8.5×10^{-6} por °C

Como se puede ver, los valores de α son bien pequeños. Esto significa que la magnitud de la expansión (o contracción) correspondiente a cambios modestos de temperatura son casi imperceptibles a menos que el tamaño de la muestra sea enorme. Podemos ver los efectos de la expansión térmica en estructuras como los puentes, en los que deben incorporarse juntas de expansión en el diseño para prevenir daños graves cuando cambie la temperatura. De todas maneras, para una muestra que tenga el tamaño de una mano, el cambio en longitud observado entre un día fresco y uno cálido será microscópico.

Una forma para amplificar el movimiento resultante de la expansión térmica es unir dos metales diferentes juntos, tal como cobre y hierro. Si pudiésemos tomar dos tiras iguales de cobre y hierro, lado a lado y entonces calentarlas, veríamos a la cinta de cobre alargarse ligeramente más que la cinta de hierro (Fig. 5.1c).

Si unimos estas dos cintas, se doblarán inevitablemente durante la dilatación originada por el calentamiento debido a que una crecerá más que la otra.

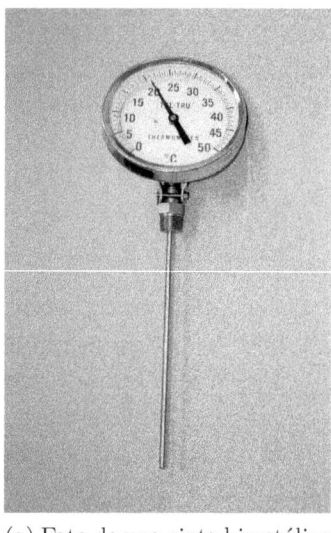

(a) Foto de una cinta bimetálica con indicador de temperatura

su crecimiento diferencial resultará en un movimiento de doblado que excederá la expansión linear. Este dispositivo se denomina par metálico *bi-metal strip*.

(b) Efecto de la temperatura en los metales

(c) Cinta bimetálica Cobre-Hierro

Si un par metálico se torciera a lo largo, se enderezaría al calentarse. Este movimiento puede ser usado para guiar directamente la aguja de una galga de temperatura como se muestra en la siguiente foto (Fig. 5.1a).

Figura 5.1: Sistemas de medición de temperatura con cintas bimetálicas

5.2 Sensores de temperatura de bulbo cerrado

Los sistemas de bulbo cerrado explotan el principio de expansión de fluido para medir temperatura. Si un fluido es colocado en un sistema cerrado y entonces calentado, las moléculas en dicho fluido ejercerán una presión mayor en las paredes del contenedor. Midiendo esta presión, y permitiendo que el fluido se expanda bajo presión constante, podemos inferir la temperatura del fluido.

Los sistemas de clase I y clase V usan un fluido de relleno (clase V es el Mercurio). Aquí, la expansión volumétrica del líquido dirige un mecanismo indicador para mostrar temperatura (Fig. 5.2a).

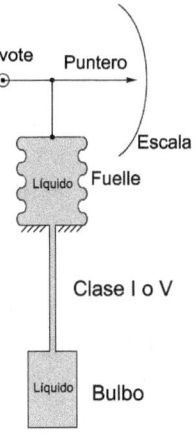

(a) Clase I p V

Los sistemas de clase III usan un fluido de relleno de gas en lugar de líquido. Aquí, el cambio en la presión con la temperatura (como se describe por la Ley de Gases Ideales) nos permite sensar la temperatura del bulbo (Fig. 5.2b)).

En esos sistemas, es muy crítico que el tubo que conecta el bulbo de sensado con el sistema indicador tenga el volumen mínimo para que la expansión de fluido se deba principalmente a cambios en la temperatura del bulbo en vez de cambios en la temperatura a lo largo del tubo. También es importante darse cuenta que el volumen de fluido contenido por el fuelle (o tubo de Bourdon o diafragma

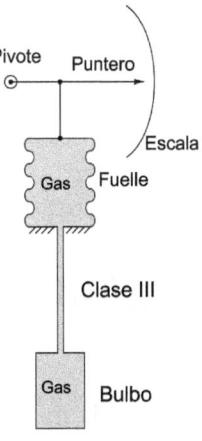

(b) Clase III

Figura 5.2: Clases de bulbo cerrado

...) también está sujeto a expansión y contracción debido a cambios de temperatura en el indicador. Esto significa que las indicaciones de temperatura cambian algo con los cambios de temperatura del indicador, lo que es algo no deseable, puesto que se quiere que el dispositivo mida exclusivamente la temperatura del bulbo. Existen varios métodos de compensación para mitigar este problema (por ejemplo: un resorte de par metálico dentro del mecanismo indicador para desplazar automáticamente la indicación mientras la temperatura cambia), pero esto puede ser reemplazado permanentemente a través de un ajuste simple del cero, siempre que la temperatura ambiente del indicador no cambie mucho.

Una clase diferente de sistema de bulbo cerrado es la Clase II, el cual usa una combinación de vapor y líquido volátil para generar una expansión de fluido dependiente de temperatura (Fig. 5.3).

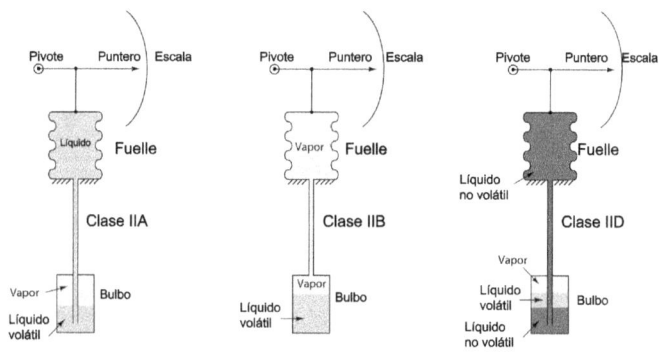

Figura 5.3: Sistema de bulbo cerrado clase II

Dado que el líquido y el vapor están en contacto directo entre sí, la presión en el sistema será exactamente igual que la presión de vapor saturado en la interface vapor-líquido. Esto hace que los sistemas Clase II sean sensibles a la temperatura solo en el bulbo. Debido a este fenómeno, un sistema de rellenado de bulbo de Clase II no requiere compensación por cambios de temperatura en el indicador.

Los sistemas de Clase II tienen un comportamiento típico, tienden a cambiar de Clase IIA a Clase IIB cuando la temperatura del bulbo de sensado supera a la temperatura ambiente del indicador. En otras palabras, el líquido tiende a buscar la porción más fría de un sistema de Clase II, mientras que el vapor tiende a buscar la porción más cálida. Esto causa problemas cuando el indicador y el bulbo de sensado intercambia la calidad de cálido/frío. El rozamiento de líquido hacia arriba (o abajo) a través del entubado capilar cuando el sistema trata de alcanzar un nuevo equilibrio causa errores intermitentes de medición. Los sistemas de rellenado de bulbo de Clase II que están diseñados para operar en modo IIA o IIB son clasificados como IIC.

Un problema de calibración común a todos los sistemas que tienen tubos capilares con relleno de líquido es el *offset* de temperatura debido a la presión hidrostática (o succión) lo que resulta en una diferencia de altura entre el bulbo de medición y el indicador. Esto representa un desplazamiento del cero en calibración, lo cual puede ser contrarrestado permanentemente con ajustes de cero durante la instalación. Los sistemas de Clase IIB (rellenos con vapor) y de Clase III (rellenos con gas) no sufren este problema debido a que no hay líquido en el tubo capilar para generar una presión con la altura.

Una foto de un transmisor neumático de presión que usa un bulbo cerrado como elemento sensor se muestra (Fig. 5.4a).

Este transmisor es el modelo "Nullmatic" de Moore Products. El tubo capilar que conecta el bulbo de relleno de fluido del mecanismo del transmisor está protegido por un *jacket* de metal en espiral. El bulbo en sí está localizado en el extremo de la varilla de acero *stainless* que se inserta en fluido del proceso a ser medido (Fig. 5.4b).

En lugar de accionar directamente un mecanismo de puntero, la presión de fluido en este instrumento actúa como

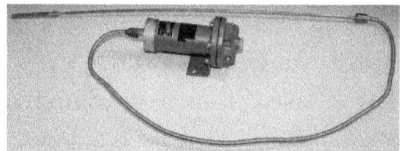

(a) Foto de un transmisor neumático
de presión con sensor de bulbo cerrado

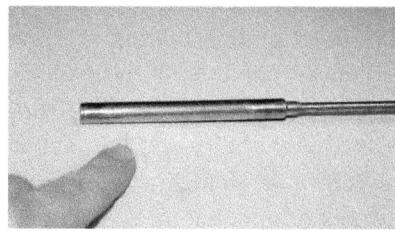

(b) Ubicación del bulbo cerrado

Figura 5.4: Sistema de bulbo cerrado

un mecanismo pneumático auto-balanceado para producir
una señal de presión de aire de 3-15 PSI que represente la
temperatura de proceso.

5.3 Detectores   de   Temperatura Resistivos

Una de las clases más
sensibles de sensores de
temperatura se basa en
que la temperatura efectúe
cambios en la
resistencia eléctrica. Con
este elemento primario de
sensado, un óhmetro
simple podría ser usado
como un termómetro, al
interpretar la resistencia

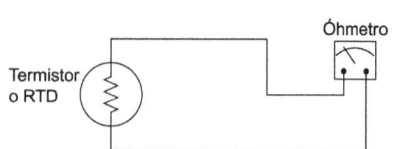

Figura 5.5: Esquema de la
conexión de un termistor o RTD

como una medición de temperatura (Fig. 5.5).

Los termistores son dispositivos hechos de óxido de metal cuya resistencia aumenta con un incremento de temperatura (coeficiente de temperatura positivo) o disminuye con un incremento de temperatura (coeficiente de temperatura negativo). Los RTDs son dispositivos hechos de metal puro (usualmente platino o cobre) los cuales siempre incrementan la resistencia con el incremento de temperatura. La mayor diferencia entre termistores y RTDs es la linealidad: los termistores son muy sensibles y no lineales, mientras que los RTDs son poco sensibles pero muy lineales. Por esta razón, los termistores son usados donde se necesite mayor precisión. Muchos dispositivos comerciales usan termistores como sensores de temperatura.

5.3.1 Coeficiente de temperatura de una resistencia

Los detectores de temperatura resistivos (RTDs) relacionan la resistencia con la temperatura según la siguiente fórmula:

$$R_T = R_{ref}[1 + \alpha(T - T_{ref})] \qquad (5.3)$$

Donde,

R_T = Resistencia de RTD a una temperatura dada T (ohms)

R_{ref} = Resistencia de RTD en la temperatura de referencia T_{ref} (ohms)

α = Coeficiente de Temperatura de Resistencia (ohms por ohm/grado)

El ejemplo siguiente muestra como usar la fórmula para calcular la resistencia de un RTD de Platino de 100 ohm que tiene un coeficiente de temperatura de 0.00392 a una temperatura de 35°C.

$$R_T = 100 \; \Omega[1 + (0.00392)(35°C - 0°C]$$

$$R_T = 100 \; \Omega[1 + 0.1372]$$

$$R_T = 100 \ \Omega[1.1372]$$

$$R_T = 113.72 \ \Omega$$

Debido a las no linealidades en el comportamiento del RTD su formulación lineal es solo una aproximación. Una aproximación más exacta es la fórmula de **Callendar-van Dusen**, la que introduce los términos de aproximación de grados 2, 3 y 4 (una aproximación es tanto más exacta mientras más términos se usen durante el cálculo):

$R_T = R_{ref}(1 + AT + BT^2 - 100CT^3 + CT^4)$ para temperatura entre -200°C $< T <$ 0°C

$R_T = R_{ref}(1 + AT + BT^2)$ para temperaturas entre 0°C $< T <$ 661°C,

ambos asumiendo $T_{ref} = 0$°C.

El punto de congelamiento y liquefacción del agua es la temperatura de referencia normalizada para la mayor parte de los RTDs. Aquí hay algunos valores típico de α para los metales comunes.

- Níquel = 0.00672 Ω/Ω^oC

- Tungsteno = 0.0045 Ω/Ω^oC

- Plata = 0.0041 Ω/Ω^oC

- Oro = 0.0040 Ω/Ω^oC

- Platino = 0.00392 Ω/Ω^oC

- Cobre = 0.0038 Ω/Ω^oC

El Platino es el metal con el que se hacen los cables de los RTD. El valor (α) para el platino varía acorde al tipo de aleación en que se venda. Cuando se usan para medición de referencia, el valor más común de α para los cables de platino es 0.003902 . Los RTD de uso industrial se venden con dos valores comunes de α, 0.00385 (el valor Europeo) y 0.00392 (el valor Americano).

Con respecto a la Resistencia de referencia 100 Ω es una resistencia de referencia muy común (R_{ref} a 0°C para los RTDs industriales al igual que 1000 Ω. Sin embargo algunos RTDs industriales tienen una resistencia de referencia tan baja como 10 Ω. La resistencia de los RTDs es pequeña en comparación con las resistencias de los termistores, los que tienen resistencias nominales de decenas y cientos de miles de ohms. Esto causa problemas con las mediciones, porque los cables que conectan un RTD a su óhmetro tienen también resistencia, así que la proporción de voltaje que se cae en estos es mucho mayor que la que se cae en el RTD.

5.3.2   Circuitos de dos cables RTD

Los diagramas esquemáticos siguientes muestran los efectos relacionados a una resistencia total de 2 Ω en un circuito de un termistor y en un circuito de un RTD (Fig. 5.6).

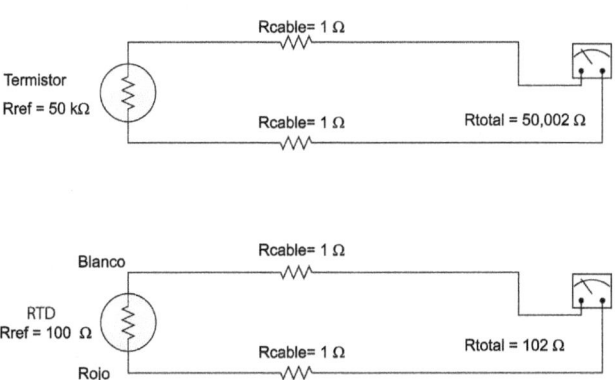

Figura 5.6: Diferencia entre RTD y termistores

Obviamente, la resistencia de los cables es más problemática en el caso de los RTDs de baja resistencia que para los termistores de alta resistencia. En un circuito RTD, la resistencia de los cables equivale al 1.96% de la resistencia total del circuito. En el circuito del termistor, los mismos 2 ohm de resistencia equivalen al 0.004% de la resistencia total del circuito. El enorme valor de la resistencia del termistor hace insignificante el valor de la resistencia del cable.

En los sistemas de aire acondicionado, ventilación y calefacción *HVAC (Heating, Ventilation and Air Conditioning)* en los que el intervalo de medición de temperatura es relativamente estrecho, la no linealidad de los termistores no constituye un problema serio y su inmunidad relativa con respecto al error debido a la resistencia del cable es una ventaja definitiva sobre los RTDs. En aplicaciones de mediciones de temperatura industrial donde el intervalo de mediciones de temperatura es usualmente más amplio, la no linealidad de los termistores pasa a ser un problema significativo, por lo que debe encontrarse una forma de usar RTDs de baja resistencia y entonces lidiar con el problema menor de la resistencia del cable.

5.3.3   Circuitos RTD de cuatro cables

Una técnica muy antigua de los eléctricos es conocida como el método de cuatro cables, es una solución al problema de la resistencia de los cables. Esta técnica era usada comúnmente para realizar mediciones de resistencia precisas en experimentos científicos en condiciones de laboratorio. La técnica de cuatro cables utiliza cuatro cables para conectar la resistencia bajo prueba (en este caso, el RTD) en el instrumento de medición (Fig. 5.7).

La corriente que se entrega al RTD viene de una fuente de corriente, cuyo trabajo es regular con precisión la corriente sin importar el circuito de resistencia. Un voltímetro mide la caída de voltaje en el RTD y se usa **La Ley de Ohm** para calcular la resistencia del RTD.

Ninguna de las resistencias de los cables influyen en este circuito. Los dos cables transportando corriente al RTD harán que se caiga algún voltaje a lo largo, pero esto no importa porque el voltímetro solamente verá el voltaje que se cae en el RTD y no el voltaje que se cae a través de la fuente

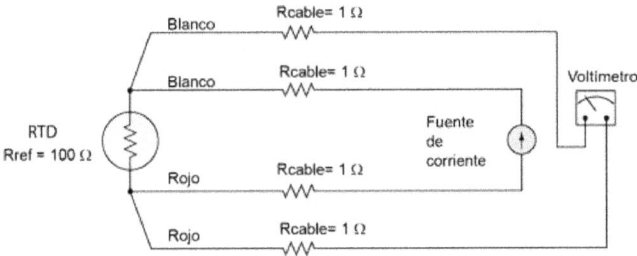

Figura 5.7: Método de cuatro cables para la medición de resistencia

de corriente. Aunque los cables que conectan el voltímetro al RTD tengan resistencia la corriente que circula por estos está fuertemente limitada por la intervención de los voltímetros (recuerde que un voltímetro tienen impedancia infinita y que los voltímetros amplificados por semiconductores tienen impedancia de entrada infinita de algunos Mega-ohm o más). Así, las resistencias de los cables que transportan corriente no tienen efecto porque el voltímetro nunca sensa sus caídas de voltaje y las resistencias de las puntas de prueba del voltímetro no tienen efecto porque prácticamente no transportan corriente.

Note como los cables de color (*blanco* y *rojo* son usados para indicar cuales cables son pares comunes en el RTD. Frecuentemente, estos cables de color son la única guía que tendrá el instrumentista para conectar apropiadamente un RTD de cuatro cables a un instrumento de sensado.

La única desventaja del método de cuatro cables es el número de cables necesario. Los RTD de cuatro cables agregan mucho cable cuando hay muchos RTD en el área de proceso. Los cables cuestan y ocupan canaletas, por lo que hay situaciones en las que el método de los cuatro cables es un enredo.

5.3.4   Circuitos de RTD de tres cables

Una solución de compromiso entre las conexiones RTD de dos
y cuatro cables es la conexión de tres cables, la que se vé así
(Fig. 5.8).

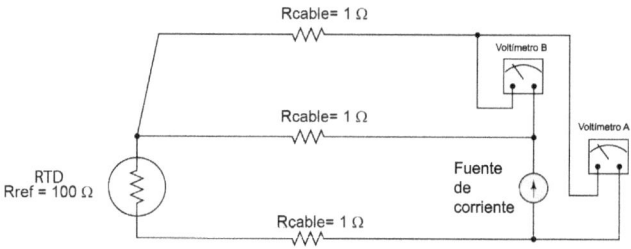

Figura 5.8: Conexión RTD de tres cables

En un circuito RTD de tres cables, el voltímetro **A** mide
la caída de voltaje a través del RTD (más la caída de voltaje
a través del cable transportador de corriente de abajo). El
voltímetro **B** mide solamente el voltaje que se cae a través
el cable transportador de corriente superior. Asumiendo
que ambos cables tengan (casi) la misma resistencia, al
substraerse la indicación del voltímetro **B** de la indicación
del voltímetro **A** se obtendrá la caída del voltaje a través del
RTD.

$$V_{RTD} = V_{\text{meter(A)}} - V_{\text{meter(B)}} \qquad (5.4)$$

Si las resistencias de los dos cables transportadores de
corriente fuesen idénticamente precisas (y esto incluye la
resistencia eléctrica de cualquier conexión dentro de los
caminos que transporten corriente, tales como los bloques
terminales), el voltaje calculado del RTD será el mismo que
el voltaje RTD real y no aparecerá error por la resistencia
del cable. Si, de todas maneras, uno de estos cables
transportadores de corriente tuviese más resistencia que el

otro, el voltaje RTD calculado no será el mismo que el voltaje RTD real y se producirá un resultado de medición con error.

Así, hemos visto que el circuito RTD de tres cables ahorra costo sobre el de cuatro cables, pero a expensas de un error de medición potencial. El atractivo del diseño de cuatro cables es que las resistencias de los cables son completamente irrelevantes: la determinación del voltaje real del RTD podría ser realizada sin importar cuanta resistencia tenga cada cable o de si las resistencias fuesen diferentes entre sí. La propiedad de cancelamiento de errores del circuito de tres cables, por contraste, descansa en la suposición de que los cables que transportan corriente tengan exactamente la misma corriente, lo que podría no ser cierto.

Debe estar claro que los instrumentos reales basados en circuitos RTD de tres cables no emplean voltímetros de indicación directa. Los RTD reales utilizan circuitos de condicionamiento (analógicos o digitales) para medir la caída de voltaje y realizar los cálculos necesarios para compensar la resistencia del cable. Los voltímetros que se muestran en los diagramas de cuatro y tres cables solo sirven para ilustración, no como diseño práctico de un instrumento.

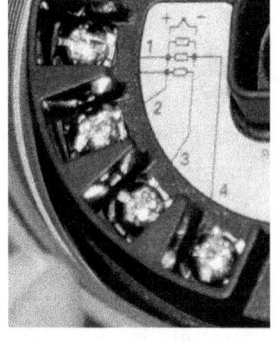

Se muestra la fotografía de un transmisor de temperatura moderno capaz de recibir señales desde RTDs de dos, tres y cuatro cables (también de termocuplas) (Fig. 5.9).

Figura 5.9: Foto de un transmisor de temperatura moderno

El símbolo de rectángulo mostrado en la etiqueta representa el elemento resistivo del RTD. El símbolo con el + el - representan un unión de termocupla que puede ser ignorada para el propósito de esta discusión. Como mostrado en el diagrama, un RTD de dos cables podría estar conectado entre los terminales 2 y 4. Igualmente, un RTD de tres

cables podría conectarse a los terminales 1, 2 y 4 (con los
terminales 1 y 2 como los puntos de conexión para los dos
cables comunes del RTD). Finalmente, un RTD de cuatro
cables podría conectarse a los terminales 1, 2, 3 y 4 (los
terminales 1 y 2 serían los comunes).

Una vez que el RTD haya sido conectado a los terminales
apropiados del transmisor de temperatura, el transmisor
necesita estar electrónicamente configurado para el tipo
de RTD. En este caso la configuración se realiza con un
dispositivo inteligente que utiliza protocolo digital HART
para acceder a los ajustes basados en microprocesador.
Aquí, el instrumentista podría configurar el transmisor para
conexiones de dos, tres y cuatro cables.

5.3.5 Error de auto-calentamiento

Un problema inherente de los termistores y los RTDs
es el autocalentamiento.   Para medir la resistencia de
cualquiera de los dos necesitamos hacerle pasar una corriente.
Desafortunadamente esto resulta en la generación de calor en
la resistencia, de acuerdo a la ley de Joule.

$$P = I^2 R \qquad (5.5)$$

La potencia disipada causa que el termistor o el RTD
incrementen su temperatura en el ambiente que lo rodea,
introduciendo un error de medición positivo.   Este efecto
puede ser minimizado limitando la corriente de excitación
a un mínimo, pero esto resulta en menor voltaje caído
en el dispositivo.   Mientras menor sea este voltaje, más
sensible tendría que ser el instrumento de medición de voltaje
para sensar con precisión la condición del elemento resistivo.
Además, una señal de voltaje menor significa que se tienen
una razón señal a ruido menor, para un valor dado de ruido
introducido desde fuentes externas.

Una forma inteligente para resolver el autocalentamiento
sin disminuir la corriente de excitación al punto en que se
haga inútil, es pulsar corriente a través del sensor resisitivo

y muestrear digitalmente el voltaje solamente durante esos breves instantes de tiempo en los que el termistor o RTD esté energizado. Esta técnica funciona bien cuando seamos capaces de tolerar tasas de muestreo bajas en nuestro instrumento de temperatura, lo cual es frecuentemente el caso porque la mayor parte de las aplicaciones de medición de temperatura son lentas. La técnica de corriente-pulsada se beneficia de la reducción de consumo de potencia en el instrumento, un factor a considerar en las aplicaciones de mediciones de temperatura portátiles.

5.4 Termocupla o termopar

Los RTDs son elementos sensores completamente pasivos, que requieren la aplicación de una corriente eléctrica externa para hacer funcionar los sensores de temperatura. Las termocuplas, también llamadas termopares, generan su propio potencial eléctrico. En alguna forma, esto hace que los sistemas de termocuplas sean más simples porque el dispositivo que recibe la señal de la termocupla no tiene que suministrar corriente eléctrica a la termocupla. Las termocuplas no sufren el efecto de autocalentamiento. De otra forma, los circuitos de termocuplas son más complejos que los circuitos RTDs porque la generación de voltaje realmente ocurren en dos lugares diferentes del circuito, no simplemente en el punto de sensado. Esto significa que el circuito receptor debe compensar la temperatura en otro lugar para medir en forma precisa en el lugar deseado.

Las termocuplas no son tan precisas como los RTDs pero son más robustas, tienen un alcance de temperatura mayor y son más fácil de fabricar en diferentes formas físicas.

5.4.1 Uniones de metales distintos

Cuando dos cables de metales diferentes se unen en un extremo, el voltaje producido en el otro extremo es aproximadamente proporcional a la temperatura. Es decir, la unión de dos metales diferentes se comporta como una batería sensible a la temperatura. Esta forma de sensor se denomina termocupla (Fig. 5.10a).

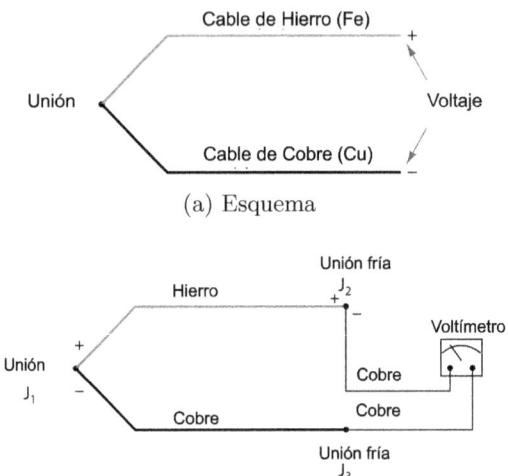

(a) Esquema

(b) Efecto de la unión fría en la conexión de una termocupla a un voltímetro

Figura 5.10: Termocupla

Este fenómeno nos proporciona una forma simple de inferir eléctricamente la temperatura: simplemente medir el voltaje producido por la unión y se podrá decir cuál es la temperatura de la unión. Esto sería muy simple, si no fuese por una consecuencia inevitable que traen aparejados los circuitos eléctricos: cuando conectamos cualquier tipo de instrumento eléctrico a los cables de Hierro y Cobre producimos inevitablemente otra unión de metales diferentes. El esquema siguiente muestra este hecho (Fig. 5.10b).

La unión J_1 es una unión de Hierro y Cobre – dos metales diferentes – la cual generará un voltaje relacionado con la temperatura. Note que la unión J_2 es necesaria por el simple hecho de que debemos de alguna forma conectar nuestro voltímetro cableado con cobre al cable de Hierro, es también una unión de metal diferente lo que genera un voltaje relacionado con al temperatura. Note también como la polaridad de la unión J_2 se opone a la polaridad de la unión J_1 (Hierro=positivo; Cobre = negativo). Una tercera unión (J_3) también existe entre cables, pero no tiene mayores consecuencias porque es una unión de dos metales idénticos que no generan un voltaje dependiente de la temperatura.

La presencia de una segunda unión generadora de voltaje ayuda a explicar por qué el voltímetro registra 0 cuando el sistema en su totalidad está a temperatura ambiente: cualesquier voltaje generado por uniones de Cobre y Hierro será igual en magnitud pero opuestas en polaridad, resultando en un voltaje neto (total serie) de cero. Solamente el voltímetro indicará voltaje cuando las dos uniones J_1 y J_2 sean diferentes.

Podemos expresar esta relación en forma matemática como sigue:

$$V_{voltmetro} = V_{J1} - V_{J2} \tag{5.6}$$

Al igual que los voltajes de medición de las uniones (J_1) y de referencia (J_2), el voltímetro solamente ve la diferencia entre dos voltajes. Por eso los sistemas de termocuplas son fundamentalmente sensores de temperatura ya que proporcionan una salida eléctrica proporcional a la diferencia en temperatura entre dos puntos diferentes. Por esta razón, la unión de cables que se usa para medir la temperatura de interés es llamada unión de medición, mientras que la otra junta (que no podemos eliminar del circuito) es llamada la unión de referencia o unión fría *cold junction* porque típicamente está a una temperatura más fría que la unión de medición de proceso.

5.4.2 Tipos de termocuplas

Las termocuplas se clasifican en diferentes tipos, cada uno con su propio código de color para los diferentes cables. Se muestra una tabla con los tipos más comunes de termocuplas y sus colores estandarizados (válidos para USA y Canadá) (Tab. 5.1).

Note como el cable negativo (−) de cada tipo de termocupla esta marcado con el color rojo. Los lectores familiarizados con la electrónica tal vez asimilen este código como el positivo de una fuente de alimentación DC (el negro sería el negativo), sin embargo los códigos de color de termocuplas ya eran usados antes de que fuesen usados para las fuentes de alimentación.

Aparte del intervalo de temperaturas en que pueden ser usados, estas termocuplas también difieren en términos de las atmósferas que pueden soportar a temperaturas elevadas. Las de tipo J, por el hecho de que los cables son de hierro, rápidamente se corroen en una atmósfera oxidante (atmósferas con muchas moléculas de oxígeno, cloro o flúor). Las de tipo K son atacadas por atmósferas reductoras como Sulfuro y Cianuro. Los de tipo T son limitados en su alta temperatura por la oxidación del Cobre (un metal muy reactivo cuando está caliente), pero se comporta bien en atmósferas reductoras u oxidantes cuando está a bajas temperaturas, aún cuando esté húmedo.

5.5 Sensores de temperatura sin contacto

Virtualmente, cualquier masa que esté con temperatura mayor que el cero absoluto emite radiación electromagnética (fotones o luz) en función de la temperatura. Este hecho básico hace posible las mediciones de temperatura mediante el análisis de la luz emitida por un objeto. La ley de **Stefan-Boltzman** de la energía radiada cuantifica este hecho, declarando que la velocidad de calor perdida por la emisión radiante de un objeto caliente es proporcional a la cuarta potencia de la temperatura absoluta.

$$dQ\backslash dt = e\sigma A T^4 \tag{5.7}$$

Tabla 5.1: Tipos de termocuplas

Tipo	Cable Positivo *característica*	Cable Negativo *característica*	Plug	Rango Temp.
T	Cobre (azul) *amarillo*	Constantán (rojo) *plateado*	Azul	-300 to 700 °F
J	Hierro (blanco) *magnético, oxidable*	Constantán (rojo) *no-magnético*	Negro	32 to 1400 °F
E	Chromel (violeta) *acabado brillante*	Constantán (rojo) *acabado tosco*	Violeta	32 to 1600 °F
K	Chromel (amarillo) *no-magnético*	Alumel (rojo) *magnético*	Amarillo	32 to 2300 °F
N	Nicrosil (naranjo)	Nisil (rojo)	Naranjo	32 to 2300 °F
S	Pt90% - Rh10% (Negro)	Platino (rojo)	Verde	32 to 2700 °F
B	Pt70% - Rh30% (gris)	Pt94% - Rh6% (rojo)	Gris	32 to 3380 °F

Donde,

$\frac{dQ}{dt}$ = Tasa de pérdida de calor radiante (watts)

e = Factor de Emisividad (sin unidad)

σ = Constante de Stefan-Boltzmann (5.67×10^{-8} W / $\text{m}^2 \cdot \text{K}^4$)

A = Área superficial (m^2)

T =Temperatura Absoluta (Kelvin)

La ventaja principal de la termometría sin contacto (*pirometría* en mediciones de alta temperatura) es obvia: no necesitamos colocar un sensor en contacto directo con el proceso, una amplia variedad de mediciones de temperatura son imposibles o poco prácticas sin esta tecnología.

Un principio para los pirómetros sin contacto es concentrar la luz incidente proveniente de un objeto calentado en un pequeño elemento sensor de temperatura. Un incremento en temperatura en el sensor revela la intensidad de la energía que está llegando a este, la que es función de la temperatura del objeto que se quiere medir (Temperatura absoluta a la cuarta potencia) (Fig. 5.11).

La cuarta potencia de la serie de la **Ley de Stefan - Boltzmann** significa que al doblar la temperatura absoluta en el objeto caliente habrá dieciséis veces más energía radiante incidiendo en el sensor y por tanto habrá

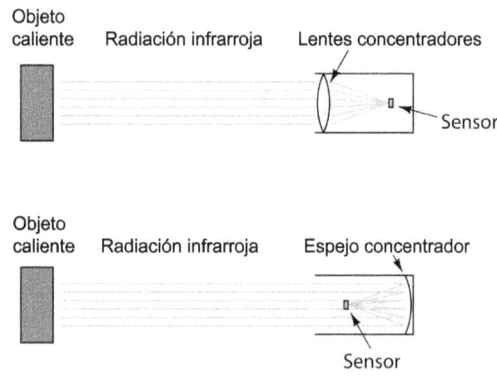

Figura 5.11: Pirómetros

un incremento de dieciséis veces en la temperatura del sensor por encima de la temperatura del ambiente. Un aumento del triple de temperatura absoluta lleva a ocho veces la energía radiante y por tanto a 81 veces la temperatura en el sensor. Esta no - linealidad extrema hace que el intervalo de temperatura útil tenga que ser estrecho cuando se quiera buena precisión.

Las termocuplas fueron el primer tipo de sensor que se utilizaron en los pirómetros sin contacto y aún se usan en los instrumentos actuales. Puesto que el sensor no se calienta tanto como el objeto, la salida de cualquier unión de una termocupla en el área del sensor será bien pequeña. Por esta razón, los fabricantes de instrumentos frecuentemente emplean una serie de termocuplas conectadas en serie llamada *termopila* para generar una señal eléctrica suficiente.

Un diseño popular para un pirómetro sin contacto fabricado por años es el Radiamatic de Honeywell, que usa diez pares de uniones de termocuplas dispuestas en un círculo. Todas las uniones calientes se han puesto hacia el centro de este círculo donde el punto focal de la luz concentrada incide, mientras que las uniones frías están situadas alrededor de la circunferencia del círculo lejos del calor del punto focal. Se muestra una tabla de valores con la relación entre la temperatura a medir y la salida en milivolt de la unidad de sensado de un modelo de Radiamatic, note que es una función de grado cuatro.

Lo importante aquí es que la temperatura medida producirá incrementos de cuarta potencia en el aumento de la temperatura en el sensor, puesto que la temperatura en el sensor debe ser función directa de la potencia de la radiación incidente.

Por ejemplo: si tenemos 4144 K y 3033 K como nuestras temperaturas de prueba, podemos ver que la razón entre estas dos temperaturas es de 1.3663. Al elevar a la cuarta potencia nos da 3.485 para la razón entre los voltajes correspondientes de salida. Al multiplicar valores en milivolts de 9.9 mV (corresponde a la temperatura de 3033K) por 3.485 nos da 34.5 mV, lo que es bien cercano al valor de 34.8 mV que indica

Tabla 5.2: Función de transferencia de una termopila

Temperatura a medir (K)	Salida en Millivolt
4144 K	34.8 mV
3866 K	26.6 mV
3589 K	19.7 mV
3311 K	14.0 mV
3033 K	9.9 mV
2755 K	6.6 mV
2478 K	4.2 mV
2200 K	2.5 mV
1922 K	1.4 mV
1644 K	0.7 mV

el fabricante de la termopila:

$$\frac{4144 \text{ K}}{3033 \text{ K}} = 1.3663$$

$$\left(\frac{4144 \text{ K}}{3033 \text{ K}}\right)^4 = 1.3663^4 = 3.485$$

$$(3.485)(9.9 \text{ mV}) \approx 34.8 \text{ mV}$$

Si la precisión no fuese importante y si el intervalo de las temperaturas a medir en el proceso fuese modesto, podemos tomar la salida en milivolt de tal sensor e interpretarla linealmente. Cuando se usa de esta forma, un pirómetro sin contacto se denomina termocupla infrarroja. En este caso, la salida de voltaje debe ser conectada directamente a la entrada de un instrumento de termocupla tal como indicadores, transmisores, grabadores o controladores. Un ejemplo: la línea OS-36 de termocuplas infrarrojas fabricadas por Omega.

Las termocuplas están fabricadas para un intervalo más estrecho de temperatura (la mayor parte de los modelos OS-36 están limitados a un alcance de calibración de 100 °F o menos, sus termocuplas están diseñadas para producir señales de milivolt que corresponden a termocuplas del tipo T, K, etc. en un intervalo estrecho.

El campo de visión de los sensores sin contacto está especificado como un ángulo, una razón de distancia o ambos. Por ejemplo, la siguiente ilustración muestra una sensor de temperatura sin contacto de un campo de 5:1 (aproximadamente 11) (Fig. 5.12).

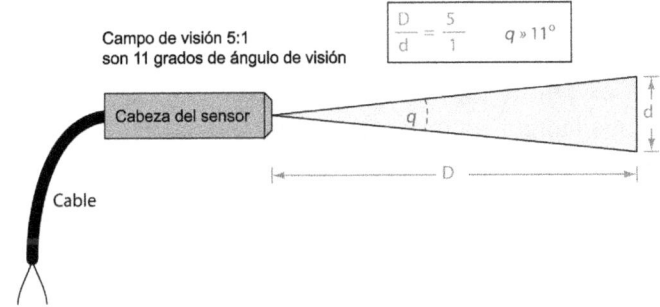

Figura 5.12: Campo de visión de un sensor de termperatura sin contacto

La relación matemática entre el ángulo de observación (θ) y la razón de la distancia es (D/d) sigue la función tangente:

$$\frac{D}{d} = \frac{1}{2\tan\left(\frac{\theta}{2}\right)} \qquad \theta = 2\tan^{-1}\left(\frac{d}{2D}\right)$$

Una muestra de relaciones de campo de visión y ángulos de visión aproximados se muestran en la tabla (Fig. 5.3).

Aparte de su no linealidad, quizás la peor desventaja de los sensores de temperatura sin contacto sea su imprecisión. El factor de emisividad (e) en la ecuación de **Stefan-Boltzmann** varía con la composición de la sustancia, pero también hay otros factores como el acabado de la superficie,

Tabla 5.3: Diferentes tipos de relación de campo de visión y ángulo de visión

Distancia relación	Ángulo (approximadamente)
1:1	53°
2:1	30°
3:1	19°
5:1	11°
7:1	8°
10:1	6°

la forma, etc., que afectan la cantidad de radiación que un sensor podrá recibir desde un objeto. Por esta razón, la emisividad no es una forma muy práctica de normar la efectividad de un pirómetro de calidad.

Capítulo 6

Mediciones continuas de Caudal

La medición de caudal de fluido es la medición más compleja entre las mediciones de variables en la instrumentación industrial. No solo porque hay una gran diversidad de técnicas de medición de caudal, cada una con sus propias limitaciones y definiciones, sino porque la naturaleza de la variable no tiene una sola definición. **Caudal** puede referirse al **caudal volumétrico** (la cantidad de volúmenes de fluido pasando por unidad de tiempo), **caudal másico** (la cantidad de unidades de masa de fluido pasando por unidad de tiempo) e incluso **caudal volumétrico estandarizado** (la cantidad de volúmenes de gas fluyendo, suponiendo diferentes valores de presión y temperatura que aquellos en los que el proceso real opera). Los Caudalímetros *flowmeters* que están configurados para trabajar con caudales de gas o vapor frecuentemente no son útiles en los caudales de líquidos. La propiedades dinámicas de los fluidos cambian con la velocidad del fluido. La mayor parte de las tecnologías no pueden mantener la linealidad de las mediciones desde el caudal máximo hasta caudal cero sin importar que tan bien se haya calibrado el instrumento.

Además, el desempeño de la mayor parte de las tecnologías de caudalímetro depende de una instalación adecuada. Uno no puede simplemente colgar un caudalímetro en cualquier lugar de un sistema de tuberías *piping* y esperar que funcione como haya sido planificado. Esto es una fuente constante de fricción entre los mecánicos (de *piping*) y los instrumentistas de grandes proyectos industriales. Lo que se acostumbra considerar una instalación excelente de tuberías *piping* desde la perspectiva del equipamiento de proyectos y del costo, es también, frecuentemente, pobre para conseguir buenas mediciones de caudal y viceversa. En muchos casos el equipamiento del caudalímetro se instala mal y los instrumentistas tienen que lidiar con problemas de mediciones durante la puesta en marcha (comisionamiento) de la unidad. Puede haber problemas debido a cambios en las propiedades del fluido de proceso (densidad, viscosidad y conductividad) o a la presencia de impurezas en el fluido de proceso aunque el caudalímetro haya sido correctamente seleccionado según el proceso de la aplicación y haya sido bien instalado. Como los elementos de sensado deben estar directamente en el camino de corrientes de fluidos potencialmente abrasivos, no pueden ser re-utilizados como los instrumentos que miden otra variables.

Dadas todas estas complicaciones, es imperativo que los instrumentistas conozcan las complejidades de las mediciones de caudal. Lo que más importa es que se conozcan los principios físicos de los que cada caudalímetro depende. Si los principios de cada tecnología fuesen bien comprendidos se podrían reconocer los problemas potenciales y las aplicaciones adecuadas.

6.1   Caudalímetros basados en presión

Para acelerar una masa se requiere una fuerza de aceleración (también se puede pensar en términos de una masa que genera una fuerza de reacción por el hecho de haber sido acelerada). Esta magnitud se puede expresar por la segunda Ley de Newton (Ley de Movimiento) (Fig. 6.1a).

Todos los fluidos poseen masa y por lo tanto se requiere una fuerza para acelerarla, justamente como las masas de los sólidos. Si consideramos una cantidad de fluido confinado dentro de un tubo *pipe*, a veces llamado *plug* de fluido, teniendo una masa igual a su volumen multiplicado por su densidad de masa ($m = \rho V$, donde ρ es la masa de fluido por unidad de volumen), la fuerza requerida para acelerar este *plug* de fluido podría calcularse en la misma forma que una masa de sólido (Fig. 6.1b).

Puesto que la fuerza aceleradora es aplicada en el área de sección transversal del plug de fluido, podemos expresarla como *presión*, la definición de presión es fuerza por unidad de área.

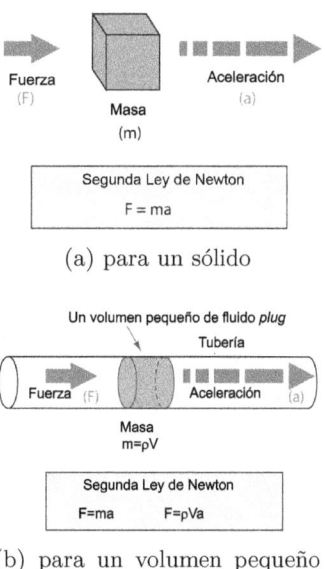

(a) para un sólido

(b) para un volumen pequeño de fluido o plug

Figura 6.1: Segunda Ley de Newton

$$F = \rho V a$$

$$\frac{F}{A} = \rho \frac{V}{A} a$$

$$P = \rho \frac{V}{A} a$$

Según el álgebra podemos dividir ambos lados de la ecuación de fuerza por área, lo que nos lleva a una fracción de volumen por área V/A en el lado derecho. Esta fracción tiene una significado físico, puesto que conocemos que el volumen de un cilindro dividido por el área de la cara circular es simplemente el largo del cilindro.

$$P = \rho \frac{V}{A} a$$

$$P = \rho l a$$

Cuando aplicamos esto a la ilustración del fluido de masa esto tiene sentido: la presión descrita por la ecuación, realmente es una caída diferencial desde un lado de la masa de fluido hacia otra, con la variable largo l describiendo el espacio entre los puertos de presión diferencial (Fig. 6.2).

Esto nos dice que podemos acelerar un *plug* de fluido mediante la aplicación de una diferencia de presión a lo largo de su extensión. La cantidad de presión que podemos aplicar será un función directa de la densidad del fluido y de la tasa de aceleración. Inversamente, podemos medir la tasa de aceleración del fluido por medio

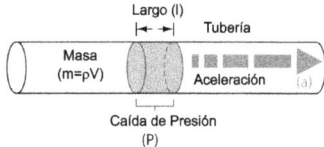

Figura 6.2: Caída de Presión

de la medición de la presión desarrollada a largo de la distancia sobre la que se acelera.

Podemos fácilmente forzar a un fluido que se acelere alterando el trayecto normal del caudal. La diferencia de presión generada por esta aceleración será inversamente proporcional a la tasa de aceleración. Puesto que la aceleración que vemos en un cambio de trayecto de caudal es una función directa de que tan rápido se movía originalmente el fluido, la aceleración (y por ende la caída de presión) indica, indirectamente, el caudal del fluido.

Una forma común para obtener aceleración lineal en un líquido que se mueve, es hacer pasar el fluido a través de un estrechamiento de la tubería, incrementando de esta forma su velocidad (recordar que aceleración es lo mismo que cambio de velocidad). La siguiente ilustración (Fig. 6.3) muestra algunos dispositivos para aceleración lineal cuando son colocados en tuberías con transmisores de presión diferencial conectados para medir la caída de presión resultante de esta aceleración.

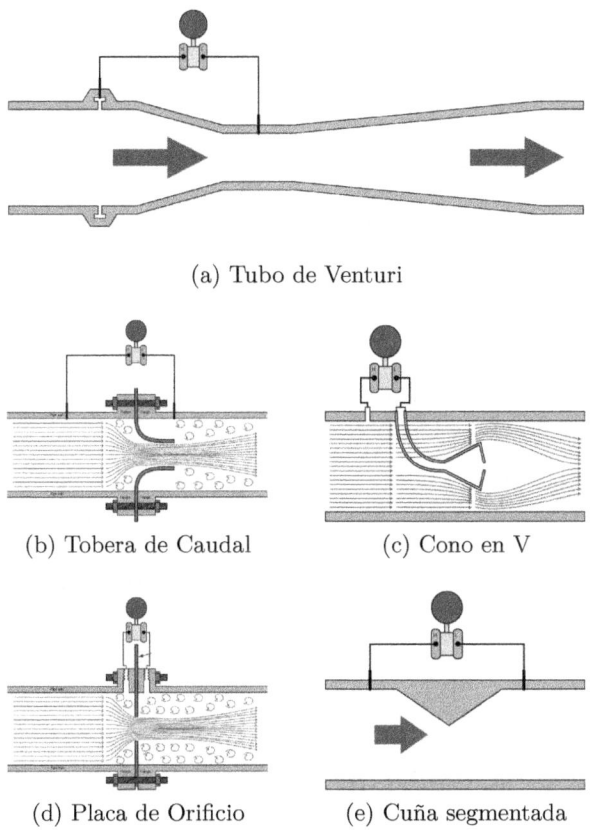

(a) Tubo de Venturi

(b) Tobera de Caudal   (c) Cono en V

(d) Placa de Orificio   (e) Cuña segmentada

Figura 6.3: Dispositivos de caudal de aceleración lineal

Otra forma en la que podemos acelerar el fluido es forzarlo a que doble una esquina a través de un codo de tubería. Esto generará aceleración radial, causando una diferencia de presión entre el exterior y el interior del codo lo que puede ser medido por un transmisor de presión diferencial (Fig. 6.4).

La toma de presión ubicada en el exterior del codo registra una presión mayor que la toma ubicada en el interior de la vuelta del codo debido a la fuerza inercial de la masa de fluido que está siendo lanzada hacia afuera de la vuelta a medida que avanza por el codo.

Otra forma de provocar un cambio en la velocidad de fluido es forzarlo a que se desacelere haciendo que una porción de éste quede totalmente detenida. La presión generada por esta desaceleración (llamada presión de estancamiento) nos dice que tan rápido estaba fluyendo antes. Algunos pocos dispositivos trabajan según este principio, como se muestra en (Fig. 6.5).

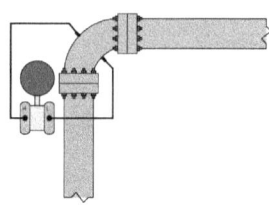

Figura 6.4: Elemento de codo de tubería

La secciones siguientes exploran diferentes elementos primarios para generar presión diferencial en un fluido. A pesar de la gran variedad de diseños, estos operan siguiendo el mismo principio fundamental: hacer que el fluido se acelere o desacelere mediante un cambio forzado de la trayectoria de caudal y luego generar una diferencia de presión mensurable. La siguiente sección introducirá un dispositivo llamado *Tubo de Venturi*, usado para medir el caudal y luego derivará las relaciones matemáticas entre presión de fluido y caudal comenzando por las leyes físicas básicas de conservación.

6.1.1 Tubos de Venturi y principios básicos

El ejemplo más popular de un dispositivo que crea un cambio de presión mediante la aceleración de la corriente de fluido es el Tubo de Venturi (Fig. 6.6): un tubo intencionalmente estrechado para crear una región de baja presión. Como mostrado anteriormente, los Tubos de Venturi no son la única estructura capaz de producir una caída de presión dependiente de caudal. Se debe tener en mente esto mientras se derivan ecuaciones relacionando el caudal con el cambio de presión: aunque el Tubo de Venturi es la forma más simple (canónica), las mismas relaciones matemáticas se pueden aplicar a todos los elementos de caudal que generan un

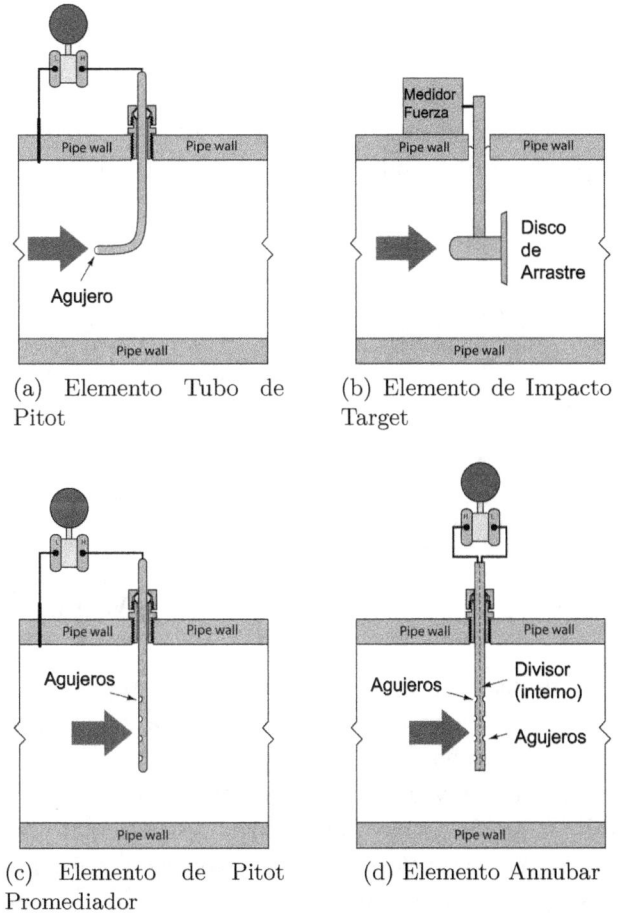

(a) Elemento Tubo de Pitot

(b) Elemento de Impacto Target

(c) Elemento de Pitot Promediador

(d) Elemento Annubar

Figura 6.5: Dispositivos que funcionan desacelerando

caída de presión en un fluido acelerado, lo que incluye placas con orificio, toberas *nozzles* de caudal, conos en V, cuñas segmentadas, codos de tubo, tubos de Pitot, etc..

Si el fluido que va por un Tubo de Venturi es un líquido a una presión relativamente baja, podemos mostrar claramente la presión de fluido en diferentes puntos del tubo por medio de *piezometers*, los que son tubos transparentes permitiéndonos ver alturas de columna de líquido (Fig. 6.6). Mientras mayor la altura de una columna de líquido en un *piezometer*, mayor será la presión en ese punto en una corriente de caudal:

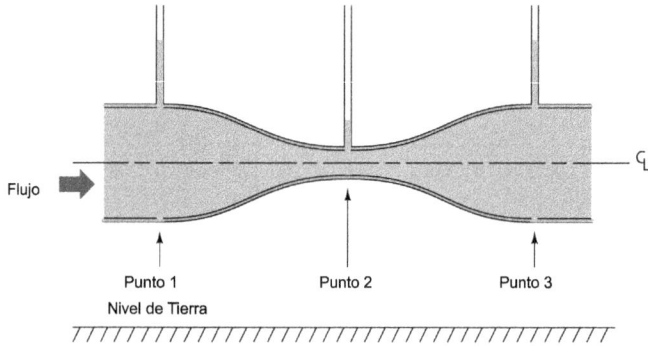

Figura 6.6: Presiones en el Tubo de Venturi

Como indican las alturas de los piezómetros de líquido, la presión en el estrechamiento (punto 2) es la menor, mientras que las presiones en las porciones más anchas del Tubo de Venturi (puntos 1 y 3) son las mayores (Fig. 6.6). Esto es un resultado no intuitivo, pero tiene su fundamento firme en las leyes de conservación de masa y energía. Si asumimos que no se ha agregado energía (por una bomba) o perdido (debido a la fricción) a medida que el fluido atraviese el tubo, entonces la Ley de Conservación de la Energía describe una situación en la que la energía del fluido debe permanecer constante en todos los puntos de la tubería. Si asumimos que no haya uniones con fluidos procedentes de otra tubería, o que se pierda fluido a través de fugas *leaks*, entonces la Ley de Conservación de la Masa describe una situación en la que el caudal de masa debe permanecer constante en todos los puntos de la tubería mientras circule por este.

Siempre que la densidad de fluido permanezca constante (lo que es una suposición razonable para los gases cuando los cambios de presión en el Tubo de Venturi sean modestos), la velocidad del fluido debiese incrementarse a medida que el área de la sección transversal de la tubería sea menor, como está previsto según La Ley de Continuidad (Ec. 6.1):

$$A_1 \overline{v_1} = A_2 \overline{v_2} \tag{6.1}$$

Intercambiando las variables en esta ecuación para usar velocidades en lugar de áreas, podemos llegar al siguiente resultado:

$$\frac{\overline{v_2}}{\overline{v_1}} = \frac{A_1}{A_2} \tag{6.2}$$

Esta ecuación (Ec. 6.1.1) nos dice que el cociente entre la velocidad de fluido en la garganta estrecha (punto 2) y la velocidad de fluido en la boca ancha (punto 1) de la tubería debe ser igual que el cociente del área de la boca y del área de la garganta. Por lo tanto, si la boca de la tubería tuviese un área cinco veces mayor que el área de la garganta, podríamos esperar que la velocidad de fluido en la garganta fuese cinco veces mayor que la velocidad en la boca. En forma simple, la garganta estrecha hace que el fluido se acelere desde una velocidad menor a una mayor.

Se sabe que la energía cinética es proporcional al cuadrado de la velocidad másica ($E_k = \frac{1}{2}mv^2$). Si conocemos que las moléculas de fluido incrementan su velocidad a medida que atraviesen la garganta del Tubo de Venturi, podemos concluir con seguridad que en esas moléculas la energía cinética debe incrementarse también. De todas formas, sabemos también que la energía total en cualquier punto de la corriente de fluido debe permanecer constante, porque ninguna energía ha sido agregada o sustraída de la corriente en este sistema simple de fluido. Entonces, si la energía cinética se incrementa en la garganta, la energía potencial debiese disminuir proporcionalmente para mantener la cantidad total de energía constante en cualquier punto del fluido.

La energía potencial puede manifestarse como altura por encima de la tierra, o como presión en un sistema de fluido. Puesto que el Tubo de Venturi está nivelado con respecto a tierra, no puede haber un cambio de altura para generar un cambio de energía potencial. Entonces, debe existir un cambio de presión P a medida que el fluido atraviese la garganta de Venturi. Las leyes de Conservación de la Energía y la Masa invariablemente llevan a esta conclusión: la presión de fluido debe disminuir si atraviesa la garganta estrecha del Tubo de Venturi.

La conservación de energía en diferentes puntos de la corriente de fluido se expresa claramente en la Ecuación de Bernoulli (Ec. 6.3) por una suma constante de elevación, presión y diferencias de velocidad *velocity heads*:

$$z_1 \rho g + \frac{v_1^2 \rho}{2} + P_1 = z_2 \rho g + \frac{v_2^2 \rho}{2} + P_2 \qquad (6.3)$$

Donde,

z = Altura del fluido (desde un punto de referencia común, usualmente nivel de tierra)

ρ = Densidad de Masa de un fluido

g = Aceleración de la gravedad

v = Velocidad del fluido

P = Presión del fluido

Podemos usar la Ecuación de Bernoulli para desarrollar una relación matemática precisa entre la presión y el caudal en un Tubo de Venturi. Para simplificar la tarea, podremos suponer lo siguiente para nuestro sistema de Tubo de Venturi.

1. No hay pérdidas o ganancias de energía en el Tubo de Venturi (toda la energía se conserva)

2. No hay pérdidas o ganancias de masa en el Tubo de Venturi (toda la masa se conserva)

3. El fluido es incompresible

4. La línea central del Tubo de Venturi está nivelada (no hay que considerar cambios de altura)

Aplicando las dos suposiciones en la Ecuación de Bernoulli, podemos ver que el término *elevation head* cae en los dos lados por igual, porque z, ρ y g son iguales en todos los puntos del sistema:

$$\frac{v_1^2 \rho}{2} + P_1 = \frac{v_2^2 \rho}{2} + P_2$$

Ahora, podremos arreglar esta ecuación para mostrar presiones en los puntos 1 y 2 en términos de velocidad en los puntos 1 y 2:

$$\frac{v_2^2 \rho}{2} - \frac{v_1^2 \rho}{2} = P_1 - P_2$$

Factorizando $\rho/2$ en términos de *velocity head*:

$$\frac{\rho}{2}(v_2^2 - v_1^2) = P_1 - P_2$$

La Ley de Continuidad (Ec. 6.1) nos muestra la relación entre velocidades v_1 y v_2 y las áreas en esos puntos del Tubo de Venturi, asumiendo densidad constante ρ:

$$A_1 v_1 = A_2 v_2$$

Específicamente, necesitamos arreglar esta ecuación para definir v_1 en términos de v_2 de tal forma que podamos substituir en la Ecuación de Bernoulli:

$$v_1 = \left(\frac{A_2}{A_1}\right) v_2$$

Realizando la sustitución:

$$\frac{\rho}{2}(v_2^2 - \left[\left(\frac{A_2}{A_1}\right)v_2\right]^2) = P_1 - P_2$$

Distribuyendo la potencia cuadrada:

$$\frac{\rho}{2}(v_2^2 - \left(\frac{A_2}{A_1}\right)^2 v_2^2) = P_1 - P_2$$

Factorizando v_2^2 fuera de los paréntesis externos:

$$\frac{\rho v_2^2}{2}(1 - \left(\frac{A_2}{A_1}\right)^2) = P_1 - P_2$$

Despejando v_2, paso por paso:

$$\frac{\rho v_2^2}{2} = \left(\frac{1}{1 - \left(\frac{A_2}{A_1}\right)^2}\right)(P_1 - P_2)$$

$$\rho v_2^2 = 2\left(\frac{1}{1 - \left(\frac{A_2}{A_1}\right)^2}\right)(P_1 - P_2)$$

$$v_2^2 = 2\left(\frac{1}{1 - \left(\frac{A_2}{A_1}\right)^2}\right)\left(\frac{P_1 - P_2}{\rho}\right)$$

$$va_2 = \sqrt{2}\frac{1}{\sqrt{1 - \left(\frac{A_2}{A_1}\right)^2}}\sqrt{\frac{P_1 - P_2}{\rho}}$$

El resultado muestra cómo despejar la velocidad de fluido en la garganta de Venturi v_2 basado en la diferencia de presión medida entre la boca y la garganta $P_1 - P_2$. En este punto, estamos a un paso de la ecuación volumétrica, y es convertir la velocidad v en el caudal Q. La velocidad se expresa en unidades de longitud por tiempo (pies o metro por segundo o minuto), mientras que el caudal volumétrico se expresa en unidades de volumen por tiempo (pie cúbico o metro cúbico por segundo o minuto). Simplemente multiplicando la velocidad de la garganta v_2 por el área de la garganta A_2 nos dará el resultado que buscamos:

Relación general de caudal/área/velocidad

$$Q = Av$$

Ecuación para la velocidad de la garganta:

$$v_2 = \sqrt{2}\frac{1}{\sqrt{1 - \left(\frac{A_2}{A_1}\right)^2}}\sqrt{\frac{P_1 - P_2}{\rho}}$$

Multiplicado ambos lados de la ecuación por el área de la garganta:

$$A_2 v_2 = \sqrt{2}A_2\frac{1}{\sqrt{1 - \left(\frac{A_2}{A_1}\right)^2}}\sqrt{\frac{P_1 - P_2}{\rho}}$$

Ahora tenemos una ecuación que resuelve el caudal volumétrico en términos de presiones y áreas:

$$Q = \sqrt{2}A_2\frac{1}{\sqrt{1 - \left(\frac{A_2}{A_1}\right)^2}}\sqrt{\frac{P_1 - P_2}{\rho}} \qquad (6.4)$$

Note cuantas constantes tenemos en esta ecuación. Para cualquier Tubo de Venturi, la boca y la garganta A_1 y A_2 es fijo. Esto significa que casi la mitad de las variables encontradas dentro de esta ecuación larga son realmente constantes para cualquier Tubo de Venturi y entonces no cambian con la presión, la densidad o el caudal. Conociendo esto, podemos reescribir la ecuación como una simple proporción:

$$Q \propto \sqrt{\frac{P_1 - P_2}{\rho}}$$

Para hacer esto matemáticamente más preciso, podemos insertar una **constante de proporcionalidad** y una vez más tenemos una verdadera ecuación para trabajar:

$$Q = k\sqrt{\frac{P_1 - P_2}{\rho}}$$

6.1.2   Cálculos de caudal volumétrico

Como se ha visto en la subsección anterior, podemos derivar una ecuación relativamente simple para predecir el caudal a través de un elemento acelerador de fluido dada la caída de presión generada por este elemento y la densidad del fluido que fluye a través de éste:

$$Q = k\sqrt{\frac{P_1 - P_2}{\rho}}$$

Esta ecuación es una versión simplificada que depende de la construcción física del Tubo de Venturi:

$$Q = \sqrt{2}A_2 \frac{1}{\sqrt{1 - \left(\frac{A_2}{A_1}\right)^2}} \sqrt{\frac{P_1 - P_2}{\rho}}$$

Como se puede ver, la constante de proporcionalidad k mostrada en esta simple ecuación no es nada más que una versión compacta de la primera mitad de la ecuación más larga: k representa la geometría del Tubo de Venturi. Si definimos k usando las áreas de la boca y la garganta

A_1, A_2 de cualquier Tubo de Venturi particular, debemos expresar muy cuidadosamente las presiones y densidades en unidades de medición compatibles. Por ejemplo, con k estrictamente definido por la geometría del elemento de caudal (áreas del tubo medidas en un pie cuadrado), el caudal calculado debe estar en unidades de pie cúbico por segundo, los valores de presión P_1 y P_2 deben estar en unidades de libras *pounds* por pie cuadrado, y la unidad de masa debe estar en unidades de *slugs* por pie cúbico. No podemos escoger arbitrariamente diferentes unidades de mediciones para estas variables, porque las unidades deben concordar entre sí. Si deseáramos usar unidades más convenientes tales como pulgadas de columna de agua para la presión y la gravedad específica (sin unidad) para la densidad, la ecuación original (más larga) simplemente no trabajará.

Como quiera, si conociéramos la presión diferencial producida por un elemento de caudal de tubo para cualquier densidad de fluido particular de un caudal dado (condiciones reales), podríamos calcular el valor de k de esta ecuación corta que haga que todos estas mediciones concuerden entre ellas. En otras palabras, podemos usar la constante de proporcionalidad k como un factor de corrección de unidad de medida definida por la geometría del elemento. Esta es una propiedad útil de todas las proporcionalidades: simplemente inserte valores (expresados en cualquier unidad de medida) determinado por experimento físico y despeje el valor de la constante de proporcionalidad para que satisfaga la expresión como una ecuación. Si hacemos esto, el valor a que llegamos para k automáticamente compensará cualesquiera unidad de medición que escogiésemos arbitrariamente para la presión y la densidad.

Por ejemplo, si conocemos que una Placa de Orificio particular genera 45"de columna de agua de presión diferencial a un caudal de 180 galones de agua por minuto (gravedad específica = 1), podemos insertar estos valores en la ecuación y despejar k:

$$Q = k\sqrt{\frac{P_1 - P_2}{\rho}}$$

$$180 = k\sqrt{\frac{45}{1}}$$

$$k = \frac{180}{\sqrt{\frac{45}{1}}} = 26.83$$

Ahora tenemos el valor de k (26.83) que lleva a un caudal en unidades de galones por minuto dada la presión diferencial en unidades de pulgadas de columna de agua y densidad expresada como una gravedad específica para esta Placa de Orificio en particular. A partir de este hecho conocido, válido en el comportamiento de todos los elementos de caudal aceleradores (caudal proporcional a la raíz cuadrada de la presión dividida por la densidad) y a partir de un conjunto de valores experimentalmente determinados para esta Placa de Orificio en particular, conocemos que tenemos una ecuación útil para calcular el caudal dado por cualquier conjunto de valores de presión y densidad que podamos encontrar para esta Placa de Orificio en particular:

$$\left[\frac{\text{gal}}{\text{min}}\right] = 26.83\sqrt{\frac{[\text{"W.C.}]}{\text{Gravedad Específica}}}$$

Aplicando nuestra nueva ecuación a esta Placa de Orificio, vemos que 60 pulgadas de columna de agua de presión diferencial generados por un caudal de agua (gravedad específica = 1) se iguala a 207.8 galones por minuto de caudal:

$$Q = 26.83\sqrt{\frac{60}{1}}$$

$$Q = 207.8 \text{ GPM}$$

Si hubiese que medir 110" de columna de agua de presión diferencial a través de esta Placa de Orificio como gasolina (gravedad específica = 0.657) que pasó a través de este, podríamos calcular el caudal como 347 galones por minuto:

$$Q = 26.83\sqrt{\frac{110}{0.657}}$$

$$Q = 347 \text{ GPM}$$

Suponga, que queremos tener una ecuación para calcular el caudal a través de la misma Placa de Orificio dada la presión y la densidad en unidades diferentes (digamos, kPa en lugar de pulgadas de columna de agua y kilogramos por metro cúbico en lugar de gravedad específica). Para hacer esto, podríamos necesitar recalcular la constante de proporcionalidad k para acomodar estas nuevas unidades de medidas. Para hacer esto todo lo que necesitamos es un conjunto único de datos experimentales para la Placa de Orificio que relacione el caudal en GPM, la presión en kPa y la densidad en kg/m^3.

Aplicando esto a nuestros datos originales donde el caudal de agua a 180 GPM resulta en una caída de presión de 45" de columna de agua, podríamos convertir la caída de presión de 45"W.C. en 11.21 kPa y expresar la densidad como 1000kg/m^3 y despejar el nuevo valor de k:

$$Q = k\sqrt{\frac{P_1 - P_2}{\rho}}$$

$$180 = k\sqrt{\frac{11.21}{1000}}$$

$$k = \frac{180}{\sqrt{\frac{11.21}{1000}}} = 1700$$

Nada habrá cambiado en la geometría de la Placa de Orificio, solamente las unidades de medición que hayamos escogido para trabajar. Ahora tenemos un valor de k (1700) para la misma Placa de Orificio teniendo el caudal en unidades de galones por minuto dada la presión diferencial en unidades de kiloPascal y la densidad en unidades de kilogramos por metro cúbico.

$$\left[\frac{\text{gal}}{\text{min}}\right] = 1700\sqrt{\frac{[\text{kPa}]}{\text{kg/m}^3}}$$

Si tuviésemos la caída de presión en kPa y la densidad de fluido en kg/m^3 para esta Placa de Orificio, podríamos calcular el caudal correspondiente (en GPM) con nuestro nuevo valor de k (1700) tan fácil como si lo hubiésemos hecho con el valor anterior de k (26.83) dada la presión en "W.C. y la gravedad específica.

6.1.3 Cálculos de caudal de masa

Las mediciones de caudal de masa son preferidos en lugar de las mediciones de caudal volumétrico en las aplicaciones de proceso donde el balance de masa (monitorear las tasas de entrada de masa y de salida para un proceso) sea importante. Sin importar que las mediciones de caudal de un fluido estén dadas en unidades de galones por minuto o metros cúbicos por segundo, las mediciones de caudal de masa siempre expresan el caudal de fluido en términos de la unidades de masa real en el tiempo, tales como pounds (masa) por segundo o kilogramos por minuto. Las aplicaciones de mediciones de caudal de masa incluyen la Transferencia de Custodia (donde un producto fluido es comprado o vendido por su masa), procesos de reacciones químicas (donde el caudal de masa de reactivos debe ser mantenido en una proporción constante para que la reacción química deseada ocurra) y sistemas de control de calderas de vapor (donde el caudal de salida de vapor debe ser balanceado por un caudal de entrada de agua líquida hacia la caldera – aquí, las comparaciones volumétricas de vapor y agua serían inútiles porque un pie cúbico de vapor, con seguridad, no tendrá el mismo número de moléculas de H_2O que un metro cúbico de agua).

Si quisiésemos calcular el caudal de masa en lugar del caudal volumétrico, la ecuación no cambiaría mucho. La relación entre volumen V y masa m para una muestra de fluido es su densidad de masa ρ:

$$\rho = \frac{m}{V}$$

Similarmente, la relación entre un caudal volumétrico Q y un caudal de masa también es la densidad de masa del fluido ρ:

$$\rho = \frac{W}{Q}$$

Al despejar W en esta ecuación se llega a un producto de caudal volumétrico y densidad de masa:

$$W = \rho Q$$

Un chequeo de análisis dimensional rápido que emplea unidades métricas confirma este hecho. Un caudal de masa en kilogramos por segundo sería obtenido multiplicando la densidad de masa en kilogramos por metro cúbico por un caudal en metros cúbicos por segundo:

$$\left[\frac{kg}{s}\right] = \left[\frac{kg}{m^3}\right]\left[\frac{m^3}{s}\right]$$

Por tanto, todo lo que tenemos que hacer para convertir nuestra ecuación de caudal volumétrico general en un ecuación de caudal de masa es multiplicar ambos lados por densidad de caudal ρ:

$$Q = k\sqrt{\frac{P_1 - P_2}{\rho}}$$

$$\rho Q = k\rho\sqrt{\frac{P_1 - P_2}{\rho}}$$

$$W = k\rho\sqrt{\frac{P_1 - P_2}{\rho}}$$

Generalmente no se considera elegante mostrar la misma variable más de una vez en una ecuación si no es necesario, por lo que tratemos de consolidar las dos densidades ρ usando álgebra. Primero, debemos escribir ρ como el producto de dos raíces cuadradas:

$$W = k\sqrt{\rho}\sqrt{\rho}\sqrt{\frac{P_1 - P_2}{\rho}}$$

Ahora, podremos separa el último radical en dos cocientes de dos raíces cuadradas separadas:

$$W = k\sqrt{\rho}\sqrt{\rho}\frac{\sqrt{P_1 - P_2}}{\sqrt{\rho}}$$

Ahora, podemos ver como una de los términos de las raíces cuadradas se cancelan en el denominador de la fracción.

$$W = k\sqrt{\rho}\sqrt{P_1 - P_2}$$

También es poco elegante tener muchos radicandos en una ecuación donde solo uno sería suficiente, por eso reescribiremos nuestra ecuación para mejorar la estética. Sabemos que $\sqrt{a}\sqrt{b} = \sqrt{ab}$, lo que nos permite reescribir:

$$W = k\sqrt{\rho(P_1 - P_2)}$$

Como con la ecuación de caudal volumétrico, todo lo que necesitamos para llegar a un valor de k conveniente para cualquier elemento de caudal en particular es un conjunto de valores tomados desde el Elemento Primario real en servicio, expresado en las unidades de medición que necesitamos.

Por ejemplo, si tenemos un Tubo de Venturi generando una presión diferencial de 2.30 kPa a un caudal de masa de 500 kg pr minuto de Nafta (un producto de petróleo que tiene una densidad de 0.665 kg por litro), podemos resolver para un valor de k para este Tubo de Venturi como:

$$W = k\sqrt{\rho(P_1 - P_2)}$$

$$500 = k\sqrt{(0.665)(2.3)}$$

$$k = \frac{500}{\sqrt{(0.665)(2.3)}}$$

$$k = 404.3$$

Ahora que conocemos el valor de 404.3 para k, podremos calcular el caudal de líquido en kg por minuto a través de este Tubo de Venturi dada la presión en kPa y la densidad en kg por litro, podemos predecir el caudal de masa a través de este tubo para cualquier otra caída de presión y densidad de caudal que pudiésemos encontrar. El valor de 404.3 para k relaciona las unidades de medida:

$$\left[\frac{\text{kg}}{\text{min}}\right] = 404.3\sqrt{\left[\frac{\text{kg}}{\text{l}}\right][\text{kPa}]}$$

Como con los cálculos de caudal volumétrico, el valor calculado de k claramente considera cualquier conjunto de unidades de medida que escojamos arbitrariamente. La clave consiste en escoger primeramente la relación proporcional entre el caudal, la caída de presión y la densidad. Una vez que combinamos la proporcionalidad con un conjunto específico de datos experimentales adquiridos desde un elemento de caudal particular, tenemos una ecuación verdadera relacionando todas las variables en las unidades de medición escogidas.

Para medir 6.1 kPa de presión diferencial en el mismo Tubo de Venturi transportando agua de mar (densidad = 1.03 kg por litro), se podría calcular el caudal de masa muy fácilmente usando la misma ecuación (con el factor k de 404.3):

$$W = 404.3\sqrt{(1.03)(6.1)}$$

$$W = 1013.4 \ \frac{\text{kg}}{\text{min}}$$

6.1.4 Condicionamiento de raíz cuadrada

Ahora se puede ver que la relación entre el caudal (sea volumétrico o de masa) y presión diferencial para cualquier elemento acelerador de caudal es no lineal: duplicando el caudal no resultará en el doble de presión diferencial. En su lugar, una duplicación del caudal resultará en una cuadruplicación de la presión diferencial.

Cuando se plotea en un gráfico (Fig. 6.7), la relación entre el caudal Q y la presión diferencial ΔP es cuadrática, como una mitad de parábola. La presión diferencial generada por elementos de Venturi, de Placa de Orificio, de Tubo de Pitot o de cualquier otro elemento basado en aceleración es proporcional al cuadrado del caudal.

Una consecuencia desafortunada de esta relación cuadrática es que el instrumento primario de presión conectado a este Elemento Primario de Caudal no detectará directamente el caudal. En su lugar, el instrumento primario de presión sensará lo que es el cuadrado del caudal. El instrumento puede medir correctamente en los extremos del intervalo de medición (0% y 100%) si estuviese correctamente calibrado para el Elemento Primario de Caudal al que está conectado, pero fallará para hacer indicaciones lineales entre ambos punto. Cualquier indicador, registrador o controlador conectado a este instrumento sensor de presión fallará de la misma forma en cualquier punto entre 0% y 100%, porque la señal de presión no es una representación directa del caudal.

Para tener indicadores, registradores y controladores que realmente registren linealmente con el caudal, debemos condicionar matemáticamente la señal de presión sensada por el instrumento de presión diferencial. Puesto que la función

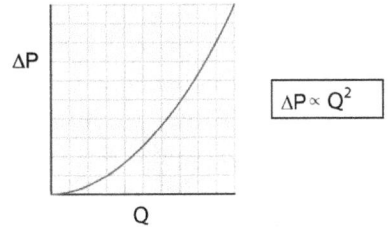

Figura 6.7: Relación entre caudal (Q) y presión diferencial ΔP para un elemento acelerador de caudal

matemática inherente al elemento de caudal es cuadrática, el condicionamiento apropiado para la señal debe implementar la función inversa: raíz cuadrada. Solamente tomando la raíz cuadrada del cuadrado de un número se obtiene el número original (solo cuando los números sean positivos), tomar la raíz cuadrada de la señal de presión diferencial – que es una función cuadrática del caudal – lleva a una señal que represente directamente el caudal.

El método tradicional de implementar el condicionamiento es insertar una función de raíz cuadrada entre el transmisor y el indicador de caudal, como se muestra en el siguiente diagrama (Fig. 6.8a).

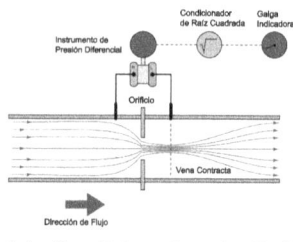
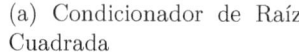
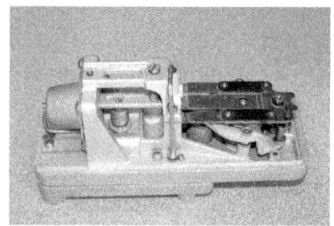

(a) Condicionador de Raíz Cuadrada

(b) Extractor de Raíz Cuadrada Neumático

Figura 6.8: Condicionamiento de Raíz Cuadrada

La solución moderna a este problema es incorporar condicionamiento de señal de raíz cuadrada, ya sea, al interior del transmisor o dentro del instrumento receptor (Indicador, Registrador o Controlador). De cualquier forma, la función de raíz cuadrada debe ser implementada en el lazo de control *loop* para que el caudal sea medido adecuadamente en todo el intervalo de medición.

En los días de instrumentación neumática, la función de raíz cuadrada fue implementada en un dispositivo separado llamado extractor de raíz cuadrada. El Extractor de Raíz Cuadrada Neumático modelo 557 de Foxboro Corporation (Fig. 6.8b) es un ejemplo clásico de esta tecnología.

Los relés de extracción de raíz cuadrada neumáticos aproximan la función de raíz cuadrada por medio de fuerza triangulada o movimiento. En esencia, son relés de funciones trigonométricas, no relés de raíz cuadrada. De todas formas, para movimientos angulares pequeños, cierta funciones trigonométricas están lo suficientemente cerca de la función de raíz cuadrada para que los relés cumplan su función de condicionar la señal de salida de un sensor de presión para conseguir una señal que represente el caudal.

La tabla (Fig. 6.1) muestra la respuesta ideal de un relé neumático de raíz cuadrada:

Como se puede ver en tabla, la relación raíz cuadrada es más evidente cuando se comparan los valores en porcentaje

Tabla 6.1: Función de transferencia de un relé neumático extractor de raíz cuadrada

Señal de entrada	Entrada %	Salida %	Señal de salida
3 PSI	0%	0%	3 PSI
4 PSI	8.33%	28.87%	6.464 PSI
5 PSI	16.67%	40.82%	7.899 PSI
6 PSI	25%	50%	9 PSI
7 PSI	33.33%	57.74%	9.928 PSI
8 PSI	41.67%	64.55%	10.75 PSI
9 PSI	50%	70.71%	11.49 PSI
10 PSI	58.33%	76.38%	12.17 PSI
11 PSI	66.67%	81.65%	12.80 PSI
12 PSI	75%	86.60%	13.39 PSI
13 PSI	83.33%	91.29%	13.95 PSI
14 PSI	91.67%	95.74%	14.49 PSI
15 PSI	100%	100%	15 PSI

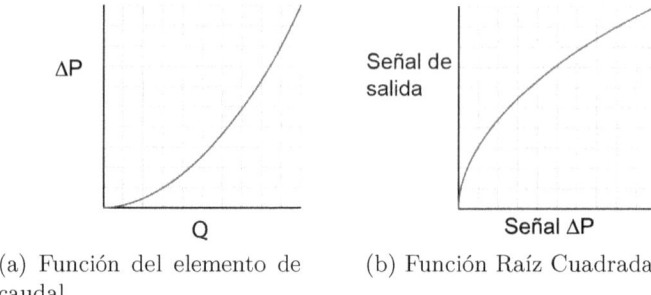

(a) Función del elemento de caudal

(b) Función Raíz Cuadrada

Figura 6.9: Efecto de la extracción de Raíz Cuadrada

de la entrada y salida. Por ejemplo, para una señal de entrada de presión de 6 PSI (25%), el porcentaje de la señal de salida será la raíz cuadrada de 25%, lo que representa el 50% ($0.5 = \sqrt{0.25}$) o 9 PSI de una señal neumática. Para otra señal de entrada de presión de 10 PSI (58.33%), el porcentaje de la señal de salida será de 76.38%, debido a que $0.7638 = \sqrt{0.5833}$, llevando a una señal de presión de salida de 12.17 PSI.

Cuando sea graficada (Fig. 6.9), la función de extracción de raíz cuadrada invierte la función cuadrática de un elemento sensor de caudal tal como una Placa de Orificio, un Tubo de Venturi o un Tubo de Pitot:

En modo cascada – la función de raíz cuadrada se coloca inmediatamente después de la función cuadrada del elemento de caudal – esto resulta en señales de salidas que rastren linealmente el caudal Q. Un instrumento conectado a la señal del relé de raíz cuadrada registrará entonces un caudal.

Aunque los relés analógicos electrónicos de raíz cuadrada se usen en la industria para condicionar la salida de 4-20 mA de los transmisores electrónicos, una aplicación más común es tener transmisores DP con la función de raíz cuadrada interconstruida. De esta forma, no se necesitan los dispositivos externos de relés para condicionar la señal del transmisor DP en una señal de caudal:

Utilizando un transmisor DP condicionado, cualquier

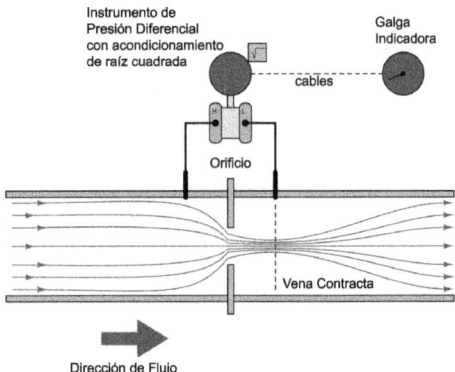

Figura 6.10: Instrumentos de Presión Diferencial con acondicionamiento de raíz cuadrada interconstruida

instrumento de sensado de 4-20 mA conectado a los cables de salida del transmisor interpretará directamente la señal como caudal en lugar de presión. Se muestra una tabla de calibración (Tab. 6.2) para este transmisor DP (con un intervalo de entrada de 0 a 150" de columna de agua).

Se ve cómo la relación de raíz cuadrada es la más evidente en comparación con los porcentajes de entrada y salida. Note como los cuatro conjuntos de porcentajes en esta tabla coinciden precisamente con cuatro conjuntos de la tabla del relé neumático: una entrada de 0% da 0% de salida; 25% de entrada da 50% de salida, 50% de entrada da 70.71% de salida, etc..

Una solución ingeniosa al problema del condicionamiento de raíz cuadrada, que fue muy común antes de que se usasen los transmisores DP con acondicionamiento integrado, es usar lo dispositivos indicadores con escala indicadora de tipo raíz-cuadrada. Por ejemplo: la siguiente foto (Fig. 6.11) muestra una galga receptora de 3-15 PSI diseñada para sensar directamente la salida de un transmisor DP neumático.

Tabla 6.2: Tabla de calibración para un transmisor de presión diferencial

Presión Diferencial	% Alcance	Salida %	Señal salida
0 "W.C.	0%	0%	4 mA
37.5 "W.C.	25%	50%	12 mA
75 "W.C.	50%	70.71%	15.31 mA
112.5 "W.C.	75%	86.60%	17.86 mA
150 "W.C.	100%	100%	20 mA

Note como el mecanismo de galga responde directa y linealmente a un intervalo de señal de 3-15 PSI de entrada, pero observe cómo las marcas de caudal (0 a 10 en el lado interno de la escala del arco) están espaciadas de una forma NO lineal.

Una variación electrónica es dibujar una escala de tipo raíz cuadrada en la cara de un medidor de movimiento accionado por una señal de 4-20 mA de la señal de salida de un transmisor DP electrónico (Fig. 6.12).

Figura 6.11: Galga receptora con escala no lineal

Como con la galga receptora de raíz cuadrada, la respuesta del movimiento del metro a la señal del transmisor es lineal. Note que hay una escala lineal (marcada con texto negro LINEAR) en la parte inferior y una escala de raíz cuadrada en la parte superior (marcada como FLOW en color magenta). Esto permite que el operario pueda leer la escala en términos de unidades de caudal. En vez de usar mecanismos

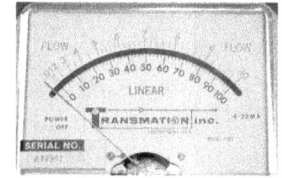

Figura 6.12: Galga con dos escalas

complicados o circuitería para acondicionar la señal del transmisor, una escala no lineal realiza la matemática necesaria para interpretar el caudal.

La mayor desventaja de esta solución es que la señal del transmisor igual permanece sin estar acondicionada. Otro instrumento que reciba esta señal no acondicionada requerirá su propio acondicionador de raíz cuadrada o no podrá interpretar la señal en términos de caudal. Una señal de caudal no acondicionada podría causar inestabilidad del lazo en el controlador de proceso cuando el caudal sea alto, donde pequeños cambios en el caudal causarían enormes cambios en la presión diferencial sensada por el transmisor. Una gran parte de los lazos de control de caudal instalados trabajan sin acondicionamiento pero solo pueden alcanzar buen control de caudal en un valor de *setpoint*. Si el operador subiese o bajase el valor de *setpoint*, la ganancia del lazo de control cambiaría gracias a las no linealidades del elemento de caudal, lo que causaría una reacción muy exagerada o demasiado baja del controlador.

A pesar de lo poco práctico de las escalas indicadoras no lineales, igual tienen valor para aprender. Examine con cuidado las escalas de la galga y del metro indicador de 4-20mA, comparando los valores de raíz cuadrada y lineales en puntos comunes de la escala. Un par de ejemplos son destacados en al escala del metro eléctrico (Fig. 6.13).

Otra lección que podemos aprender observando las pantallas de los instrumentos citados es el aumento en la incertidumbre en la parte baja de la escala. Note como para cada instrumento indicador (la galga receptora y el metro de movimiento), la escala de raíz cuadrada se comprime en el extremo más bajo, al punto de que se vuelve imposible interpretar los incrementos más pequeños de caudal

Figura 6.13: Comparación entre la escala lineal y la de Raíz Cuadrada

al final de la escala. En el extremo alto de cada escala, existe una situación diferente: los números están tan separados que es fácil leer los cambios más finos en los valores de caudal (Ejemplo: 94% v.s. 95% del caudal). De todas maneras, la escala está tan poblada en el extremo bajo que es realmente imposible distinguir claramente dos valores de caudal diferentes tales como 4% y 5%.

El efecto de poblamiento no es un efecto visual al leer la escala: es un reflejo de la limitación fundamental en la certeza de medición con este tipo de mediciones de caudal. La cantidad de presiones diferenciales que separan valores bajos diferentes de la escala es tan pequeño que incluso leves errores de mediciones de presión se igualan a errores grandes de mediciones de caudal. En otras palabras, se hace más y más difícil tener resolución precisa en las lecturas ante cambio pequeños de caudal a medida que el caudal disminuye hacia la parte baja de la escala. La compresión que se ve en la escala de raíz cuadrada es un reflejo visual del problema principal: aún un error pequeño al interpretar la posición del puntero en la parte baja de la escala puede conducir a errores mayores en la interpretación del caudal.

Un término principal para cuantificar este problema es *turndown*. *Turndown* se refiere al cociente entre las mediciones en la porción alta de la escala y la parte baja que se permite a un instrumento manteniendo una precisión razonable. En los caudalímetros basados en presión, los que deben lidiar con las no linealidades de la Ecuación de Bernoulli, el *turnodown* es frecuentemente de no más de 3 a 1 (3:1). Esto significa que un caudalímetro de de 0 a 300 GPM podría solo ser preciso en un caudal de 100GPM. Abajo de esto, la precisión se deteriora tanto que la medición deja de ser válida. Los avances en la tecnología de los transmisores de presión digital han conseguido mayores cocientes, 10:1 para ciertas instalaciones. De todas maneras, el problema fundamental no es la resolución del transmisor, sino la no linealidad del elemento de caudal en sí mismo. Esto significa que **cualquier** fuente de error de medición de presión – que se haya originado en el sensor de presión en el transmisor o no – compromete nuestra habilidad para medir caudal con precisión en caudales bajos (lentos). Aún con un transmisor **perfectamente** calibrado, los errores resultantes del uso del elemento de caudal (Ejemplo: un filo mellado de una Placa de Orificio o columnas de líquido no equilibradas en los tubos de impulso que conectan al transmisor con el Elemento Primario) causarán grandes errores de mediciones de caudal en la parte baja de la escala donde el Elemento Primario difícilmente produzca una presión diferencial. Cualquiera que tenga que ver con los detalles técnicos de las mediciones de caudal necesita entender este hecho: el problema fundamental del *turndown* limitado proviene de la física de caudal turbulento y los intercambios de energía cinética y potencial en esos elementos de caudal. Los desarrollos tecnológicos pueden ayudar, pero estos no pueden superar las limitaciones impuestas por La Física. En caso de que se necesite mejor *turndown* en una aplicación de medición de fluido, se debe pensar en un tipo diferente de caudalímetro.

6.1.5 Placas de orificio

De todos los elementos de caudal basados en presión, el más común es la Placa de Orificio *orifice plate* (Fig. 6.14). Simplemente es una placa de metal con un agujero en el medio para que el fluido pueda pasar. Las placas de orificio están entre dos bridas *flanges* de una unión de tubería, para permitir la instalación y remoción fácil.

El punto donde el perfil del caudal de fluido se restringe a un mínimo de área transversal después de haber pasado a través del orificio se llama *Vena Contracta* y es el área de presión de fluido mínima. La Vena Contracta equivale al estrechamiento del Tubo de Venturi. La ubicación precisa de la Vena Contracta de una Placa de Orificio puede variar con la forma de instalación de la Placa de Orificio, del caudal y del cociente *Beta ratio* β de la Placa de Orificio, definido como

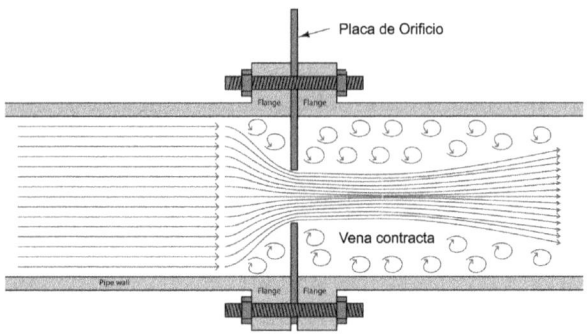

Figura 6.14: Estructura de una placa de orificio

el cociente del diámetro del orificio y el diámetro interior del tubo.

$$\beta = \frac{d}{D}$$

El diseño más simple de la Placa de Orificio es el orificio de lado cuadrado, concéntrico. Este tipo de Placa de Orificio se fabrica mediante el torneado preciso de un orificio recto en el medio de una placa fina de metal. Una vista lateral de un orificio concéntrico de arista cuadrada muestra los extremos agudos del orificio (esquinas de 90°) (Fig. 6.15a).

Las placas de orificio de aristas cuadradas pueden ser instaladas en cualquier dirección, debido a que la Placa de Orificio se ve exactamente igual desde cualquier sentido de acercamiento del fluido. De hecho, esto permite que la Placa de Orificio de arista cuadrada pueda ser usada para medir caudales bidireccionales (en ambos sentidos). Una etiqueta impresa en la "paleta" de cualquier Placa de Orificio normalmente identifica el lado aguas arriba de esa placa, pero en el caso de la Placa de Orificio de arista cuadrada esto no tiene importancia.

El propósito de tener un orificio con arista recta en una

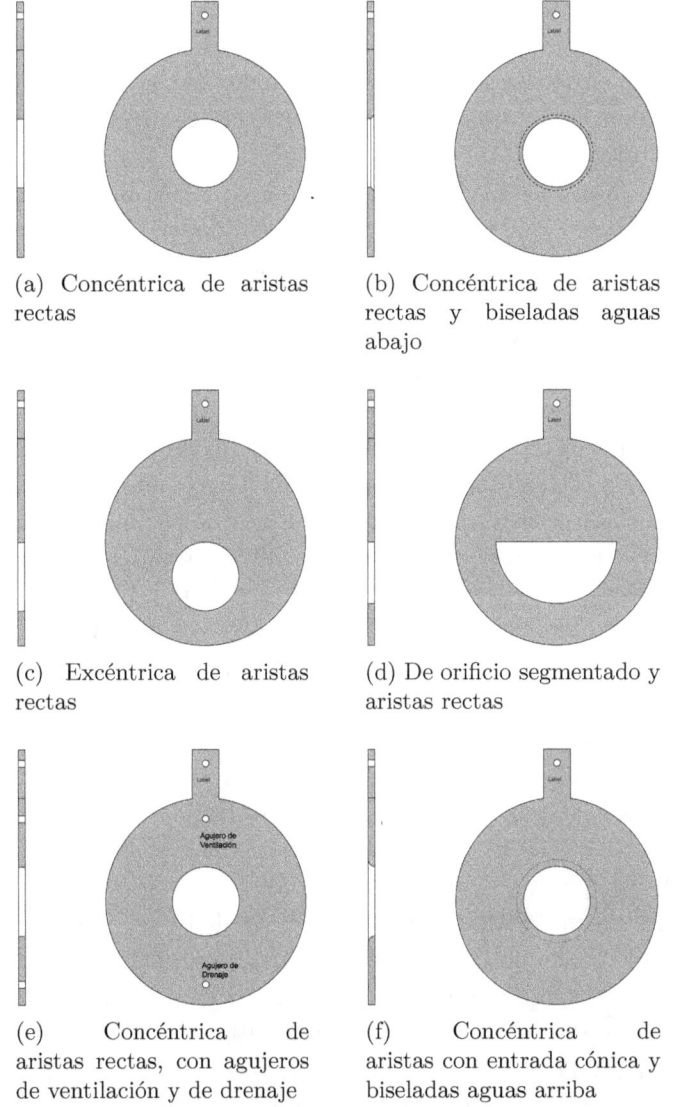

(a) Concéntrica de aristas rectas

(b) Concéntrica de aristas rectas y biseladas aguas abajo

(c) Excéntrica de aristas rectas

(d) De orificio segmentado y aristas rectas

(e) Concéntrica de aristas rectas, con agujeros de ventilación y de drenaje

(f) Concéntrica de aristas con entrada cónica y biseladas aguas arriba

Figura 6.15: Tipos de Placas de Orificio. Vista lateral y vista frontal.

Placa de Orificio es minimizar el contacto con la corriente rápida de fluido que pasa a través del orificio. Idealmente, esta arista debe ser tan fina como la de un cuchillo. Si la Placa de Orificio fuese relativamente gruesa (de 1/9" o más), podría ser necesario afilar (en ángulo de 45°) la parte de aguas abajo del orificio para minimizar el contacto con la corriente de fluido (Fig. 6.15b).

Si se mirase la vista lateral de esta Placa de Orificio, la dirección en que se debe dirigir el caudal es de izquierda a derecha, con el lado afilado hacia la corriente de caudal y el lado biselado hacia el otro extremo proporcionando una salida sin contacto para el fluido.

Existen otras placas de orificio de arista cuadrada para el caso en que haya burbujas de gas o partículas sólidas en el caudal de líquidos, o donde gotas pequeñas de líquido o partículas de sólidos estén presentes en los caudales de gas. El primero de estos tipos es llamado Placa de Orificio excéntrico (Fig. 6.15c), donde el orificio se localiza fuera del centro para permitir que las partes no deseadas del fluido pasen por el orificio en vez de acumularse en la cara aguas arriba.

En el caso de caudales de gas, el orificio podría ser desplazado hacia abajo, para que cualquier gota pequeña de líquido o partícula de sólido pueda pasar fácilmente. En el caso de caudales de líquido, el orificio debiera ser desplazado hacia arriba para permitir que las burbujas de gas pasen a través del orificio y se debiera desplazar hacia abajo para permitir que los sólidos pesados pasen.

El segundo tipo de Placa de Orificio no centrada es llamado Placa de Orificio segmentada *segmental orifice plate*, en este, el orificio no es realmente circular sino solo un segmento de un círculo concéntrico (Fig. 6.15d).

Al igual que con el diseño de placas de orificio excéntricas, el orificio segmentado debiera ser desplazado hacia abajo en aplicaciones de caudal de gas y hacia arriba o hacia abajo en caudales de líquido dependiendo del tipo de material no deseado presente en la corriente de fluido.

En vez de intentar cambiar la forma o el desplazamiento

de la perforación de una Placa de Orificio, se podría taladrar un pequeño orificio cerca del borde de la placa, alineado con el diámetro interno de la tubería. Cuando esta perforación esté orientada hacia arriba para que pasen burbujas de vapor, se denomina orificio de ventilación *vent hole*. Cuando esté hacia abajo, para que pasen gotas pequeñas o sólidos, se denomina orificio de drenaje *drain hole*. Ambos son útiles cuando la concentración de las sustancias indeseables no haga necesario utilizar un orificio segmentado (Fig. 6.15e).

La adición de un agujero de drenaje o de ventilación, debería tener un impacto despreciable en el desempeño de una Placa de Orificio debido al tamaño relativamente pequeño que tiene en comparación con el agujero principal. Si hubiese mucho material espúreo (burbujas, gotas o sólidos) valdría la pena considerar el uso de placas de orificio segmentado o excéntrico. Los agujeros de drenaje podrían ser inútiles cuando se usen en tuberías de pequeñas dimensiones, debido a que los desechos sólidos podrían taparlos. En estas instalaciones conviene tener la tubería en forma vertical en lugar de horizontal. Esto permite que los sólidos pasen a través de la perforación vertical sin que permanezcan aguas abajo del orificio. También vale la pena considerar un Elemento Primario completamente diferente, como el Tubo de Venturi. El Tubo de Venturi es más barato porque la tubería es más estrecha y además su desempeño es mucho mejor que el de una Placa de Orificio.

Algunas placas de orificio tienen agujeros de bordes no rectos para mejorar el desempeño cuando el Número de Reynolds sea bajo, donde los efectos de la viscosidad de fluido sean más evidentes. Estas placas de orificio utilizan agujeros con entrada cónica o redondeada para minimizar los efectos de la viscosidad del fluido. Experimentalmente se ha demostrado que a menor Número de Reynolds se observa menor contracción al atravesar un orificio, limitando así la aceleración de fluido y la disminución de la cantidad de presión diferencial producida por la Placa de Orificio. Sin embargo, también se ha detectado que al disminuir el Número

de Reynolds en un Tubo de Venturi se produce un incremento
en la presión diferencial debido a efectos de la presión contra
las murallas cónicas de entrada. Se puede fabricar una
Placa de Orificio para que tenga propiedades como las del
Tubo de Venturi (un filo mellado, donde el movimiento
rápido de la corriente de fluido tenga más contacto con
la placa), de esta forma, los efectos tienden a cancelarse
mutuamente, lo que resulta en una Placa de Orificio que
mantiene consistentemente la precisión en velocidades de
caudal menores y/o en mayores valores de viscosidad que la
simple Placa de Orificio con bordes rectos.

Se muestran un diseño de Placa de Orificio no recto: de
entrada cónica *conical-entrance* (Fig. 6.15f).

La Placa de Orificio con entrada cónica se parece a una
Placa de Orificio biselada con aristas cuadradas instalada en
forma invertida: con el fluido entrando por el lado cónico y
la salida por el lado cuadrado:

Aquí, es importante prestar atención al texto de la
etiqueta de la paleta. Esta es la única indicación segura de
cuál es la dirección en que una Placa de Orificio deba ser
instalada. Es muy fácil que alguien la instale a la inversa.

Existen algunas normas que aconsejan la ubicación de las
tomas de presión. Idealmente, la toma de presión aguas-
arriba detectará la presión de fluido en el punto de velocidad
mínima y la toma aguas-abajo detectará la presión en la Vena
Contracta (velocidad máxima). En la realidad, este ideal
nunca se puede alcanzar en forma perfecta. En la siguiente
ilustración se muestran las ubicaciones más comunes para las
placas de orificio:

El método de **tomas en bridas** *flange*es la forma más
común de conexión de los medidores de orificio en tuberías
grandes de los Estados Unidos (Fig. 6.16a). Las bridas *flange*
pueden estar hechas con agujeros pre-taladrados para las
tomas y terminados antes de que la brida *flange* sea soldada
a la tubería, lo que es una configuración conveniente para
las tomas de presión. La mayor parte de los otros métodos
requiere taladrar en la tubería posterior a la instalación, lo

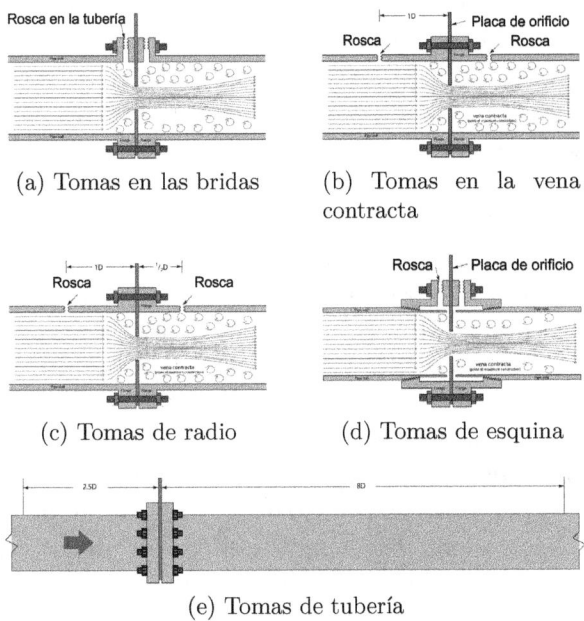

(a) Tomas en las bridas

(b) Tomas en la vena contracta

(c) Tomas de radio

(d) Tomas de esquina

(e) Tomas de tubería

Figura 6.16: Tipos de tomas de presión

que puede debilitar la tubería cerca de las perforaciones de las tomas.

Las **tomas de Vena Contracta** ofrecen la presión diferencial más grande para cualquier velocidad de caudal dada, pero requiere cálculos precisos para localizar la posición de la toma aguas-abajo (Fig. 6.16b).

Las **tomas de radio** son una aproximación de las tomas de Vena Contracta en el caso de tuberías grandes (medio diámetro de tubería aguas-abajo para la ubicación de la toma de baja presión) (Fig. 6.16c). Se requiere taladrar a través de la pared de la tubería y esto no solo debilita la tubería, sino que la perforación debe ser realizada en terreno y no en un ambiente de fabricación controlado, lo que abre la posibilidad de errores de instalación.

Las **tomas de esquina** (Fig. 6.16d) deben usarse en tuberías de pequeño diámetro para que la Vena Contracta esté tan cerca de la cara aguas-abajo de la Placa de Orificio que la toma de brida *flange* aguas-abajo pueda sensar en la región donde haya gran turbulencia *too far downstream*. El método de tomas de esquina requiere bridas *flanges* especiales (más caras), por lo que se usan solo cuando sea estrictamente necesario.

El método de **tomas en la tubería** o **de caudal total** requiere mucho cuidado, ya que la medición se realiza en una zona de gran turbulencia que sigue a la Vena Contracta. Por esto, es necesario dar espacio para que el caudal se estabilice: ocho diámetros a partir del orificio. Esto significa que el método de toma de tubería es realmente una medición permanente de pérdida de presión, lo que también es influenciado por el cuadrado de la velocidad de caudal porque el mecanismo principal de la pérdida de energía cuando hay caudal turbulento es el cambio de la velocidad lineal en velocidad angular *swirling* que se mide en remolinos *eddies*. Esta energía cinética se puede disipar en forma de calor a medida que los remolinos *eddies* son eliminados por la viscosidad.

Sin importar la ubicación, es muy importante que los agujeros de las tomas estén completamente nivelados con la pared interna de la tubería o brida *flange*. Aún la más pequeña rebaba resultante del taladrado causará errores de medición. Por eso es bueno que las perforaciones sean realizadas en un ambiente industrial, en lugar de ser realizadas en terreno.

En el caso de velocidades bajas de caudal, se puede usar una Placa de Orificio integrativa *integral orifice plate*. En este caso se usa una Placa de Orificio pequeña directamente conectada a un sensor de presión diferencial. Se muestra una foto de una Placa de Orificio y de un transmisor (Fig. 6.17):

El dimensionamiento de una Placa de Orificio para una aplicación en específico es lo suficientemente complejo para que se usen softwares especializados con este fin.

Algunos fabricantes de Placa de Orificio ofrecen reglas de

Figura 6.17: Caudalímetro de placa de orificio y transmisor

cálculo *slide rule* para dimensionar adecuadamente una Placa de Orificio a partir de parámetros conocidos de los procesos. Se muestra un foto con la parte frontal (Fig. 6.18a) y posterior (Fig. 6.18b) de una de estas reglas de cálculo:

6.1.6 Otros elementos diferenciales

Existen caudalímetros basados en medición de presión que son una alternativa con respecto a la Placa de Orificio. El **Tubo de Pitot** (Fig. 6.19a) , por ejemplo, sensa la presión cuando el fluido comienza a detenerse al frente del extremo abierto de un tubo. El Tubo de Pitot puede usarse considerando el promedio de las mediciones en el modelo **averaging Pitot Tube** para sensar los puntos de estancamiento en varios puntos a lo ancho del caudal (Fig. 6.19b).

El medidor de caudal **Annubar** (Fig. 6.21) es un Tubo de Pitot de promedio que junta puertos de sensado de presión alta y baja en un solo conjunto de prueba:

En la foto parece un solo tubo de perfil cuadrado, pero en realidad son dos tubos con agujeros aguas-arriba y aguas-

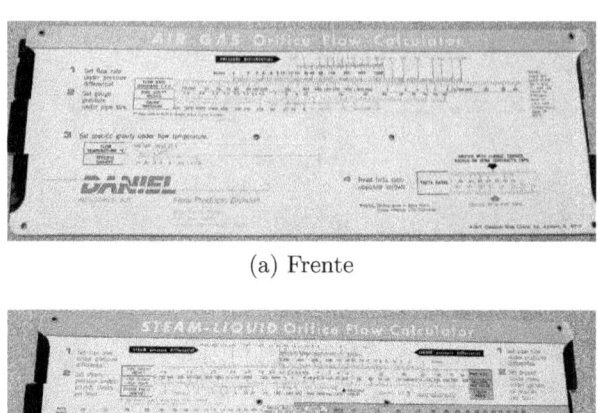

(a) Frente

(b) Reverso

Figura 6.18: Regla de cálculo para placas de orificio

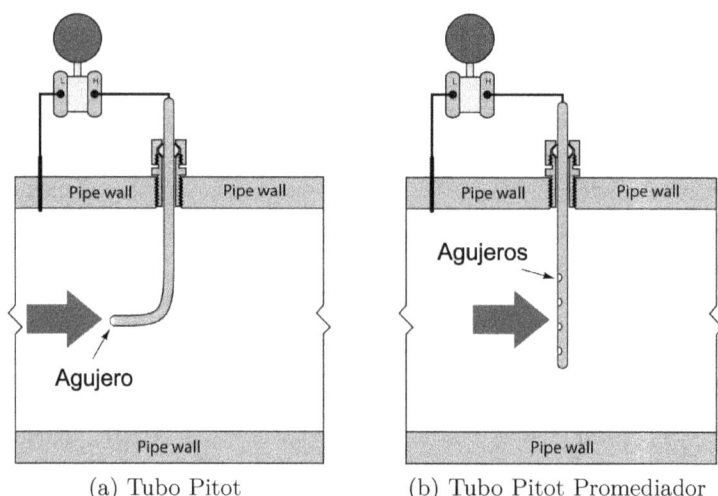

(a) Tubo Pitot

(b) Tubo Pitot Promediador

Figura 6.19: Tubo Pitot

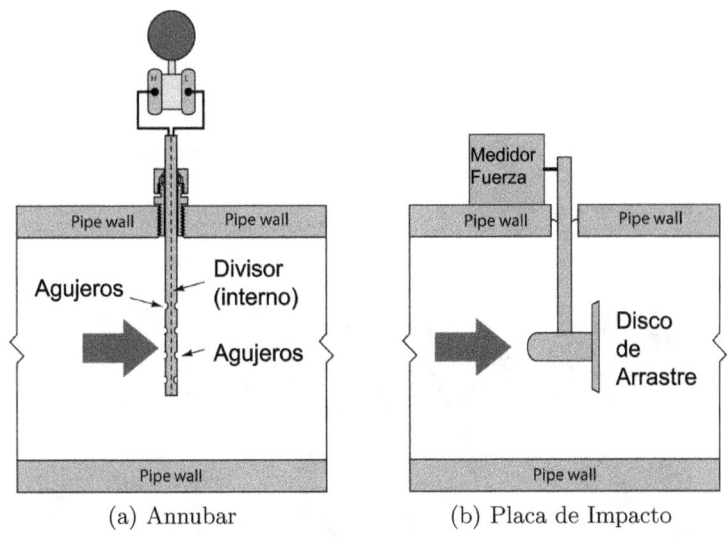

(a) Annubar   (b) Placa de Impacto

Figura 6.20: Elementos de caudal

abajo:

Una sección del tubo Annubar muestra el punto donde se ubican las cámaras dobles, que están diseñadas para conseguir la presión de estancamiento aguas-arriba y la presión aguas-abajo que serán enviadas hacia el instrumento de presión diferencial.

El sensor de caudal de **Placa de Impacto** *Target* (Fig. 6.5b) consta de un disco de arrastre *drag disk* que es una especie de paleta que se inserta en la corriente de fluido, donde la fuerza que ejerce el fluido sobre esta paleta se puede detectar usando un mecanismo especial de transmisión. Este último emite una señal proporcional al caudal (que es proporcional al cuadrado de la velocidad del fluido), al igual que una Placa de Orificio. Utiliza el principio de estancamiento *stagnation principle*.

El Tubo de Venturi clásico debido a Clemens Herschel en 1887, ha sido adaptado en una variedad de formatos que pueden ser clasificados como tubos de caudal *flow tubes*. Todos los tubos de caudal trabajan siguiendo el mismo

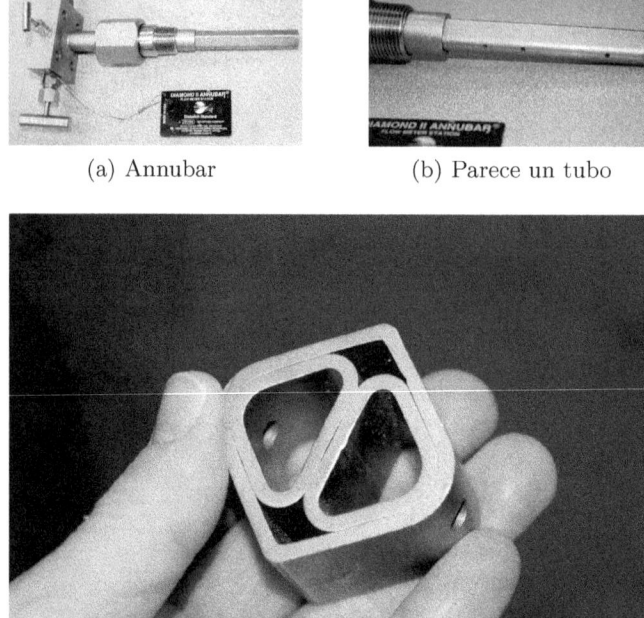

(a) Annubar   (b) Parece un tubo

(c) Pero son dos

Figura 6.21: Annubar es un tipo de tubo Pitot de promedio

principio: provocar una presión diferencial al canalizar el caudal de fluido desde un tubo ancho hacia uno más estrecho. Esto difiere del tubo clásico de Venturi solamente en los detalles constructivos. El detalle más significativo es que son más cortos que el Tubo de Venturi clásico. Ejemplos son: *Dall* tube, *Lo-Loss* flow tube, *Gentile* o *Bethlehem* flow tube y el *B.I.F. Universal Venturi*.

Otra variación en el tema de Venturi es la **Tobera de Caudal** *flow nozzle* (Fig. 6.22), que está diseñada para operar entre las caras de dos bridas *flange* de tubo en forma similar a como lo hace la Placa de Orificio. El objetivo aquí es simplificar la instalación al compararlo con una Placa de

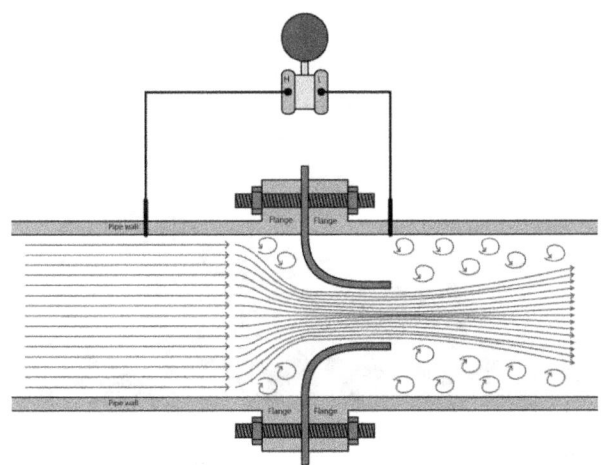

Figura 6.22: Tobera

Orificio a la vez que se mejora el desempeño (menor pérdida permanente de presión) que la Placa de Orificio:

Se conocen dos variaciones más del tema de Venturi, son los elementos de caudal **Cono en V** *V-cone* (Fig. 6.23) y **Cuña segmentada** *segmental wedge*. El cono de Venturi puede ser considerado como un Tubo de Venturi invertido: en lugar de estrechar el diámetro del tubo para causar la aceleración del fluido, el

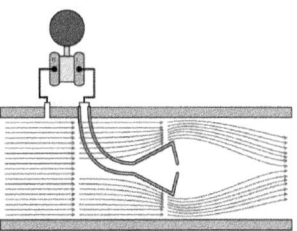

Figura 6.23: Cono en V

fluido debe moverse alrededor de una obstrucción en forma de cono que se coloca en medio del tubo. El área efectiva del tubo se reduce debido a la presencia de este cono, lo que provoca la aceleración del fluido a través del estrechamiento como si se tratase de pasar a través de la garganta de un Tubo de Venturi clásico:

El cono es hueco, con un puerto de sensado de presión orientado hacia el lado aguas-abajo, lo que permite una detección fácil de presión de fluido cerca de la Vena

Contracta. La presión aguas-arriba es sensada por otro elemento en la pared de la tubería ubicado aguas-arriba del cono. La foto muestra un tubo de caudal de tipo Cono en V extraído con fines demostrativos:

Figura 6.24: Elemento de caudal de tipo Cono en V

Los elementos de Cuña Segmentada (Fig. 6.25) son secciones especiales de tubería con elementos estranguladores con forma de cuña. Estos elementos, aunque un poco burdos, sirven para medir caudal de líquidos sucios *slurries* que son líquidos que contienen partículas sólidas, especialmente cuando la presión se sensa por un transmisor a través de diafragmas de sellado remoto.

Finalmente, el codo lento de una tubería puede ser usado como elemento de medición de caudal, porque el fluido que rodea una esquina del codo sufre una desaceleración radial y por lo tanto genera una diferencia de presión a lo largo del eje de aceleración.

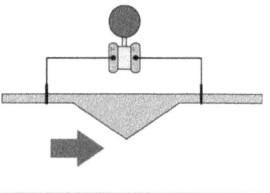

Figura 6.25: Cuña Segmentada

Los **codos de tubería** (Fig. 6.4) se pueden usar para mediciones de caudal solo en último caso, ya que estos son muy imprecisos, debido a lo poco preciso de la construcción de la mayoría de los codos de tubería y de la presiones diferenciales relativamente débiles que se observan.

Las placas de orificio son simples y relativamente baratas

de instalar, pero las pérdidas de presión permanentes son altas en comparación con otros elementos primarios de sensado como los Tubos de Venturi. La pérdida de presión permanente es una pérdida permanente de energía que sufre el caudal que tiene su equivalente en pérdida de energía invertida en el proceso a través de bombas, compresores y/o sopladores de aire. La energía del fluido disipada por una Placa de Orificio se traduce generalmente en requerimientos de mayor energía por el proceso.

6.1.7 Instalación apropiada

Este es un problema bastante frecuente que influye en la precisión de las mediciones. La siguiente lista menciona algunos detalles que deben ser considerados cuando se instala un medidor de caudal basado en presión.

- Extensiones adecuadas de tramos rectos de tubería aguas-arriba y aguas-abajo,

- valor de β (cociente de diámetro del orificio y el diámetro del tubo: $\beta = \frac{d}{D}$),

- ubicación de las tomas de los tubos de impulso,

- terminación (acabado) de la toma,

- ubicación del transmisor en relación con el tubo.

Las vueltas agudas en una red de tuberías introducen turbulencia de gran escala. Los codos, las Tes, las válvulas, los ventiladores y las bombas son las causas más comunes de turbulencia de gran escala en los sistemas de tuberías.

Los codos consecutivos en planos diferentes son algunos de los mayores culpables de la turbulencia de gran escala (Fig. 6.26). Cuando el caudal natural de un fluido es entorpecido por uno de estos problemas de tuberías, el perfil de velocidad se volverá asimétrico: el gradiente de velocidad desde una pared de la tubería con respecto a la

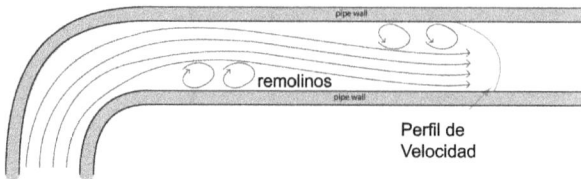

Figura 6.26: Perturbaciones de gran escala originadas por codos

otra no será ordenado. Pueden existir grandes corrientes circulares *eddies* en la corriente del fluido (llamados remolinos *swirl*). Esto puede ocasionar problemas en los elementos primarios basados en presión los cuales usan la aceleración lineal (cambio en la velocidad en una dimensión) para medir el caudal de un fluido. Si el perfil de caudal estuviese suficientemente distorsionado, la aceleración detectada en el Elemento Primario podría ser muy grande o muy pequeña, por lo que no representaría apropiadamente el caudal en su totalidad.

Aún las perturbaciones aguas-abajo del elemento de caudal pueden tener impacto en la precisión de la medición (aunque no tanto como las perturbaciones aguas-arriba), ambas perturbaciones de caudal son inevitables en todos los fluidos excepto en aquellos más simples. Esto significa que se deben diseñar formas para estabilizar el perfil de velocidad de la corriente cerca del elemento de caudal para conseguir la precisión deseada en la medición de caudal. Se pueden instalar tramos de tuberías rectas antes y después de la tubería, de esta forma la corriente caótica tendrá tiempo suficiente para estabilizarse y tener un perfil simétrico. La siguiente ilustración muestra el efecto de un codo de tubería en una corriente y como el perfil de velocidad vuelve a su forma normal (simétrica) después de viajar a través de un tramo recto de tubería suficientemente largo.

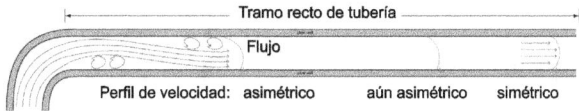

Figura 6.27: Cambios en el perfil de velocidad

Las recomendaciones para las extensiones de los tramos pueden ser muy diferentes y dependen de la naturaleza de la perturbación, la geometría de la tubería, y del tipo de Elemento Primario de Caudal. Como regla general, los elementos que tienen un cociente Beta menor son más tolerantes frente a perturbaciones (Tubos de Venturi, Tubos de caudal y Conos en V).

Cuando no haya espacio para colocar tramos rectos de tuberías, se utilizan los acondicionadores de caudal. Son una serie de tubos rectos que fuerzan a las moléculas de fluido para que viajen siguiendo trayectos más rectos para así estabilizar la corriente antes de que ingrese al elemento de fluido:

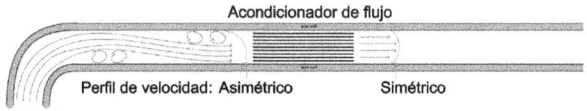

Figura 6.28: Funcionamiento del acondicionador de flujo

Otra fuente común de problemas en los elementos primarios de presión es la ubicación del transmisor. Aquí, el tipo de proceso que se esté midiendo determina cómo el instrumento de presión debe ser ubicado en relación con la tubería. En el caso de fluidos de gas y vapor, es importante que las gotas de líquido no sean recogidas por las líneas de impuso que llegan al transmisor, es necesario impedir cualquier posibilidad de que una columna vertical de líquido comience a acumularse en esas líneas, ya que generarían un presión de error. En el caso de los caudales de líquidos, es importante que no haya burbujas de gas en las líneas de impulso, si así ocurriese, las burbujas podrían desplazar líquidos de las líneas lo que, a su vez, equivale a tener columnas verticales de líquido desiguales, lo que puede generar una presión diferencial errónea.

La fuerza de gravedad puede ayudar a resolver estos problemas si se colocase el transmisor encima en el caso de tuberías de gas (Fig. 6.29a) y debajo de la tubería en el caso de los caudales de líquidos (Fig. 6.29b).

En el caso de aplicaciones con vapor condensable (tales como las mediciones de caudal de vapor) debe aplicarse lo mismo que en el caso de aplicaciones de mediciones de líquidos. Aquí, el líquido condensado podría introducirse en las líneas de impulso ya que estarían más frías que el vapor que fluye a través de la tubería (caso típico). Al colocar el transmisor bajo la tubería se permite que el vapor se condense y llene la línea de impulso con líquido (condensado) el cual, entonces, actúa como sello natural al proteger al transmisor de la exposición a los vapores del proceso.

En estas aplicaciones, es importante que el técnico rellene previamente las dos líneas de impulso con líquido condensado antes de hacer funcionar el medidor de caudal. Existen piezas tipo T con enchufes o válvulas de llenado para hacer esto. Si no se cumpliese con esto, habría errores de medición durante la operación inicial, debido a que el vapor condensado inevitablemente llenará las líneas de impulso, pero lo hará con una rapidez diferente en cada línea, lo cual provocará una diferencia en las alturas verticales de columnas de líquido.

Cuando se taladren agujeros de tomas en la tubería (o en las brida *flange*s) en terreno, debe tenerse el cuidado de taladrar bien y de eliminar la rebaba en las perforaciones. La toma de presión debe nivelarse con la pared interna de la tubería, evitando bordes rugosos que puedan crear turbulencia. También deberían evitarse relieves o avellanados

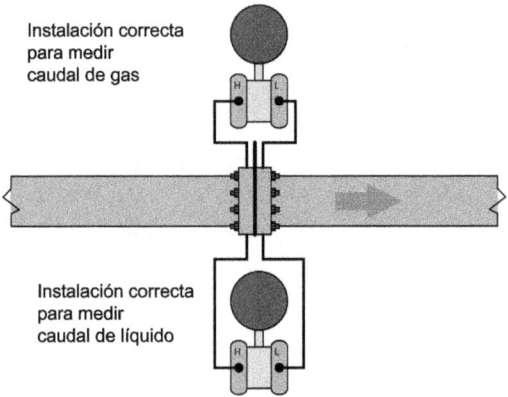

(a) Posiciones correctas para instalar transmisores
de presión diferencial en tuberías horizontales

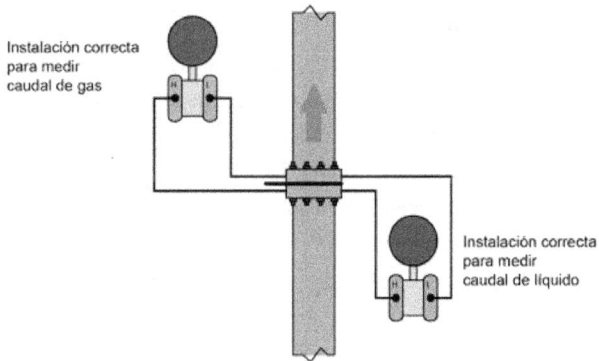

(b) Posiciones correctas para instalar transmisores de presión
diferencial en tuberías verticales

cerca del agujero en la parte interna de la tubería. Aún
pequeñas irregularidades en los agujeros de las tomas pueden
provocar errores de medición de caudal sorprendentemente
grandes.

6.1.8 Mediciones de caudal de alta precisión

Las formulaciones que justifican las mediciones de caudal
vistas hasta ahora son muy aproximadas (poco exactas) están
basadas en suposiciones que no siempre se cumplen. Las

placas de orificio son una de las más inexactas, porque el fluido sufre cambios muy abruptos de geometría al pasar por el orificio. Los Tubos de Venturi son casi ideales, porque los contornos son realizados por máquinas, lo que garantiza que los cambios de presión sean graduales y que se minimice la turbulencia.

En la práctica conviene tener dispositivos que sean baratos y fáciles de instalar en las brida *flange*s de tuberías como las placas de orificio aunque no sean nada buenos como elementos primarios de caudal. Las placas de orificio también son el tipo de elemento más fácil de reemplazar cuando hay daño o durante los mantenimientos de rutina. Sin embargo en el caso de aplicaciones de Transferencia de Custodia, donde el caudal de fluido representa el producto siendo vendido y comprado, la precisión en la medición de fluido es muy importante. Por eso es interesante saber como usar la Placa de Orificio común de tal forma que las mediciones resulten precisas, a la vez que económicas.

Cuando se compara el caudal a través de un Elemento Primario con lo que predice la teoría, se puede notar una discrepancia importante. Se puede tener que los Tubos de Venturi operan con diferencias de 1 a 3 por ciento del valor teórico (ideal), mientras que una Placa de Orificio de arista cuadrada puede desempeñarse solamente al 60 % del valor teórico. Causas de la diferencia con el valor teórico son:

- Pérdidas de energía debido a la turbulencia y a la viscosidad

- Pérdidas de energía debido a la fricción contra la tubería y los elementos de superficie

- Vena Contracta ubicada en un punto de fluido inestable debido a cambios de caudal

- Asimetrías en el perfil de velocidad causadas por irregularidades en la tubería

- Compresibilidad del fluido

- Expansión térmica (o contracción) del elemento y de la tubería

- Ubicación no ideal de las tomas de presión

- Turbulencia excesiva causada por superficies internas de tuberías que sean rugosas

El cociente entre la tasa de caudal real y el teórico para cualquier magnitud de presión diferencial medida se conoce como **Coeficiente de Descarga** del elemento de sensado de caudal, es simbolizado por la variable C. El valor real de C para cualquier valor real de presión generado por un elemento de caudal debe ser menor que 1, debido a que 1 representa el valor ideal:

$$C = \frac{\text{caudal Real}}{\text{caudal Teórico}}$$

En el caso de caudales de vapor y gas, el caudal real se desvía aún más con respecto al valor del caudal ideal, que en el caso de los líquidos, esto tiene que ver con la naturaleza compresible de gases y vapores. El **Factor de Expansión** para el gas Y se obtiene al comparar el coeficiente de descarga de los gases y el de los líquidos. El valor de Y para cualquier elemento real generador de presión deberá ser menor que 1:

$$Y = \frac{C_{gas}}{C_{liquido}}$$

$$Y = \frac{\left(\dfrac{\text{caudal real de gas}}{\text{caudal teórico de gas}} \right)}{\left(\dfrac{\text{caudal real de líquido}}{\text{caudal teórico de líquido}} \right)}$$

Al incorporar estos factores en la ecuación de caudal volumétrico ideal se obtienen la siguiente fórmula:

$$Q = \sqrt{2}\,\frac{C Y A_2}{\sqrt{1 - \left(\frac{A_2}{A_1} \right)^2}} \sqrt{\frac{P_1 - P_2}{\rho}}$$

En caso necesario, se podría agregar otro factor para garantizar conversiones de unidad N y considerar la constante $\sqrt{2}$ del proceso:

$$Q = N \frac{CYA_2}{\sqrt{1 - \left(\frac{A_2}{A_1}\right)^2}} \sqrt{\frac{P_1 - P_2}{\rho}}$$

C e Y no son constantes en todo el intervalo de medición de un elemento primario de caudal en particular. Estas variables sufren cambios relacionados con el caudal, lo que complica la deducción precisa del caudal a partir de las mediciones de presión diferencial. De todas formas, si conocemos los valores de C e Y en condiciones de caudal típicas, se puede alcanzar una buena precisión con frecuencia.

Similarmente, el hecho de que C e Y cambien con el caudal, limita la precisión obtenible con la constante de proporcionalidad que se mencionó antes. Sin importar si se mide caudal másico o volumétrico, el factor k que se calcula en una condición particular de caudal no será igual en todas las condiciones de caudal:

$$Q = k \sqrt{\frac{P_1 - P_2}{\rho}}$$

$$W = k \sqrt{\rho(P_1 - P_2)}$$

Esto significa que después de calcular un valor de k basado en una condición particular de caudal, podemos confiar en las ecuaciones que usan este k solamente cuando las condiciones en que aplicamos la fórmula sean parecidas a las empleadas para el cálculo de k.

En ambas ecuaciones, la densidad del fluido ρ es un factor importante. Si la densidad del fluido fuese relativamente estable, se podría tratar ρ como una constante, incorporando su valor en el factor de proporcionalidad k para hacer más simple la fórmula:

$$Q = k_Q \sqrt{P_1 - P_2}$$

$$W = k_W \sqrt{P_1 - P_2}$$

De todas maneras, si la densidad de fluido sufriese cambios en el tiempo, se necesitaría algún medio para calcular ρ de tal forma que la medición inferida (no directa) de caudal permanezca precisa. La densidad variable del fluido es un tema frecuente de las mediciones de caudal de gas, debido a que todos los gases son compresibles por definición. Un simple cambio en la presión estática del gas dentro de la tubería es todo lo que necesitamos para hacer que ρ cambie, lo que a su vez afecta la relación entre el caudal y la caída de presión diferencial.

La American Gas Association (AGA) proporciona una fórmula para calcular caudales volumétricos de cualquier gas utilizando una Placa de Orificio. Aquí se muestra una variación de esta fórmula que toma en cuenta las consideraciones de los párrafos anteriores.

$$Q = N \frac{CYA_2}{\sqrt{1 - \left(\frac{A_2}{A_1}\right)^2}} \sqrt{\frac{Z_s P_1 (P_1 - P_2)}{G_f Z_{f1} T}}$$

Donde,

Q = caudal volumétrico (SCFM = standard cubic feet per minute)

N = factor de conversión unitario

C = Coeficiente de descarga (considera el efecto de las pérdidas de energía, las correcciones de Número de Reynolds, las ubicaciones de las tomas de presión, etc)

A_1 = Área de sección transversal de la boca

A_2 = Área de sección transversal de la garganta

Z_s = Factor de compresibilidad del gas en condiciones normales

Z_{f1} = Factor de compresibilidad del gas en condiciones de caudal, aguas arriba

G_f = Gravedad específica del gas (densidad comparada a la del aire ambiente)

T = Temperatura absoluta del gas

P_1 = Presión aguas arriba (absoluta)

P_2 = Presión aguas abajo (absoluta)

Esta ecuación implica que deben existir mediciones continuas de presión absoluta del gas P_1 y temperatura absoluta de gas T dentro de la tubería, además de las presiones diferenciales producidas por la Placa de Orificio $(P_1 - P_2)$. Estas mediciones se pueden realizar con tres dispositivos diferentes, las que pueden ser procesadas por un computador de caudal de gas (Fig. 6.29).

Note la ubicación del RTD *thermowell*, ubicado aguas abajo a partir de la Placa de Orificio para que la turbulencia que genera tenga un impacto despreciable sobre la dinámica de fluidos de la Placa de Orificio. La AGA permite la ubicación aguas-arriba del *thermowell*, pero solo si está ubicado al menos a tres pies aguas-arriba de un acondicionador de caudal.

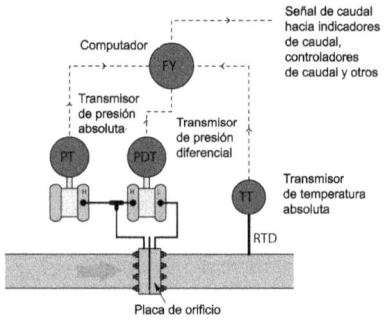

Figura 6.29: Medición de caudal de alta precisión

En las estaciones de transferencias de custodia se utilizan tiras de tuberías llamadas *honed meter runs* con una rugosidad en las paredes interiores comparable a las de un vidrio.

La foto (Fig. 6.30) muestra una Placa de Orificio que

Figura 6.30: Medición de gas natural que cumple AGA3

cumple la norma AGA3 para la medición de caudal en Gas Natural.

Note el *manifold* especial del transmisor, que está construido para aceptar presión diferencial y presión absoluta (Rosemount modelo 3051). También hay una cubierta de hierro fundido que facilita la reposición de las placas de orificio cuando se gasten debido al uso. En algunas industrias las placas de orificio se cambian diariamente, por ejemplo en la industria de exploración de gas, donde el Gas Natural contiene partículas minerales.

Aunque no se ve en la foto, todos los tubos se conectan a otro tubo (el mismo tubo) mediante válvulas de corte *shut-off* cuando el caudal de gas total es mayor, en este caso se usan las placas de orificio de todos los tramos y se suman sus mediciones, de esta forma se obtiene mejor precisión. A medida

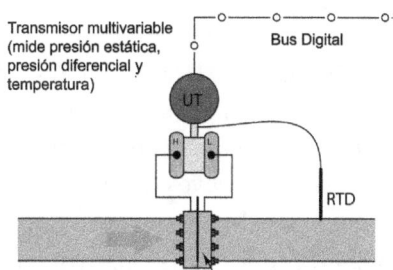

Figura 6.31: Transmisor multivariable

que el caudal disminuya se van cerrando las válvulas, lo que hace que se incremente el caudal en los tramos. Este sistema de *staging* es una forma de expandir el intervalo de medición de las placas de orificio, lo que hace que las mediciones sean precisas en un rango mayor que el existente cuando es el caso de las placas de orificio individuales.

Una forma de medición alternativa al uso de varios instrumentos (presión diferencial, presión absoluta y temperatura) en cada medidor de tramo, es usar un transmisor multivariable que sea capaz de medir la temperatura del gas y las presiones estáticas y diferenciales. Esta aproximación tiene la ventaja de una instalación más simple que la instalación de varios instrumentos (Fig. 6.31).

Ejemplos de transmisores multivariables son el modelo 3095MV de Rosemount y el EJX910 de Yokogawa. Estos están diseñados para compensar mediciones de caudal de gas, equipados con sensores de presión múltiples, una conexión a un sensor de temperatura RTD y suficiente potencia de cálculo digital para el cálculo constante de la ecuación AGA. Estos transmisores multivariables pueden proporcionar una salida analógica para el caudal o salidas digitales para las tres variables principales y la variable calculada de caudal, las que pueden ser enviadas a un sistema host (computador en red). El modelo Yokogawa EJX910A proporciona una salida opcional: Una señal digital de pulsos, donde cada pulso representa una cantidad específica (volumen o masa) de fluido. La frecuencia de este tren de pulsos representa el caudal, mientras el número total de pulsos durante un determinado lapso de tiempo representa el total de fluido que ha pasado a través de la Placa de Orificio durante ese tiempo.

La foto muestra (Fig. 6.32) un transmisor Rosemount 3095MV que se usa para medir caudal másico de una línea de Oxígeno. La Placa de Orificio es una unidad integral que sigue al cuerpo del transmisor, se encuentra entre dos placas de brida *flanges* en la línea de cobre. Un manifold de tres válvulas hacen la interface entre el transmisor 3095MV y la

Figura 6.32: Transmisor Rosemount 3095M midiendo caudal másico en una línea de Oxígeno

estructura de la Placa de Orificio integral:

El compensador de temperatura RTD se puede ver claramente en el lado izquierdo de la foto, instalado en el codo de la tubería de cobre.

Las aplicaciones de mediciones de caudal de líquido también pueden usar compensación, porque la densidad de los líquidos cambia con la temperatura. La presión estática no, porque los líquidos se consideran incompresibles para todo propósito práctico. Así, la fórmula para las mediciones de caudal de líquido compensado no incluye el término de la presión estática, solo la presión diferencial y la temperatura:

$$Q = N \frac{CY A_2}{\sqrt{1 - \left(\frac{A_2}{A_1}\right)^2}} \sqrt{(P_1 - P_2)[1 + k_T(T - T_{ref})]}$$

La constante k_T que se muestra en la ecuación es el factor de proporcionalidad para la expansión del líquido que acompaña un incremento de temperatura. La diferencia de temperatura entre la condición de medición T y la condición de referencia T_{ref} multiplicado por este factor determina cuánto menos denso es el líquido comparado con su densidad a temperatura ambiente. Algunos líquidos (hidrocarbonos)

tienen una expansión térmica significativamente mayor que
la del agua. Esto hace que la compensación por temperatura
de estos fluidos sea muy importante si se usa medición
volumétrica en vez de medición másica.

6.1.9 Resumen de ecuaciones

Caudal volumétrico Q ecuación no simplificada:

$$Q = N \frac{CYA_2}{\sqrt{1 - \left(\frac{A_2}{A_1}\right)^2}} \sqrt{\frac{P_1 - P_2}{\rho_f}}$$

Caudal volumétrico Q ecuación simplificada:

$$Q = k \sqrt{\frac{P_1 - P_2}{\rho_f}}$$

Caudal Másico W:

$$W = N \frac{CYA_2}{\sqrt{1 - \left(\frac{A_2}{A_1}\right)^2}} \sqrt{\rho_f(P_1 - P_2)}$$

Caudal Másico W ecuación simplificada:

$$W = k \sqrt{\rho_f(P_1 - P_2)}$$

Donde,

Q = Caudal Volumétrico (Galones por minuto, pie cúbico
por segundo)

W = Caudal Másico (kilogramos por segundo, *slugs* por
minuto)

N = Factor de conversión unitario

C = Coeficiente de descarga (toma en cuenta las pérdidas
de energía, corrección del Número de Reynolds, ubicación de
las tomas de presión, etc.)

Y = Factor de expansión del gas ($Y = 1$ para los líquidos)

A_1 = Área de la seccion transversal de la boca

A_2 = Área de la sección tansversal de la garganta

ρ_f = Densidad de fluido en condición de flujo (temperatura y presión real en el Elemento Primario de medición)

k = Constante de proporcionalidad (determinada por mediciones experimentales de caudal, presión y densidad)

El cociente Beta β de un elemento diferencial es el cociente entre el diámetro de la garganta y el diámetro de la boca ($\beta = \frac{d}{D}$) . Este es el factor principal que hace que la aceleración de un fluido aumente debido al aumento de velocidad que ocurre cuando el fluido entra a una restricción de garganta de un Elemento Primario de Caudal (Tubo de Venturi, Placa de Orificio, Cuña, etc.). La siguiente expresión se denomina factor de aproximación de velocidad *velocity of approach factor* y se simboliza como E_v, porque relaciona la velocidad del fluido que fluye a través de la restricción y la velocidad del fluido cuando se acerca a la restricción del Elemento Primario de Caudal:

$$E_v = \frac{1}{\sqrt{1 - \beta^4}} =$$

El mismo factor de velocidad de aproximación *velocity approach factor* se puede expresar en términos de áreas de boca y de garganta (A_1 y A_2, respectivamente):

$$E_v = \frac{1}{\sqrt{1 - \left(\frac{A_2}{A_1}\right)^2}} =$$

El cociente β tiene un impacto significativo en el numero de tramos rectos de tubería que hay que usar para acondicionar el perfil de flujo aguas arriba y aguas abajo del elemento de medición de caudal.

Los cocientes β grandes (que corresponden a diámetros de orificio semejantes al diámetro interior del Elemento Primario) son más sensibles a perturbaciones en la tubería, debido a que hay menos aceleración del caudal a través del Elemento Primario, y por lo tanto las asimetrías de perfil de flujo que pueden causar las perturbaciones de la tubería son significantes en comparación con la velocidad del fluido a través del orificio.

Los cocientes de β menores corresponden a factores de aceleración mayores, en este caso las perturbaciones en el perfil de flujo son opacados por las altas velocidades de garganta creadas por la restricción del Elemento Primario de medición. Una desventaja de tener cocientes β bajos es que el Elemento Primario de medición de caudal muestra una pérdida de presión permanente mayor y esto constituye un aumento en el costo de operación si el flujo debe ser suministrado por máquinas como bombas accionadas por motores (se requiere más energía para hacer girar la bomba, lo que representa un aumento en el costo de operación del proceso).

Cuando se calcula el flujo volumétrico de un gas en unidades normalizadas (SCFM), la ecuación se vuelve más compleja que la ecuación simplificada de caudal. Cualquier ecuación de cálculo de caudal en unidades normalizadas debe considerar la expansión efectiva del gas si hubiese transiciones en las condiciones de flujo (variaciones en la temperatura y la presión) que lo aparten de las condiciones normalizadas de medición (una presión de una atmósfera y una temperatura de 60 °F). Las ecuación de medición de caudal de gas compensado se ha publicado por American Gas Association (AGA Report #3) en 1992 para el caso de las placas de orificio con tomas flangeadas, calcula la expansión en condiciones normalizadas con una serie de factores que toman en cuenta el flujo y las condiciones de la norma (condiciones base), además de factores adicionales más comunes como la velocidad de aproximación y la expansión del gas. La mayor parte de estos factores se representan por la ecuación AGA3 con variables que comienzan con la letra F:

$$Q = F_n(F_c + F_{sl})Y F_{pb}F_{tb}F_{tf}F_{gr}F_{pv}\sqrt{h_W P_{f1}}$$

Donde,

Q = Caudal Volumétrico (pie cúbico por hora normalizado – SCFH)

F_n = Factor de conversión numérica (toman en cuenta ciertas constantes numéricas, coeficientes de conversión de unidades, factor de velocidad y de aproximación E_v)

F_c = Factor de cálculo del orificio (un función polinómica del cociente β de la Placa de Orificio y del Número de Reynolds), para tomas flangeadas.

F_{sl} = Factor de pendiente *Slope factor* (es otra función polinómica del cociente β y del Número de Reynolds) para tomas flangedas

$F_c + F_{sl} = C_d$ = Coeficiente de descarga para tomas flangeadas

Y = Factor de Expansión del gas (una función de β, de la presión diferencial, de la presión estática y del Calor Específico)

F_{pb} = Factor de presión Base $\frac{14.73\,\text{PSI}}{P_b}$ =, con presión en PSIA (PSI absoluto) F_{tb} = Factor de temperatura Base= $\frac{T_b}{519.67}$, con temperatura en grados Rankine

F_{tf} = Factor de temperatura de Flujo= $\sqrt{\frac{519.67}{T_f}}$, con la temperatura en grados Rankine

F_{gr} = Factor de la densidad relativa del gas= $\sqrt{\frac{1}{G_r}}$

F_{pv} = Factor de supercompresibilidad = $\sqrt{\frac{Z_b}{Z_{f1}}}$

h_W = Presión diferencial producida por una Placa de Orificio (inches water column)

P_{f1} = Presión de flujo del gas en la toma aguas arriba (PSI absoluto)

6.2   Caudalímetros Laminares

El flujo laminar es la condición de movimiento de fluido donde la viscosidad (fricción interna de fluido) influye sobre las fuerzas inerciales (cinéticas). Un corriente de fluido en un estado de caudal laminar no muestra turbulencia, cada molécula de fluido viaja siguiendo su propio camino, con pocas colisiones y mezclas mutuas. El mecanismo dominante de la resistencia al movimiento de fluido en un régimen de caudal laminar es la fricción contra las paredes de los tubos. El caudal laminar ocurre para Números de Reynold bajos.

La caída de presión creada por la fricción de fluido en una corriente laminar se puede cuantificar y se puede expresar como la ecuación de Hage-Poiseuille

$$Q = k \left(\frac{\Delta P D^4}{\mu L} \right) \qquad (6.5)$$

Figura 6.33: Ecuación de Hagen-Poiseuille

Donde,
Q = Caudal
ΔP = Caída de presión en extensión de la tubería
D = Diámetro de la tubería
μ = Viscosidad del fluido
L = Largo de la tubería
k = Coeficiente de conversión de acuerdo a unidades de medición que serán usadas para expresar el resultado

Los   elementos de los caudalímetros laminares generalmente constan de uno o más tubos cuyo largo excede en mucho el diámetro interno, dispuestos de tal forma que se produzca un caudal lento. Se muestra un ejemplo (Fig. 6.34).

El diámetro ampliado del Elemento Primario de Caudal asegura que haya una velocidad de fluido menor que en las tuberías a las que se conecta. Este hace disminuir el Número de Reynolds a un punto en el cual se puede obtener comportamiento laminar. El uso de muchos tubos de diámetro pequeño, empaquetados en el área mayor del Elemento Primario, proporciona un área de paredes suficiente para que la viscosidad del fluido pueda actuar y crear una caída de presión entre la entrada y la salida, la cual es medida por los transmisores de presión diferencial. La caída de presión es permanente (no se recupera aguas abajo) porque el mecanismo para generar la caída de la presión es la fricción: disipación total de la energía en la forma de calor (pérdida de energía).

Otro elemento común de caudal laminar es un tubo capilar enrollado: es un tubo largo con un diámetro pequeño. Este diámetro interior pequeño de estos tubos realiza un efecto dominante de frontera-pared, de tal forma que el régimen de caudal permanezca laminar en un intervalo amplio de valores de caudal. La naturaleza altamente restrictiva de un tubo capilar limita el uso de este elemento para que sea usado en valores de caudal muy bajos como los encontrados en ciertos instrumentos de análisis.

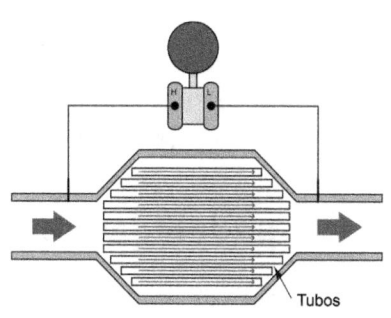

Figura 6.34: Caudalímetro laminar

Una ventaja exclusiva del medidor de caudal laminar es su relación lineal entre el caudal y la caída de presión que este provoca. Es el único dispositivo de medición de caudal basado en presión para tuberías llenas que muestra un comportamiento lineal. Esto significa que no es necesario efectuar un procedimiento de raíz cuadrada para obtener mediciones lineales de caudal en un medidor de caudal laminar. La gran desventaja de este tipo de medidor es su dependencia con la viscosidad del fluido, la que, a su vez, está grandemente influenciada por la temperatura de fluido. Así, todos los caudalímetros laminares requieren compensación de temperatura. Algunos incluso, usan algún tipo de sistema de control de temperatura para forzar a que la temperatura del fluido permanezca constante mientras se mueve a través del elemento.

Los elementos de fluido laminar se usan mucho dentro de instrumentos neumáticos, donde la relación linear de presión/caudal es extremadamente ventajosa (se comporta como un resistor de caudal de aire) y la viscosidad del fluido (el aire) es relativamente constante. Los controladores neumáticos, por ejemplo, utilizan restrictores laminares como parte de sus módulos de cálculo integral y derivativo, la combinación de resistencia del restrictor y la capacitancia de las cámaras de volumen forman un cierto tipo de red de constante de tiempo neumática τ.

6.3   Caudalímetros de área variable

Un medidor de caudal de área variable es aquel en el que el fluido debe pasar a través de una restricción cuya área aumente con el caudal. Esto es lo contrario de un medidor de Placa de Orificio y los Tubos de Venturi donde el área de la sección transversal del elemento de caudal permanece constante.

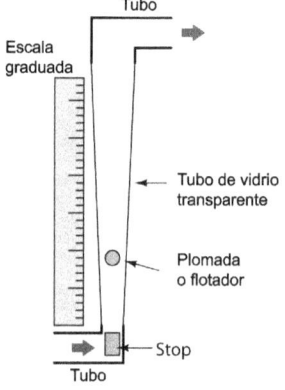

6.3.1   Rotámetros

El ejemplo más simple de un medidor de caudal de área variable es el rotámetro, el cual usa un objeto sólido (llamado plomada *plummet* o *float*) como un

Figura 6.35: Rotámetro

indicador de caudal, suspendido en
el medio de un tubo cerrado (Fig. 6.35).

A medida que el fluido suba a través del tubo, se desarrolla
una presión diferencial a través de la plomada. Esta presión
diferencial, al actuar en el área efectiva del cuerpo de la
plomada, desarrolla una fuerza hacia arriba ($F = P/A$).
Si esta fuerza excede al peso de la plomada, la plomada se
moverá hacia arriba. A medida que la plomada se mueve
hacia arriba, el área entre la plomada y las paredes del tubo
crece más. Esta área incrementada permite que el fluido
no tenga que acelerarse tanto al sobrepasar la plomada, por
lo tanto, se desarrolla menos presión cerca del cuerpo de la
plomada. En algún punto, el área donde hay caudal alcanza
un punto donde la fuerza de la presión inducida en el cuerpo
de la plomada iguala exactamente el peso de la plomada.
Este es el punto en el tubo en el que la plomada deja de
moverse, indicando el caudal por su posición relativa a la
escala montada en el lado exterior del tubo.

El siguiente rotámetro usa una plomada esférica
suspendida en un tubo de caudal fabricado a partir de un
bloque sólido de plástico translúcido. El ajuste de caudal de
gas se realiza por medio de una válvula ajustable que está en
el fondo del rotámetro (Fig. 6.36).

La misma ecuación que se usa para los elementos de
presión sirve para los rotámetros:

$$Q = k\sqrt{\frac{P_1 - P_2}{\rho}}$$

La diferencia en esta aplicación es que el valor dentro
del radicando es constante, porque la presión diferencial
permanecerá constante y la densidad de fluido permanecerá
probablemente constante también. Así, k cambiará en
proporción a Q. La única variable dentro de k que es
relevante a la posición de la plomada es el área de caudal
entre la plomada y las paredes del tubo.

La mayor parte de los rotámetros son dispositivo

solamente indicadores. Tal vez, podría usarse un equipo para transmitir la información de caudal con sensores para detectar la posición de la plomada pero esto no es muy común. Los

rotámetros se usan comúnmente como indicadores de caudal de purga en sistemas de medición de nivel y presión, que requieren un caudal constante de fluido de purga. Estos rotámetros estan equipados con válvulas de aguja ajustables para la regulación manual del caudal del fluido.

6.3.2 Vertederos *weir* y Aforadores *flume*

Un estilo muy diferente de caudalímetro de área variable es usado para medir caudal en canales abiertos, como los de regadío. Si se colocase una obstrucción dentro de un canal,

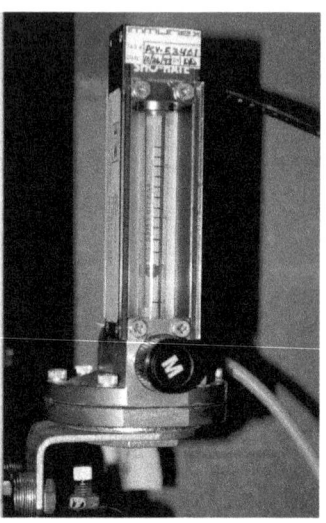

Figura 6.36: Rotámetro

cualquier líquido que fluyese a través de este se elevaría aguas arriba de la obstrucción. Al medir el incremento del nivel de líquido, es posible inferir el caudal del líquido después de la obstrucción.

Esta primera forma de medición de caudal en un canal abierto es llamado vertedero *weir*, que no es nada más que una micro-represa que obstruye el paso de un líquido a través del canal. Se muestran tres estilos de vertedero en la siguiente ilustración (Fig. 6.37): Rectangular, Cippoleti y Peine en V *V-notch*

Un vertedero rectangular tiene un peine de una forma simple rectangular como indica su nombre. Un vertedero Cippoleti es casi como uno rectangular excepto que el lado vertical del peine tiene una pendiente de 4:1 (altura

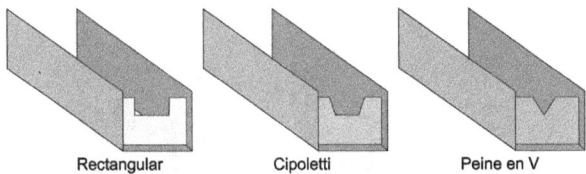

Figura 6.37: Tipos de vertederos

de 4, ancho 1); aproximadamente 14° desde la vertical. Un vertedero de tipo V-notch tiene un peine triangular, normalmente con un ángulo de 60 a 90°.

La siguiente foto muestra el caudal de agua a través de un vertedero de Cippoleti hecho de una placa de acero de 1/4" (Fig. 6.39).

Figura 6.38: Vertedero en El Río Segura. Cortesía de La Confederación Hidrográfica del Segura, España http://chsegura.es

En la condición de caudal cero a través del canal, el nivel de líquido estará al nivel de, o bajo el nivel de la cresta (punto más alto del vertedero). A medida que el líquido comience a fluir a través del canal, debe superar el borde

Figura 6.39: Vertedero Cipoletti

superior para poder pasar el vertedero y continuar aguas-
abajo en el canal. Para que esto pase, el nivel del líquido
aguas-arriba del vertedero debe subir por encima del borde
superior del vertedero. Esta altura de líquido aguas-arriba del
vertedero representa la presión hidrostática, muy semejante
a la altura de líquido en un *piezometer* a través de un tubo
cerrado. La altura de líquido encima de la cresta de un
vertedero es equivalente a la presión diferencial generada por
una Placa de Orificio. A medida que el caudal de líquido
se incremente más, mayor presión *head* será generada aguas
arriba del vertedero forzando a que el líquido incremente
su nivel. Esto incrementa efectivamente el área de sección
transversal de la garganta del vertedero a medida que una
corriente más alta de líquido salga del peine del vertedero.

La influencia del área del peine en el caudal (Fig. 6.45)
crea una relación muy diferente entre el caudal y la altura
del líquido (medido encima del borde superior del vertedero)
que la relación entre la presión diferencial y el caudal en una
Placa de Orificio.

$$Q = 3.33(L - 0.2H)H^{1.5} \qquad \text{vertedero rectangular}$$

$$Q = 3.367LH^{1.5} \qquad \text{vertedero Cipoletti}$$

$$Q = 2.48\left(\tan\frac{\theta}{2}\right)H^{2.5} \qquad \text{vertedero de peine en V}$$

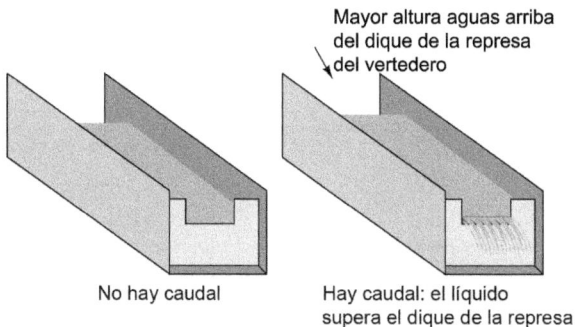

Figura 6.40: Funcionamiento de un vertedero

Donde,

Q = Caudal volumétrico (pie cúbico por segundo cubic feet per second – CFS)

L = Ancho de la cresta (feet)

θ = Ángulo del peine en V *V-notch* (grados)

H = *Head* Nivel de líquido aguas-arriba (feet)

Se puede apreciar, al comparar las ecuaciones características de caudal de los tres tipos de vertederos, que la forma del peine tiene un efecto dramático en la relación matemática entre el caudal y el *head* (nivel de líquido aguas-arriba del vertedero, medido encima de la altura de la represa). Esto implica que es posible crear casi cualquier ecuación característica que queramos simplemente mediante el diseño cuidadoso del peine del vertedero en alguna forma determinada. Un buen ejemplo de esto es el llamado

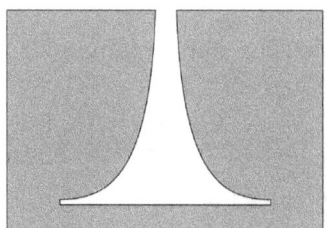

Figura 6.41: Vertedero proporcional (Sutro)

Tabla 6.3: Fórmula que relaciona la altura H del líquido aguas-arriba (head) y el caudal Q en un aforador Parshall de caudal libre.

Head	Ancho de la garganta
$Q = 0.992H^{1.547}$	3 pulg
$Q = 2.06H^{1.58}$	6 pulg
$Q = 3.07H^{1.53}$	9 pulg
$Q = 4LH^{1.53}$	1 a 8 ft
$Q = (3.6875L + 2.5)H^{1.53}$	10-50 ft

vertedero proporcional o *Sutro weir* (Fig. 6.41).

Este diseño de vertedero no es muy común debido a lo débil de su estructura y a su tendencia a fallar con desechos sólidos.

Una variación al tema de vertederos es otro dispositivo de canal abierto llamado aforador *flume*. Si los vertederos pueden ser comprendidos como placas de orificio de canal abierto, entonces los aforadores pueden ser vistos como Tubos de Venturi de canal abierto (Fig. 6.3.2).

Al igual que en los vertederos, la altura del líquido aguas arriba en los aforadores es indicativo del caudal. Uno de los diseños más comunes de vertederos es el aforador Parshall *Parshall flume*.

Las siguientes fórmulas relacionan la altura del líquido aguas-arriba (head) y el caudal en un aforador Parshall de caudal libre.

Donde,

Q = Caudal volumétrico (pie cúbico por segundo – CFS)

L = Ancho de la garganta del aforador (feet)

H = Head (feet)

Los aforadores son generalmente menos precisos que los vertederos pero tienen la ventaja de ser autolimpiables. Si el caudal que se está midiendo es agua servida, puede que se tapen los vertederos debido a la presencia de desechos sólidos.

En tales aplicaciones, los aforadores son más prácticos (y más precisos en el largo plazo, debido a que aún el aforador más estrecho no podría ser tapado por desechos sólidos.

Una vez que se instala un vertedero o aforador en un canal abierto, se debe usar algún método para sensar el nivel de líquido aguas-arriba y trasladar esta medición de nivel en medición de caudal. La tecnología más común (quizás) es la ultrasónica. La tecnología ultrasónica carece totalmente de contacto por lo que es insensible a los desechos sólidos. Sin embargo, puede ser engañada por la espuma, por los desechos que flotan y por ondas en la superficie.

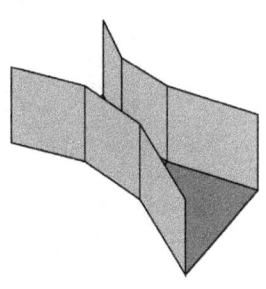

Figura 6.42: Esquema de un aforador

En la foto se muestra un aforador de Parshall midiendo el caudal del efluente de una planta de tratamiento de aguas servidas, con un transductor ultrasónico montado encima y hacia la mitad del aforador para detectar el nivel de agua que fluye (Fig. 6.43)

Después que se mide el nivel de líquido, se utiliza un dispositivo computador para convertir la medición de nivel en medición de caudal (en algunas casos, se puede calcular la integral de la medición de caudal con respecto al tiempo de llegada para el total de volumen de líquido que pasa por el Elemento Primario, de acuerdo con la relación de cálculo: $V = \int Q \, dt + C$).

Para que se pueda medir una superficie de líquido limpia y estable, se puede usar la técnica de pozo amortiguador *stilling well* (Fig. 6.44a). Es una cámara abierta por arriba que se conecta al vertedero o aforador, a través de una tubería, de tal forma que el nivel de líquido en el *stilling well* iguale el nivel de líquido en el canal. La siguiente ilustración muestra un pozo de amortiguamiento conectado al canal del vertedero

Figura 6.43: Foto de un aforador Parshall

o aforador, con la dirección de caudal de líquido en el canal, perpendicular a la página (yendo hacia los ojos del lector o apartándose de ellos).

Para impedir que los desechos sólidos tapen el pasaje entre el pozo de amortiguamiento y el canal, se puede hacer entrar una corriente pequeña de agua limpia. Esto forma una corriente de purga pequeña en el canal, eliminando los desechos sólidos que puedan tapar el paso del fluido (Fig. 6.44b). Note que la entrada del tubo de purga está sumergida para evitar disturbios en la superficie que puedan hacer fallar las mediciones de nivel basadas en ultrasonido.

Una gran ventaja de los vertederos y los aforadores sobre otros sistemas de medición es su gran rangeabilidad: La habilidad para medir un gran intervalo de caudales con una presión modesta de alcance *span*; dicho de otra forma, la precisión de un vertedero o aforador es alta aún en bajos caudales.

En un vertedero rectangular, a medida que aumenta el caudal, aumenta la altura (head) del líquido aguas-arriba del vertedero .

La altura del líquido aguas-arriba de los vertederos

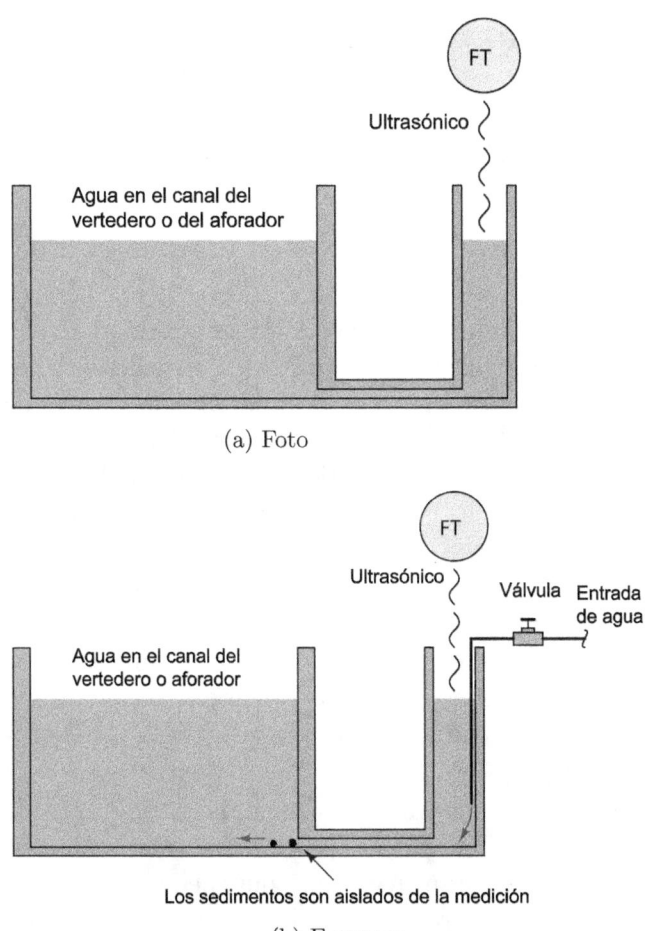

(a) Foto

(b) Esquema

Figura 6.44: Pozo de amortiguamiento

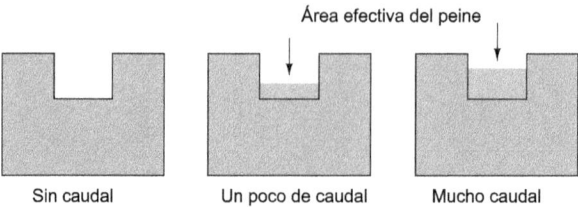

Figura 6.45: Relación entre el caudal y la abertura de la represa

depende del caudal (volumétrico Q o másico W) y del área efectiva de la hendidura a través de la que pasa el fluido. A diferencia de las placas de orificio, los vertederos y los aforadores cambian el área con el caudal. Una forma de ver esta comparación es imaginar un vertedero actuando como una Placa de Orificio elástica, cuya área del orificio aumenta con el caudal. El hecho de que el caudal dependa de la hendidura, lo cual es característico de los vertederos y aforadores, significa que ambas son más sensibles a los cambios en el caudal a medida que el caudal se hace menor.

Se muestra una comparación gráfica de las funciones de transferencia para elementos de *head* de tubería cerrada como las placas de orificio y lo Tubos de Venturi versus vertederos y aforadores (Fig. 6.46).

Al observar la esquina inferior-izquierda en el gráfico de la Placa de Orificio/Venturi, se puede notar que pequeños cambios en caudal resultan en cambios muy pequeños en head (presión diferencial), porque la función tiene una pendiente muy baja (bajo dH/dQ) en el final. En comparación, un vertedero produce grandes cambios en head (elevación de líquido) ante pequeños cambios de caudal cerca del extremo inferior del intervalo, porque la función tiene una pendiente muy pronunciada (gran dH/dQ) hacia el fin.

La ventaja práctica de usar vertedores y aforadores es la habilidad para mantener la alta precisión de las mediciones

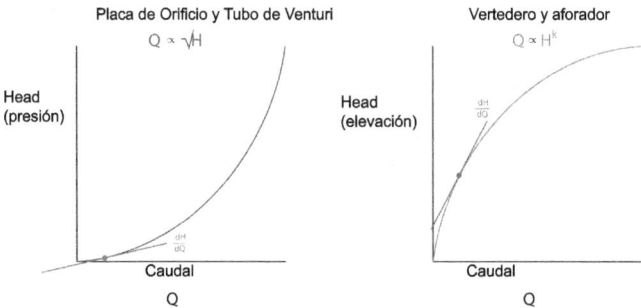

Figura 6.46: Relación entre caudal y Head para diferentes principios de funcionamiento de caudalímetros

de caudal en caudales muy bajos – algo que a veces no puede hacer un elemento de orificio fijo. Es de conocimiento común que una Placa de Orificio común no puede mantener precisión adecuada en un tercio de la escala completa (rangeabilidad de 3:1), donde los vertederos (en especial, las de hendidura en *V-notch*) pueden tener, lejos, una gran rangeabilidad (hasta 500:1).

6.4 Caudalímetros basados en velocidad

La Ley de Continuidad para estados de fluido predice que el producto de la densidad de masa ρ, la sección transversal de la tubería A y la velocidad promedio $\bar{v}$ debe permanecer constante a lo largo de una tubería (Fig. 6.47).

Si la densidad del caudal no cambiase durante su viaje a través de la tubería (es una suposición razonable para los líquidos), se podría simplificar La Ley de Continuidad eliminando los términos de densidad de la ecuación:

$$A_1\overline{v_1} = A_2\overline{v_2}$$

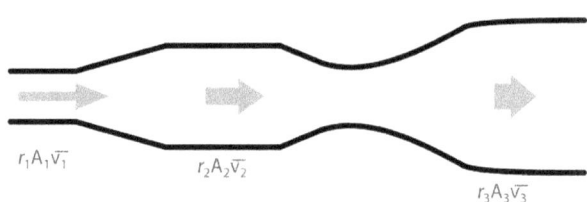

Figura 6.47: Ley de Continuidad a lo largo de una tubería

El producto del área de la sección transversal de la tubería y la velocidad promedio de fluido es el caudal volumétrico a través de la tubería ($Q = A\bar{v}$). Esto significa que la velocidad del fluido es directamente proporcional al caudal volumétrico para un área de sección transversal y una densidad constante de caudal. Cualquier dispositivo

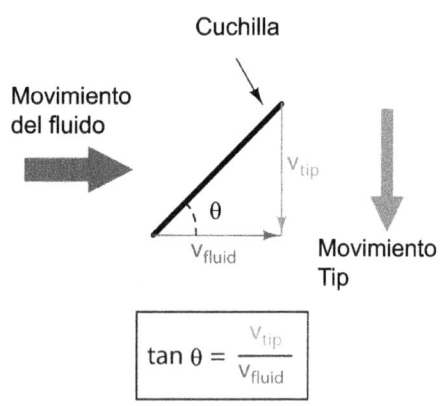

Figura 6.48: Relación matemática entre la velocidad del fluido y la velocidad de la turbina

que sea capaz de medir directamente la velocidad del fluido, será capaz de inferir el caudal volumétrico de fluido en una tubería. Esta es la base de los diseños de caudalímetros basados en velocidad.

6.4.1 Caudalímetros de turbina

Las caudalímetros basados en turbina utilizan una turbina de giro libre para medir la velocidad de caudal en forma parecida a un molino de viento. El objetivo principal de diseño de un medidor de caudal de turbina es hacer que el Elemento Primario de turbina tenga un giro tan libre como sea posible, para que no se requiera torque para mantener su rotación. Cuando se cumpla este objetivo, las hojas de la turbina se moverán con una velocidad rotacional *tip* directamente proporcional a la velocidad lineal del fluido (Fig. 6.49).

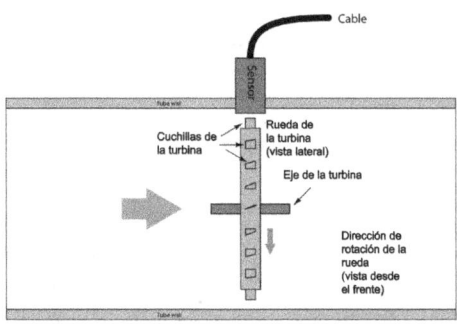

Figura 6.49: Principio de funcionamiento del caudalímetro de turbina

La relación matemática entre la velocidad de fluido y la velocidad *tip* de la turbina – asumiendo condición de ausencia de fricción – es un cociente definido por la tangente del ángulo de la cuchilla de la turbina (Fig. 6.48).

En el caso de cuchillas con ángulo de 45°, la relación es 1:1 => la velocidad rotacional *tip* = velocidad del fluido. En el caso de cuchillas con menor ángulo (cada cuchilla más cerca de la dirección del vector de velocidad de fluido) la velocidad *tip* es una fracción de la velocidad de fluido.

Figura 6.50: Foto de la sección transversal de una turbina

La velocidad rotacional *tip* de la turbina es muy fácil de sensar con un sensor magnético, con el que se puede generar un pulso de voltaje cada vez que una de las cuchillas ferromagnéticas pase cerca del sensor. Comúnmente, este sensor es solamente un cable enrollado en forma de bobina que opera en presencia de un campo magnético estacionario, (*pickup coil* o *pickoff coil* porque recoge el paso de una cuchilla de turbina (*picks*)).

El caudal magnético a través del centro de la bobina representa una reluctancia magnética variable (resistencia al caudal magnético), lo que hace que los pulsos de voltaje se igualen en frecuencia al número de cuchillas que pasan por segundo. La frecuencia de esta señal representa la velocidad del fluido y por lo tanto el caudal volumétrico. Se muestra un foto de un modelo de medidor de turbina (Fig. 6.50). El sensor de cuchillas puede verse sobresaliendo desde el tubo de caudal, justo encima de la rueda de la turbina.

En la foto note el conjunto de elementos del condicionador de caudal antes y después de la rueda de la turbina. Como es de esperar, los Caudalímetros de turbina son muy sensibles a los remolinos en la corriente. Cuando se desea gran precisión, el perfil de caudal no debe arremolinarse cerca de la turbina para evitar que la rueda de la turbina gire más rápido o más lento de lo que debiera girar para representar la velocidad de un fluido que fluya en línea recta.

Históricamente se han usado ruedas mecánicas y cables rotatorios para unir los medidores de turbina con los indicadores. Estos diseños sufren más fricción que los electrónicos (los que usan bobinas), lo que puede resultar en errores de medición (menos caudal indicado que aquel que realmente existe, debido a que la turbina se vuelve más lenta por la fricción). Una ventaja de los medidores de rueda de turbina, es la habilidad para mantener un valor del uso total de gas usando un totalizador basado en odómetro. Este diseño se usa comúnmente cuando el propósito del medidor de fluido sea llevar la cuenta del consumo total de gas combustible (Ej. Gas Natural usado por instalaciones industriales o comerciales) para facturación.

En un medidor de caudal de turbina electrónico, el caudal volumétrico es directamente proporcional a la salida de frecuencia de la bobina. Se puede expresar esta relación en la forma de una ecuación:

$$f = kQ$$

Donde,

f = Frecuencias de la señal de salida (Hz, equivalente a pulsos por segundo)

Q = Caudal volumétrico (Ej. Galones por segundo)

k = Factor k del Elemento Primario de turbina (Ej. Pulsos por galón)

El análisis dimensional confirma la validez de esta ecuación. Al usar unidades de GPS (galones por segundo) y pulsos por galón, se puede ver que el producto de estas magnitudes está indexado por pulsos por segundo (equivalente a ciclos por segundo o Hz):

$$\left[\frac{\text{pulsos}}{\text{s}}\right] = \left[\frac{\text{pulsos}}{\text{gal}}\right]\left[\frac{\text{galones}}{\text{s}}\right]$$

Al despejar Q, se puede ver que es el cociente de la frecuencia y el factor k lo que constituye el caudal volumétrico en un medidor de turbina:

$$Q = \frac{f}{k}$$

Si la señal de frecuencia directamente representase el caudal volumétrico, entonces el número total de pulsos acumulados durante un intervalo dado de tiempo representará la cantidad de volumen de fluido que ha pasado a través del metro de turbina durante ese tiempo. Se puede expresar esto como el producto del caudal promedio ($\overline{Q}$), frecuencia promedio ($\overline{f}$), factor k y el tiempo:

h

Figura 6.51: Foto de turbinas AGA7

$$V = \overline{Q}t = \frac{\overline{f}t}{k}$$

Una forma más sofisticada para calcular el volumen total que pasa a través de un metro de turbina requiere Cálculo, de forma que el volumen total es la integral en el dominio del tiempo de la señal de frecuencia instantánea y el factor k durante el intervalo de tiempo desde $t = 0$ a $t = T$:

$$V = \int_0^T Q \, dt \qquad \text{o} \qquad V = \int_0^T \frac{f}{k} \, dt$$

Se puede llegar al mismo resultado, en forma aproximada, simplemente usando un circuito contador digital para sumar la salida de los pulsos generados por una bobina y de un microprocesador para calcular el volumen en la unidad de medición que se requiera.

Al igual que con las placas de orificio, existen normas para usar medidores de turbina como instrumentos de medición precisos en aplicaciones de caudal de gas, en particular la transferencia de custodio.

La compensación por temperatura y la presión es relevante para los medidores de turbina en aplicaciones de caudal de gas porque la densidad del gas es una función de la presión y la temperatura. La rueda de la turbina solamente sensa la velocidad del gas, por lo que los otros factores deben ser tomados en cuenta para calcular con precisión el caudal másico.

En aplicaciones de alta precisión es importante determinar individualmente el factor k para la calibración de un medidor de caudal de turbina. Las variaciones de fabricación de turbina a turbina hacen que sea un desafío mantener el valor de k, por lo que los caudalímetros que serán usados para mediciones de alta precisión deben ser probados usando un probador de caudal en un laboratorio de calibración, con lo que se puede determinar en forma empírica el valor del factor k. Cuando sea posible, la mejor forma de probar el factor k de un medidor de caudal es conectar el probador al medidor de caudal en el lugar donde será usado. De esta forma, cualquier efecto originado por las tuberías antes y después de que el medidor de caudal sea instalado será incorporado en el factor k.

La siguiente foto (Fig. 6.51) muestra tres instalaciones de medidores de turbina que cumplen con la norma AGA7 para medir el caudal del Gas Natural:

Note el Elemento Primario de Presión y el instrumento de sensado de temperatura instalados en la tubería, los que reportan presión de gas y temperatura del gas hacia un computador calculador de caudal (junto con la frecuencia de pulso de la turbina) para el cálculo del caudal de Gas Natural.

Las aplicaciones de caudal de gas menos críticas usan un medidor de turbina compensado que realiza mecánicamente las mismas funciones de compensación de temperatura y presión sobre la velocidad de la turbina para obtener las mediciones de caudal de gas verdaderas, vea la siguiente foto (Fig. 6.52).

El medidor de caudal mostrado en la foto anterior usa un sensor de temperatura basado en un bulbo-relleno (note la presencia de un tubo capilar enbobinado que conecta el medidor de caudal al bulbo) y muestra el caudal total de

Figura 6.52: Foto de un medidor totalizador de gas

gas con una serie de indicadores (parecidos a relojes), en lugar de indicar el caudal de gas.

Una variación al tema de los caudalímetros basado en turbina es el medidor de rueda de paletas. Este es un Elemento Primario barato usualmente implementado en la forma de un sensor de inserción. En este instrumento, existe una rueda pequeña equipada con paletas paralelas al eje insertadas en la corriente, con la mitad de la rueda cubierta por el caudal. Se muestra una foto de un medidor de caudal de rueda de paleta plástico (Fig. 6.53a).

Se pueden usar cables de fibra óptica para enviar y recibir luz en el caso de los medidores con rueda plástica con paletas. Un cable envía un haz de luz hacia el borde de la rueda de paletas, y el otro cable recibe luz en el otro lado de la rueda de paletas. A medida de que la rueda de paletas gira, las paletas bloquean o dejan pasar el haz de luz en forma alternada, lo que resulta en un haz de luz pulsado en el cable receptor. La frecuencia de pulsado es proporcional al caudal volumétrico.

Los lados externos de los dos cables de fibra óptica que aparecen en la siguiente foto (Fig. 6.53b), están listos para conectarse a una fuente de luz y a un sensor de pulso de luz para convertir el movimiento de la rueda de paletas en una señal electrónica:

Un problema común de todos los caudalímetro de turbina es el giro libre que ocurre cuando el fluido se detiene abruptamente. Esto es un problema mayor en los procesos discontinuos que en los procesos continuos, donde el caudal de fluido se apaga y enciende en forma regular. Este problema puede ser minimizado haciendo que el sistema de medición ignore las señales provenientes del medidor de caudal de turbina cuando la válvula de apagado automático alcance la posición de apagado. De esta forma, cuando la válvula *shutoff* se cierre y el fluido se detenga inmediatamente, cualquier giro libre de la rueda de la turbina será

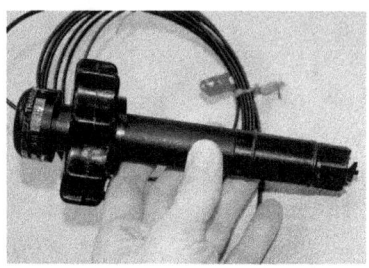

(a) Medidor de caudal de paleta

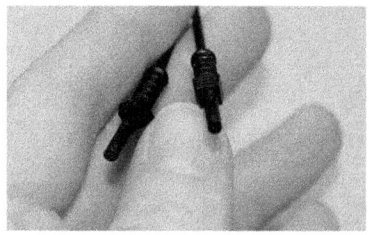

(b) Cables de fibra óptica usados en el caudalímetro de paletas

Figura 6.53: Caudalímetro de paletas

irrelevante. Este problema es más severo en los procesos en los que el pulsado del caudal se deba a otras causas que no tengan relación con el sistema de control.

Otro problema común en todos los Caudalímetros de turbina es la lubricación de los rodamientos. El movimiento sin fricción es esencial para la medición precisa de caudal, lo que es justamente el objetivo de diseño de los ingenieros de fabricación. Este problema no es tan severo en aplicaciones donde el fluido de proceso se lubrica en forma natural (Ej. combustible diesel), sino en aplicaciones tales como caudal de Gas Natural donde el fluido no proporciona lubricación a los rodamientos de la turbina. En este último caso se necesita lubricación externa. Esto es una tarea usual de mantenimiento para los técnicos de instrumentación: se usa un bomba portátil para inyectar aceite de turbina ligero en los conjuntos de rodamiento de los caudalímetro de turbina usados en servicio de gas.

La viscosidad del fluido de proceso es otra fuente de fricción para la rueda de la turbina. Los fluidos con gran viscosidad (Ej. Aceites pesados) tienden a frenar la rotación de la turbina aunque la turbina gire con rodamientos que no tengan fricción. Este efecto es especialmente pronunciado en caudales bajos, lo cual conduce a un caudal lineal mínimo: es el caudal por debajo del cual no se puede tener registros proporcionales al caudal.

6.4.2 Caudalímetros tipo vórtice

Cuando un fluido que tenga un Número de Reynolds alto sobrepase un objeto estacionario *bluff body*, habrá una tendencia a que el fluido forme remolinos vórtices a ambos lados del objeto. Cada remolino vórtice formado, se desprenderá del objeto y continuará moviéndose con el caudal de gas o líquido, a un lado o al otro, en forma alternada. Este fenómeno se conoce como desprendimiento de remolinos *vórtice shedding* y el patrón de remolinos que se mueven transportados aguas-abajo del remolino móvil, se conoce como calle de remolino *vortexs street*.

La serie alternada de remolinos fue estudiada por Vincent Strouhal a finales del siglo XIX y después por Theodore von Kármán a comienzos del siglo XX. Se determinó que la distancia entre remolinos sucesivos aguas abajo del objeto estacionario, es relativamente constante y directamente proporcional al ancho del objeto, durante un intervalo grande de números de Reynolds. Si se imagina que los remolinos son crestas de una onda continua, la distancia entre remolinos podría ser representada por el símbolo de longitud de onda: "lambda" λ (Fig. 6.54).

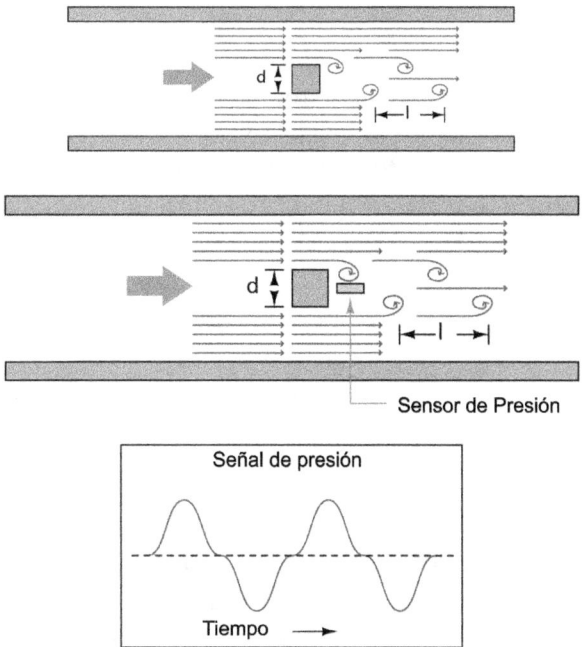

Figura 6.54: Mecanismo de detección de la presión usando el Número de Strouhal

La proporción entre el ancho del objeto d y la longitud de onda del camino de los remolinos (λ) se denomina Número de Strouhal S y es aproximadamente igual a 0.17:

$$\lambda S = d \qquad \lambda \approx \frac{d}{0.17}$$

Se podría tener una señal útil si un sensor de presión diferencial se instalase inmediatamente aguas-abajo del objeto estacionario, en una orientación tal que detecte los remolinos que pasen como variaciones de presión (Fig. 6.54).

La frecuencia de la señal de presión alternada es directamente proporcional a la velocidad del fluido que ha sobrepasado al objeto, debido que la longitud de onda es constante. En este caso es válida la fórmula de las ondas que se propagan: ($\lambda f = v$). Dado que se conoce que la longitud de onda es igual al ancho del cuerpo estacionario dividido por el número de Strouhal (0.17), se puede sustituir esto en la fórmula de frecuencia-velocidad-longitud de onda para despejar la velocidad de fluido v en términos de la señal de frecuencia f y del ancho del cuerpo estacionario d.

$$v = \lambda f$$

$$v = \frac{d}{0.17} f$$

$$v = \frac{df}{0.17}$$

Así, un objeto estacionario y un sensor de presión instalados en el medio de una sección de tubería es una forma de medidor de caudal llamado caudalímetro vórtice *vórtice flowmeter*. Al igual que un medidor de caudal de turbina que posee un sensor para recolectar el paso de las cuchillas móviles de la turbina, la frecuencia de salida del medidor vórtice es linealmente proporcional al caudal volumétrico.

El sensor de presión usado en los medidores de tipo vórtice no son transmisores de presión diferencial normales, porque la frecuencia de remolinos es muy alta para que pueda ser detectada por instrumentos normales. En su lugar, se utilizan sensores basados en cristales piezoeléctricos. Estos sensores de presión no necesitan ser calibrados, porque no es relevante la amplitud de las ondas de presión. Solamente la frecuencia de las ondas importa para medir el caudal, por lo que bastaría cualquier sensor que tenga un tiempo de respuesta lo suficientemente rápido.

$$f = kQ$$

Donde,
   f = Frecuencia de la señal de salida (Hz)

Q = caudal Volumétrico (Ej. galones por segundo).

k = factor "K" de desprendimiento de remolinos (Ej. Pulsos por galones)

Esto significa que los Caudalímetros vórtice, al igual que los medidores de turbina electrónicos, tienen cada uno su factor k en particular, el que relaciona el número de pulsos generados por unidad de volumen a través del medidor.

Al contar el número total de pulsos durante un cierto intervalo de tiempo se obtendrá el total de volumen de fluido que ha pasado a través del medidor durante este tiempo, haciendo que el medidor de caudal tipo vórtice se pueda adaptar rápidamente a la totalización de volumen de caudal al igual que los medidores de turbina.

Debido a que los Caudalímetros de tipo vórtice no tienen partes móviles y no sufren de problemas por el uso y de lubricación que enfrentan los medidores de turbina. No hay elementos móviles que tengan giro libre en un medidor de caudal vórtice cuando el fluido se detenga abruptamente, lo cual significa que los caudalímetros de vórtice son más adecuados para medir caudales inestables. Una desventaja importante de los medidores de vórtice es el comportamiento conocido como *low flow cutoff*, donde el medidor de caudal simplemente para de trabajar bajo cierto caudal. La razón para que esto ocurra es que dejan de formarse los remolinos vórtice cuando el Número de Reynolds cae bajo de

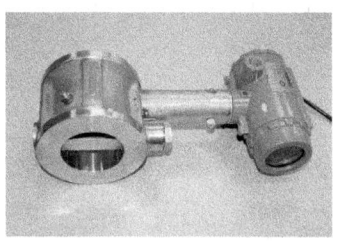

(a) Caudalímetro vórtice

un valor crítico y el caudal turbulento pasa a ser laminar. Cuando el caudal es laminar, la viscosidad del fluido es suficiente para evitar que los remolinos se formen, lo que causa que el medidor registre cero caudal aunque haya algún caudal (laminar) por la tubería.

El fenómeno de *low-flow cutoff* de un medidor de caudal tipo vórtice es equivalente a la limitación de *minimum linear flow* para un medidor de turbina. De todas formas, el fenómeno de *low-flow cutoff* es realmente un problema aún más severo. Si el caudal volumétrico a través de un medidor de caudal de turbina cae bajo el valor lineal mínimo, la turbina continuará girando, aunque más lento de lo que debería. Si el caudal volumétrico a través de un medidor de vórtice cayese bajo el valor de *low-flow cutoff*, la señal de medidor de caudal se anularía, indicando que no hay caudal.

La siguiente foto muestra un transmisor de caudal tipo vórtice, modelo 8800C de Rosemount (Fig. 6.55a).

Las dos fotos siguientes muestran una vista de *close-up* de dos conjuntos de tubo de caudal, frente y posterior (las fotos siguen el orden de lectura) (Fig. 6.55).

    (b) Frente   (c) Reverso

Figura 6.55: Vistas del tubo de caudal de un caudalímetro vórtice

6.4.3 Caudalímetros Magnéticos

Cuando un conductor metálico se mueve perpendicularmente con respecto a un campo magnético, se induce un voltaje en este conductor que es perpendicular a las líneas del flujo magnético y a la dirección de movimiento. Este fenómeno se conoce como inducción electromagnética, y es el principio básico bajo el que todos los generadores electro-magnéticos operan.

En un mecanismo generador, el conductor en cuestión es una bobina (o conjunto de bobinas) hechas de cable de cobre. Cualquier sustancia conductora en movimiento es suficiente para que pueda inducir un voltaje, aún si la sustancia es un líquido (o gas). Considere agua fluyendo a través de una tubería, con un campo magnético pasando perpendicularmente a través de la tubería (Fig. 6.56).

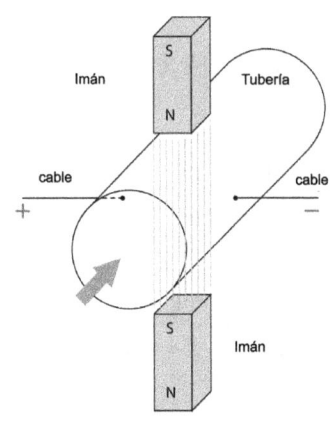

Figura 6.56: Esquema de un caudalímetro magnético

La dirección del caudal de líquido corta perpendicularmente a través de las líneas de caudal magnético, generando un voltaje a lo largo de un eje perpendicular a ambos. Los electrodos de metal dispuestos frente a frente en la pared de la tubería interceptan este voltaje, haciéndolo accesible desde un circuito electrónico.

El voltaje inducido por el movimiento lineal de un conductor a través del campo magnético es llamado fem inducida o en inglés *motional EMF*, la magnitud del cual se puede predecir por la fórmula siguiente (asumiendo perpendicularidad perfecta entre la dirección de la velocidad, la orientación de las líneas de caudal magnético y el eje de medición de voltaje):

$$\mathcal{E} = Blv$$

Donde,

$\mathcal{E}$ = *Motional* EMF (volts)

B = Densidad de caudal magnético (Tesla)

l = Longitud del conductor que pasa a traves del campo magnético (metros)

v = Velocidad del conductor (metros por segundo)

Asumiendo una fuerza de campo magnético fijo (B constante) y un espaciamiento entre electrodos igual al diámetro fijo de la tubería ($I = d$ constante), la única variable capaz de influenciar la magnitud del voltaje inducido es la velocidad v. En este ejemplo v no es la velocidad del segmento de cable, sino la velocidad promedio de la corriente de líquido ($\overline{v}$). Debido a que este voltaje es proporcional a la velocidad promedio del fluido, también debe ser proporcional al caudal volumétrico, puesto que el caudal volumétrico es también proporcional a la velocidad promedio de fluido. Así, se puede tener un tipo de medidor de caudal basado en la inducción electromagnética. Estos caudalímetros son conocidos como Caudalímetros Magnéticos o simplemente *magflow meters*.

Se puede enunciar la relación entre caudal volumétrico y EMF *motional* ($\mathcal{E}$) en forma más precisa haciendo una sustitución. Primero se escribe la fórmula que relaciona el caudal volumétrico a la velocidad promedio y entonces se despeja la velocidad promedio:

$$Q = A\overline{v}$$

$$\frac{Q}{A} = \overline{v}$$

Después, se puede replantear la ecuación de *motional EMF* y substituir $\frac{Q}{A}$ por $\overline{v}$ para llegar a una ecuación que relacione *motional EMF* con el caudal volumétrico Q, la densidad de caudal magnético B, el diámetro de la tubería d y el área de la tubería A:

$$\mathcal{E} = Bd\overline{v}$$

$$\mathcal{E} = Bd\frac{Q}{A}$$

$$\mathcal{E} = \frac{BdQ}{A}$$

Como es una tubería circular, se sabe que el área y el diámetro están relacionados directamente por la fórmula $A = \frac{\pi d^2}{4}$. Así, se puede sustituir esta definición de área en la última ecuación, para llegar a una fórmula con una variable menos (solamente d, en lugar de d y A):

$$\mathcal{E} = \frac{BdQ}{\frac{\pi d^2}{4}}$$

$$\mathcal{E} = \frac{BdQ}{1} \frac{4}{\pi d^2}$$

$$\mathcal{E} = \frac{4BQ}{\pi d}$$

Si se desea tener una fórmula que defina el caudal Q en términos de *motional EMF* ($\mathcal{E}$), se puede manipular la última ecuación para despejar Q:

$$Q = \frac{\pi d \mathcal{E}}{4B}$$

Esta fórmula servirá para encontrar el caudal solamente en circunstancias absolutamente perfectas. Para compensar las imperfecciones inevitables, se necesita una constante de proporcionalidad (k) la cual se incluye normalmente en la fórmula:

$$Q = k \frac{\pi d \mathcal{E}}{4B}$$

Donde,
 Q = Caudal volumétrico (metro cúbico por segundo)
 $\mathcal{E}$ = Motional EMF (volts)
 B = Densidad de caudal Magnético (Tesla)
 d = Diámetro del tubo de caudal (metros)
 Note la linealidad de esta ecuación. No tiene potencia, raíz u otra función matemática no lineal.
 Se necesita que se cumplan algunas condiciones para que esta fórmula pueda inferir caudal a partir del voltaje inducido:

- El líquido debe ser un conductor de electricidad razonablemente bueno

- Ambos electrodos deben contactar el líquido

- La tubería debe estar completamente llena con líquido

- El tubo de caudal debe estar con conexión apropiada a tierra para evitar errores debido a las corrientes eléctricas de pérdida en el líquido

La primera condición se cumple al tener cuidado con el líquido de proceso antes de la instalación. Los fabricantes de caudalímetros magnéticos deben especificar el valor mínimo de conductividad del líquido que será medido. La segunda y tercera condición deben ser cumplidas con una instalación correcta del tubo de caudal magnético en la tubería. La instalación debe ser realizada de tal forma que garantice la inundación total del tubo de caudal (no se permiten bolsas de gas). El tubo de caudal viene con los electrodos instalados horizontalmente (nunca verticalmente) por eso una burbuja momentánea de gas no deshará el contacto eléctrico entre las puntas de los electrodos y el caudal de líquido.

La conductividad eléctrica del líquido de proceso debe cumplir con un cierto valor mínimo, pero eso es todo. No se debe pensar que al duplicar la conductividad del líquido, se duplique el voltaje inducido. La *motional EMF* es una función estricta de las dimensiones físicas, de la fuerza del campo magnético y de la velocidad del fluido. Los líquidos con conductividad pobre simplemente presentan una resistencia eléctrica mayor en el circuito de medición de voltaje, pero esto no tiene mayores consecuencias porque la impedancia de entrada del circuito de detección es muy grande. Los tipos comunes de fluido que no pueden ser usados con Caudalímetros Magnéticos incluyen agua des-ionizada (Ej. agua que alimenta una caldera de vapor, agua ultrapura en fabricación de semiconductores y de medicamentos) y aceites.

La conexión apropiada a tierra del tubo de caudal es muy importante en el caso de los Caudalímetros Magnéticos. El *motional EMF* generado por la mayor parte de los líquidos es muy débil (1 milivolt o menos) y por lo tanto puede ser fácilmente afectado por voltaje de ruido presente como resultado de las corrientes eléctricas de pérdidas de tubería y/o líquido. Para combatir este problema, los Caudalímetros Magnéticos están equipados usualmente para hacer que la corriente eléctrica de pérdida sea dirigida alrededor del tubo de caudal

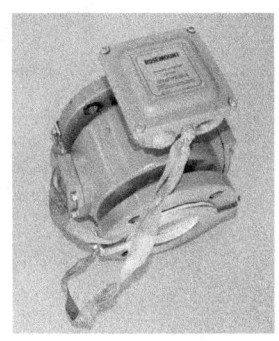

Figura 6.57: Foto de un caudalímetro magnético

para que el único voltaje interceptado por los electrodos sea el *motional EMF* producido por el caudal de líquido. La siguiente foto muestra un tubo de caudal magnético modelo 8700 de Rosemount, con cintas de cable de tierra claramente visibles (Fig. 6.57).

Note cómo ambos cables de tierra se unen en un punto común de la cubierta del tubo de caudal. Este punto común de unión deber también estar unido a una malla de tierra cuando el tubo de caudal sea instalado en la línea de proceso. En este tubo de caudal en particular se puede ver un anillo de acero *stainless* para conexión a la tierra, en la cara de una brida *flange* cercana, conectada a una de las cintas de tierra. Un anillo de tierra idéntico descansa en la otra brida *flange*, pero no se ve bien en la foto. Estos anillos proporcionan puntos de contacto eléctrico con el líquido en instalaciones donde la tubería sea de plástico para resistir la corrosión.

Los Caudalímetros Magnéticos son muy tolerantes frente al comportamiento turbulento del caudal a gran escala como los remolinos. No necesitan tramos extensos de tubería aguas-arriba y aguas-abajo, como los que necesitan las placas de orificio, lo cual es una gran ventaja en muchos sistemas de

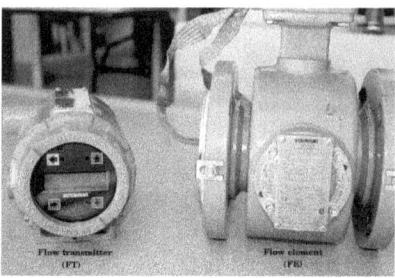

Figura 6.58: Transmisor de Caudal (FT) y elemento primario (EF) tubo de caudal de un tipo de caudalímetro magnético

(a) Caudalímetros pequeños Endress+Hauser

(b) Caudalímetro grande Toshiba

Figura 6.59: Fotos de caudalímetros magnéticos

tuberías.

Algunos Caudalímetros Magnéticos disponen de sus propios circuitos electrónicos de acondicionamiento de señal en forma integrada con el conjunto de tubo de caudal. Un par de ejemplos son (un par de caudalímetro pequeños Endress + Hauser a la izquierda (Fig. 6.59a) y un medidor de caudal grande Toshiba a la derecha (Fig. 6.59b)).

Otros Caudalímetros Magnéticos tienen la electrónica y el tubo de caudal separados, conectados entre sí por cable apantallado. En estas instalaciones el conjunto de electrónica se conoce como transmisor de caudal (FT) y el tubo de caudal es el Elemento Primario de Caudal (FE) (Fig. 6.58).

La próxima foto muestra un elemento de caudal enorme de 36" de diámetro, de color negro y un transmisor de caudal azul, detrás de la mano de la persona (Fig. 6.60). Este elemento se usa para medir el caudal de aguas servidas en una planta municipal de tratamiento de aguas.

Note la orientación vertical de la tubería, lo que asegura que haya contacto constante entre los electrodos y el agua

Figura 6.60: Elemento de caudal de una planta de tratamiento de aguas residuales

durante las condiciones en que hay caudal.

Aunque, en teoría, se debe usar un imán permanente para proporcionar el caudal magnético para que funcione un medidor magnético de caudal, en la práctica esto no es así. La razón para ésto tiene que ver con un fenómeno llamado polarización, el cual ocurre cuando un voltaje de DC es impreso a través de un líquido que contenga iones (moléculas cargadas eléctricamente). Los iones tienden a juntarse cerca de los polos de carga opuesta, que en este caso son los electrodos del medidor de caudal. Esta polarización podría interferir con la detección de *motional EMF* si el medidor magnético de caudal se usase con una imán permanente. Una solución simple a este problema es alternar la polaridad del campo magnético, de tal forma que la polaridad de *motional EMF* también se alterne y para que nunca haya tiempo suficiente para que los iones se polaricen.

Esa es la razón por la cual los tubos de medidores magnéticos de caudal siempre emplean bobinas magnéticas para generar caudal magnético en vez de usar imanes permanentes. El empaquetado electrónico de un medidor de caudal energiza esas bobinas con corriente de polaridad alternada para que se alterne la polaridad del voltaje inducido a través del movimiento de fluido. Los imanes permanentes, con sus polaridades magnéticas fijas, podrían ser solamente capaces de crear un voltaje inducido con polaridad constante, llevando a la polarización iónica y a errores de medición de caudal. Se muestra un tubo de caudal magnético Foxboro con una de las cubiertas protectoras retirada para mostrar las bobinas de cable (en azul) (Fig. 6.61).

Figura 6.61: Tubo de caudal magnético Foxboro

Quizás la forma más simple de excitación de la bobina es cuando se energiza con corriente AC de 60Hz que se toma del enchufe (en EEUU, en Chile es de 50Hz) como en el caso del tubo de caudal Foxboro. Debido a que el *motional EMF* es proporcional a la velocidad del fluido y a la densidad de caudal del campo magnético, el voltaje inducido en la bobina será una onda senoidal cuya amplitud variará con el caudal volumétrico.

Desafortunadamente, si hubiese alguna corriente de pérdida a través del líquido que produzca caídas de voltaje erróneas entre los electrodos, habrá una oportunidad para que lo mismo ocurra con la corriente AC de 60Hz. Con la bobina energizada a 60/50 Hz AC, cualquier voltaje de ruido puede ser interpretado falsamente como caudal porque la electrónica de los sensores no tiene cómo distinguir entre los 60/50 Hz de ruido en el fluido y los 60/50 Hz de *motional EMF* causado por el caudal.

Una solución más sofisticada para este problema es usar

una fuente de alimentación conmutada para excitar las bobinas del tubo de caudal. Esto es llamado excitación de directa por los fabricantes de medidores magnéticos de caudal, lo que es un error porque la señal de excitación de directa frecuentemente reversa su polaridad, lo que la haría parecerse más a una onda cuadrada de AC en la pantalla de un osciloscopio. El *motional EMF* en uno de estos caudalímetros tendrá la misma forma de onda, con la amplitud usada para indicar el caudal volumétrico. La electrónica del sensor puede rechazar mejor cualquier ruido de AC porque la frecuencia y la forma de onda del ruido (60/50 Hz senoidal) no coincidirá con la señal inducida por el caudal de *motional EMF*.

La desventaja más significativa de los medidores magnéticos de caudal de DC conmutado, es el tiempo de respuesta más lento a los cambios en caudal. En un esfuerzo por tener los mejor de ambos mundos, algunos fabricantes de medidores magnéticos de caudal producen caudalímetros de doble frecuencia, los cuales energizan sus bobinas de tubo de caudal con dos frecuencias mezcladas: una abajo de 60/50 Hz y una encima de 60/50 Hz, La señal de voltaje resultante interceptada por los electrodos es demodulada e interpretada como caudal.

6.4.4 Caudalímetros Ultrasónicos

Los Caudalímetros Ultrasónicos miden la velocidad del fluido haciendo pasar ondas de sonido a lo largo de la trayectoria de caudal. El movimiento del caudal influencia la propagación de esas ondas de sonido, las cuales pueden entonces ser medidas para inferir la velocidad del fluido. Existen dos subtipos de caudalímetros digitales: *Doppler* y *transit-time*. Ambos tipos de caudalímetros trabajan transmitiendo una onda de sonido de alta frecuencia en la corriente de fluido (pulso incidente) y analizando el pulso recibido.

El caudalímetro Doppler explota el efecto Doppler, que consiste en el desplazamiento de frecuencia que resulta cuando las ondas emitidas son reflejadas por un objeto en movimiento. El efecto Doppler se nota cuando un vehículo en movimiento emite un sonido a través de la bocina (o claxon). En este caso se percibe un cambio en la frecuencia de la bocina: cuando el vehículo se aproxima al que escucha, el tono de la bocina se siente más agudo que lo normal; cuando el vehículo pasa frente al oyente y comienza a alejarse, el tono de la bocina se escucha con un cambio rápido hacia la baja frecuencia. En realidad, la velocidad de la bocina nunca cambia, pero la velocidad relativa del vehículo con respecto al oyente efectúa un efecto de compresión sobre la vibración sonora en el aire. Cuando el vehículo se aleja, las ondas de sonido son estiradas desde la perspectiva del oyente.

El mismo efecto tienen lugar si la onda sonora fuese dirigida hacia el objeto en movimiento y la frecuencia del eco se comparase con la frecuencia de la onda incidente (transmitida). Si la onda es reflejada por una burbuja que avanza hacia el transductor ultrasónico la frecuencia de la onda reflejada será mayor que la frecuencia de la onda incidente. Si el caudal cambiase de sentido y la onda fuese reflejada por la burbuja que se aleja del transductor, la frecuencia de la onda reflejada será menor que la frecuencia de la onda incidente. Esto coincide con el fenómeno del tono de la bocina que parece incrementarse a medida que el vehículo se aproxima y que parece decrecer a medida que el vehículo se aleja.

Un caudalímetro Doppler hace rebotar ondas de sonido desde burbujas o partículas de material en la corriente de fluido, midiendo el desplazamiento en la frecuencia e infiriendo la velocidad del fluido a partir de la magnitud de este desplazamiento (Fig. 6.62).

La relación matemática entre la velocidad del fluido v y el desplazamiento de frecuencia Doppler Δf es como sigue, para velocidades de fluido mucho menores que la velocidad del sonido a través de este fluido ($v << c$):

$$\Delta f = \frac{2vf \cos \theta}{c}$$

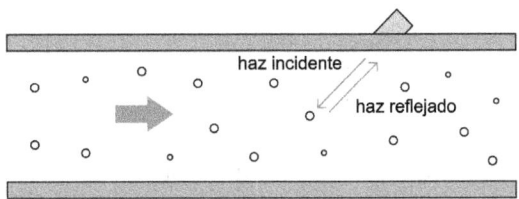

Figura 6.62: Principio de funcionamiento de un caudalímetro ultrasónico

Donde,

Δf = Desplazamiento de frecuencia Doppler

v = Velocidad del fluido (realmente, de la partícula que refleja la onda de sonido)

f = Frecuencia de la onda de sonido incidente

θ = Ángulo entre las líneas centrales del transductor y la tubería.

c = Velocidad del sonido en el fluido del proceso

Note que el efecto Doppler conduce a la medición directa de la velocidad del fluido para cada eco recibido por el transductor. Esto contrasta con la medición de distancia basado en el tiempo de viaje (reflectometría en el domino del tiempo en el que la cantidad de tiempo entre el pulso incidente y el eco devuelto es proporcional a la distancia entre el transductor y la superficie reflectora), como las de las aplicaciones de medición de nivel de líquido. En un caudalímetro Doppler, el atraso de tiempo entre los pulsos incidentes y reflejados es irrelevante. Solamente el desplazamiento de frecuencia entre la onda incidente y la onda reflejada importa. El desplazamiento de frecuencia también es directamente proporcional a la velocidad del caudal, haciendo que los caudalímetros ultrasónicos Doppler sean dispositivos de medición lineales.

Reorganizando la ecuación de desplazamiento de

frecuencia Doppler (asumiendo $v << c$).

$$v = \frac{c\Delta f}{2f\cos\theta}$$

Una consideración importante para las mediciones de caudal ultrasónicas tipo Doppler es que la calibración del caudalímetro varía con la velocidad del sonido a través del fluido c. Esto queda claro al observar la presencia de c en la ecuación de arriba: a medida que c se incrementa, Δf proporcionalmente debe decrecer para cualquier caudal volumétrico fijo Q. Puesto que el caudalímetro está diseñado para interpretar directamente el caudal en términos de Δf, un incremento en c causa un decremento en Q. Esto significa que la velocidad de un fluido debe ser precisamente conocida para que se pueda medir con precisión el caudal en un caudalímetro ultrasónico Doppler.

La velocidad del sonido a través de cualquier fluido es una función de la densidad de este medio y de *bulk modulus* (este indica qué tan fácilmente se comprime):

$$c = \sqrt{\frac{B}{\rho}}$$

Donde,

c = Velocidad del sonido en un material (metros por segundo)

B = Módulo Bulk (Pascal, o Newtons por metro cuadrado)

ρ = Densidad de Masa del fluido (kilogramos por metro cúbico)

La temperatura afecta a la densidad del líquido y a la composición (elementos constituyentes del líquido) así como al módulo bulk. Por eso la temperatura y la composición son factores que influyen en la calibración de un caudalímetro Doppler. Debido a que el efecto Doppler es aplicable solamente cuando existan burbujas o partículas de material capaces de reflejar ondas de sonido, solamente importa la velocidad del sonido a través del líquido (y no de los gases). No se puede simplemente medir el caudal de gas usando la técnica Doppler, porque los factores que afectan únicamente a la densidad del gas (Ej. presión) son irrelevantes para la calibración de un caudalímetro Doppler.

Los caudalímetros Doppler no son capaces de medir caudales que sean muy limpios y muy homogéneos, debido a que se requiere burbujas o partículas de un tamaño suficiente para hacer funcionar con buen resultado el efecto Doppler. Las reflexiones de la onda de sonido serían demasiado débiles para que se puedan obtener mediciones confiables. Tampoco se pueden obtener buenas mediciones cuando las partículas sólidas posean una velocidad de sonido que esté muy cerca de la velocidad del sonido en el líquido, debido a que la reflexión solo ocurre cuando una onda de sonido encuentra un material que tenga una velocidad de sonido diferente. En las aplicaciones de mediciones de caudal en las que no se puedan obtener reflexiones de onda de sonido fuertes, no se pueden usar los Caudalímetros Doppler.

Los Caudalímetros de tiempo de propagación *transit-time* o de *counterpropagation*, usan un par de sensores opuestos que miden la diferencia de tiempo entre un pulso de sonido que atraviesa el fluido en el sentido de movimiento del fluido y un pulso de sonido que atraviesa el fluido en sentido contrario al movimiento del fluido. Debido a que el fluido tiende a transportar un onda de sonido, el pulso de sonido transmitido aguas abajo hará el viaje más rápido que el pulso de sonido transmitido aguas arriba (**Fig.** 6.63).

El caudal volumétrico a través de un caudalímetro es una función simple de los tiempos de propagación aguas arriba y aguas abajo:

$$Q = k \frac{t_{arriba} - t_{abajo}}{(t_{arriba})(t_{abajo})}$$

Donde,

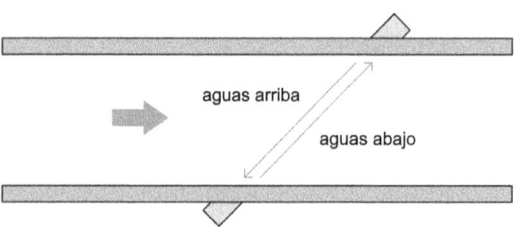

Figura 6.63: Ilustración del tiempo de tránsito en un caudalímetro ultrasónico

Q = Caudal volumétrico

k = Constante de proporcionalidad

t_{arriba} = Tiempo que emplea la onda de sonido para viajar desde una ubicación aguas-abajo a una ubicación aguas-arriba (contra el caudal)

t_{abajo} = Tiempo que emplea la onda de sonido para viajar desde una ubicación aguas-arriba a una ubicación aguas-abajo (a favor del caudal)

Una característica interesante de las mediciones de velocidad de tiempo de viaje es que el cociente entre la diferencia entre los tiempos de propagación y el producto de los tiempos de propagación permanece constante ante cambios de la velocidad del sonido a través del fluido. Esto significa que los Caudalímetros de Tiempo de Propagación son inmunes a cambios en la velocidad del sonido en el fluido. Los cambios en el módulo bulk como resultado de cambios en la composición del fluido o los cambios de densidad a consecuencia de cambios de composición, temperatura o presión son irrelevantes para la precisión de las mediciones en los Caudalímetros de Tiempo de Propagación. Esto es una tremenda ventaja de los Caudalímetros de Tiempo de Propagación, en particular, cuando se les compara con los Caudalímetros de Efecto Doppler.

Un requerimiento para la operación confiable de un caudalímetro de Tiempo de Propagación es que el líquido

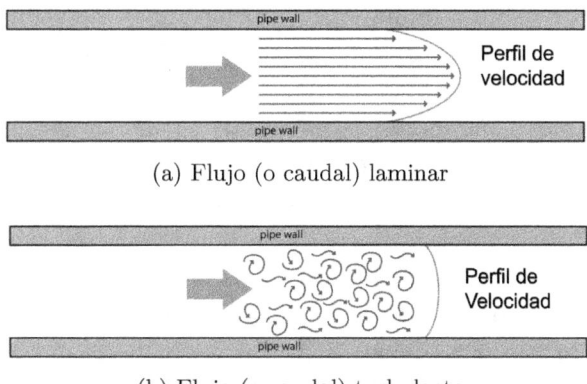

(a) Flujo (o caudal) laminar

(b) Flujo (o caudal) turbulento

Figura 6.64: Regímenes de caudal de fluidos

de proceso esté libre de burbujas de gas o partículas sólidas que podrían reflejar u obstruir las ondas de sonido. Note que este es el requerimiento opuesto a los caudalímetros de Efecto Doppler, los que requieren burbujas o partículas para reflejar ondas de sonido.

Un problema potencial con el caudalímetro de Tiempo de Propagación es su habilidad para medir la velocidad real del fluido a pesar de cambios en el perfil de caudal que se correspondan con cambios en el Número de Reynolds. Si se utiliza solamente un haz para obtener la velocidad del fluido, la trayectoria que este haz tomará verá probablemente un perfil de velocidad diferente a medida que el caudal cambie (y que el Número de Reynolds cambie con este). Recuerde que existe diferencia de perfiles de velocidad de fluido de acuerdo a si el Número de Reynolds sea bajo (a la izquierda) (Fig. 6.64a) o sea alto (a la derecha) (Fig. 6.64b).

Una forma popular para mitigar este problema es usar varios pares de sensores para enviar señales acústicas a largo de trayectos múltiples a través del fluido, para después tomar el promedio de las mediciones de velocidad resultantes (Ej. Caudalímetros Ultrasónicos de Multitrayecto). Se conocen Caudalímetros de Haz Doble. También se conoce un fabricante de un caudalímetro con cinco haces el que dice que mantiene una precisión de +/- 0.15% a través de transiciones de régimen de caudal de laminar a turbulento.

Algunos caudalímetros modernos tienen la habilidad de cambiar el modo de funcionamiento de tipo Doppler a tiempo de propagación en forma automática adaptándose al fluido que se esté sensando. Esta capacidad amplía el uso de los caudalímetros a más aplicaciones de proceso.

Los Caudalímetros Ultrasónicos son afectados adversamente por remolinos y otras perturbaciones de gran escala, de tal forma que se requieren tramos largos y rectos de tuberías aguas arriba y aguas abajo del tubo de medición, para estabilizar el perfil de caudal.

Los avances en la tecnología ultrasónica de medición de caudal han llevado a un punto donde es posible considerar los Caudalímetros Ultrasónicos para la Transferencia de Custodia de Gas Natural. La American Gas Association ha entregado un informe especificando el uso de Caudalímetros de Multitrayecto (de Tiempo de Propagación) (Reporte #9). Al igual que los reportes de medición de alta precisión: AGA #3 (Placa de Orificio) y el AGA#7 (turbina). La norma AGA9 requiere la incorporación de instrumentos de temperatura y presión en la línea de gas para compensar los cambios en la presión del gas, de tal forma que la computadora de caudal pueda calcular el caudal de masa real o del caudal volumétrico en unidades normalizadas.

Una ventaja única de los Caudalímetros Ultrasónicos es su habilidad para medir caudal a través del uso de sensores provisorios de abrazadera *clamp-on*, en vez del uso de tubos de medición especializados en los que se construyen los transductores ultrasónicos, aunque esto puede traer otros problemas como el de conseguir buen acoplamiento acústico con la pared de la tubería. Estos caudalímetros son una buena solución para algunas aplicaciones.

Un criterio importante para la aplicación exitosa de un caudalímetro de abrazadera *clamp-on* es que el material de la tubería sea homogéneo, para que pueda transmitir eficientemente las ondas de sonido entre el fluido de proceso y los transductores de inserción. Las tuberías de material poroso como arcilla u hormigón no son apropiadas para los Caudalímetros Ultrasónicos *clamp-on*.

6.5 Caudalímetros de Desplazamiento Positivo

Un caudalímetro de Desplazamiento es un mecanismo cíclico construido para hacer pasar un volumen dado de fluido a través de cada ciclo. Cada ciclo del mecanismo del medidor desplaza una cantidad precisa de un cantidad positiva de fluido, de tal forma que el conteo del número de ciclos del mecanismo contribuye a una cantidad total del volumen de fluido que ha pasado por

Figura 6.65: Ejemplo de un caudalímetro de desplazamiento positivo: caudalímetro rotatorio de gas

el caudalímetro. Muchos Caudalímetros de Desplazamiento Positivo son de naturaleza rotatoria, lo que significa que cada revolución del eje representa un cierto volumen de fluido que ha atravesado el medidor. Algunos Caudalímetros de Desplazamiento Positivo usan pistones, fuelles o bolsas expansibles trabajando en ciclos alternados de llenado y vaciado para medir las cantidades de fluido.

Los Caudalímetros de Desplazamiento Positivo han sido la elección más común para mediciones de caudal de Gas Natural y agua comercial y residencial en los EEUU. La naturaleza cíclica de un medidor de desplazamiento positivo es adecuada para mediciones de totales (no solo de caudal) así que el mecanismo puede ser acoplado a un contador mecánico que pueda ser leído por personas en forma mensual. Un caudalímetro rotatorio de gas se muestra en la foto siguiente (Fig. 6.65). Note la pantalla numérica de estilo odómetro a la izquierda la que totaliza el consumo de gas en un intervalo de tiempo:

Los Caudalímetros de Desplazamiento Positivo se basan en mover partes que empujan cantidades de fluido a través de ellos, y en que estas partes están aisladas con respecto a otras para prevenir salideros (lo que resultaría en indicaciones de que pasa menos fluido, cuando en la realidad sea más). De hecho, la característica definitoria de cualquier dispositivo de desplazamiento positivo es que el fluido no pueda pasar sin mover el mecanismo, y que el mecanismo no pueda moverse sin que el fluido pase. Esto es un contraste con las Turbinas y las bombas de centrífuga, donde es posible que la parte móvil (la propela o la rueda de la turbina) se atasque y que aún haya fluido que pase a través del mecanismo. Si un mecanismo de desplazamiento positivo se atascara, el fluido se detendría.

La delicada construcción de un caudalímetro de Desplazamiento podría ser afectado por arena u otro material agresivo presente en el fluido. Lo que significa que estos caudalímetros son solamente útiles en el caso de fluidos limpios. Aún en el caso de fluido limpio, las superficies de sellado del mecanismo sufren por el uso y la acumulación de imprecisiones a lo largo del tiempo. Estos instrumentos son completamente inmunes a remolinos y a otros efectos de la turbulencia del fluido y pueden ser instalados en cualquier lugar de un sistema de tuberías (no se necesita instalar secciones extensas y rectas de tuberías aguas arriba o aguas abajo). Los Caudalímetros de Desplazamiento Positivo son muy lineales, porque los ciclos del mecanismo son directamente proporcionales al volumen de fluido.

Se muestra un caudalímetro de Desplazamiento Positivo grande que se usa para medir el caudal de líquido (registrando el total del volumen acumulado en unidades de galones), se

(a)
Engranaje que convierte el
movimiento de un rotor en
una lectura totalizadora

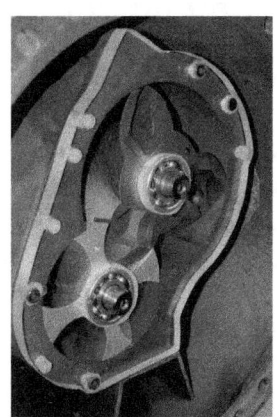

(b) Rotores

Figura 6.66: Partes de un caudalímetro de desplazamiento positivo

ha modificado para uso didáctico (Fig. 6.66).

La foto de la izquierda (Fig. 6.66a) muestra el mecanismo de rueda usado para convertir el movimiento de un rotor en una lectura de total. La foto de la derecha (Fig. 6.66b) muestra un *close-up* de los rotores, uno con cuatro lóbulos y el otro con cuatro ranuras con las que los lóbulos interactúan. Los lóbulos y las ranuras tienen forma de espiral, de tal forma que el fluido que pase por los caminos en espiral debe empujar los lóbulos hacia afuera de las ranuras y hacer que los rotores roten. Mientras no haya escapes entre los lóbulos del rotor y las ranuras, las vueltas del rotor guardarán una relación precisa con respecto al volumen de fluido que pase a través del caudalímetro.

6.6   Caudal volumétrico normalizado

La mayoría de las tecnologías de caudalímetros operan bajo el principio de interpretar el caudal basado en la velocidad del fluido. Los caudalímetros de tipo vórtice, de turbina, ultrasónicos y magnéticos son ejemplos de esto, donde el elemento de sensado (de cada tipo de medidor) responde directamente a la velocidad del fluido. Trasladar la velocidad de fluido en caudal volumétrico es muy simple, de acuerdo a la siguiente ecuación:

$$Q = A\overline{v}$$

Donde,

Q = Caudal volumétrico (Ej. pie cúbico por minuto)

A = Área de sección transversal de la garganta del caudalímetro (Ej. ft cudrado)

$\overline{v}$ = Velocidad promedio de fluido en la sección de la garganta (Ej. ft por minuto)

Los caudalímetros de Desplazamiento Positivo son más directos que los caudalímetros de sensado de velocidad. Un caudalímetro de Desplazamiento Positivo mide directamente el caudal volumétrico, contando volúmenes discretos de fluido al pasar por el medidor.

Aún los caudalímetros basados en presión como los de Placa de Orificio y los Tubos de Venturi usualmente están calibrados para medir en unidades de volumen por tiempo (Ej. galones por minuto, barriles por hora, pie cúbico por segundo, etc). Para una gran cantidad de aplicaciones de caudal, tiene sentido medir en unidades de volumen.

Esto es especialmente verdadero si el fluido en cuestión es un líquido. Los líquidos son incompresibles esencialmente: esto es, no cambian el volumen ante la aplicación de una presión. Esto hace que las medición de caudal volumétrico sea simple para los líquidos: un pie cúbico de un líquido a alta presión y temperatura dentro de un tanque de proceso ocuparía aproximadamente el mismo volumen ($\approx$

1ft^3) cuando sea almacenado en un barril a temperatura y presión ambiente.

Los gases y vapores, sin embargo, cambian fácilmente el volumen bajo la influencia de la presión y la temperatura. En otras palabras, un gas tendría un incremento de presión debido a una disminución del volumen debido a que las moléculas en el gas son forzadas a estar más cercas entre sí y habrá una disminución de temperatura por la disminución de la energía cinética de cada molécula individual. Esto hace más compleja la medición de caudal volumétrico en gases que en los líquidos. Un pie cúbico de gas en alta presión y temperatura al interior de un tanque de proceso no ocuparía el mismo pie cúbico bajo otras condiciones de presión y temperatura.

La diferencia práctica entre las mediciones de caudal volumétrico en líquidos (Fig. 6.67a) y los gases (Fig. 6.67b) se puede ver fácilmente a través de un ejemplo donde se mide el caudal antes y después de una válvula de reducción.

El caudal volumétrico de líquido antes y después de la válvula reductora de presión es la misma, porque el volumen del líquido no depende de la presión aplicada (los líquidos no son compresibles). El caudal volumétrico de gas, sin embargo, es significativamente mayor después de la válvula reductora que antes, porque la reducción en presión hace que el gas se expanda (menos presión significa que el gas ocupa un volumen mayor). Esto nos dice que las mediciones de caudal volumétrico de gas no tendrían sentido si no se acompañan de datos de presión y temperatura. Un caudal de "430 ft^3/min" que informe un caudalímetro de gas a 250 PSIG significa algo completamente diferente que el mismo caudal informado a diferente presión de línea.

Una solución a este problema es reemplazar las mediciones de caudal volumétrico por caudalímetros Másicos para que se mida la masa de las moléculas de gas cuando pasan a través del instrumento. Otra solución más común es especificar el caudal de gas en unidades de volumen por unidad de tiempo en alguna condición prefijada de presión y temperatura. Esto

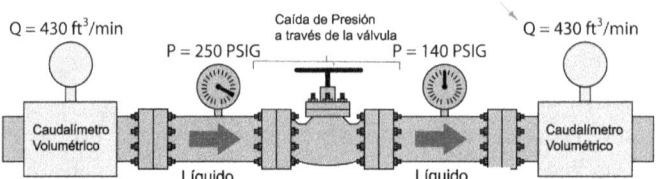

(a) Caudal de líquidos: El caudalímetro ubicado aguas abajo de la válvula registra el mismo caudal volumétrico que el caudalímetro ubicado aguas arriba de la válvula, porque los líquidos son incompresibles

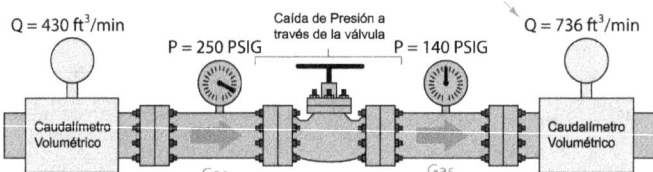

(b) Caudal de gases: El caudalímetro aguas abajo de la válvula registra mayor caudal que el caudalímetro aguas arriba de la válvula porque el gas se ha expandido

Figura 6.67: Diferencias en la medición de caudal volumétrico de líquidos y gases

se conoce como medición de caudal volumétrico normalizado.

6.7 Caudalímetros de Masa Verdadera

Muchas tecnologías tradicionales responden al caudal volumétrico. Los caudalímetros basados en velocidad tales como los de tipo magnéticos, vórtice, turbina y ultrasónicos generan señales de salida proporcionales a la velocidad del fluido y a nada más. Esto significa que si el fluido que se mueve a través de uno de estos tipos de caudalímetros se volviese más denso repentinamente, manteniendo el mismo número de unidades volumétricas por minuto, la respuesta del caudalímetro no cambiaría nada.

La información que proporciona un caudalímetro volumétrico puede que no sea la mejor para el proceso que se está midiendo. Si estuviésemos interesados en medir el caudal para alimentar un reactor químico, por ejemplo, lo importante es saber cuántas moléculas por unidad de tiempo entran al reactor, no cuántos metros cúbicos o cuántos galones. Se sabe que los cambios en temperatura provocan cambios en la densidad de líquidos y gases, lo que significa que cada unidad volumétrica contendrá un número diferente de moléculas después del cambio de temperatura. La presión tiene una influencia similar en los gases: los incrementos de presión significan que hay más moléculas de gas ocupando cada pie cúbico (u otra unidad volumétrica), mientras los otros factores permanezcan iguales. Si el proceso requiriese un conteo de caudal molecular, los caudalímetros volumétricos no serian útiles.

En los sistemas de control de generadores de vapor, el caudal del agua en la caldera y el caudal de vapor saliendo de la caldera debe ser igualado para mantener una cantidad constante de agua dentro de las calderas y tuberías. Sin embargo, el agua es un líquido y el vapor es un gas, por lo que las mediciones de caudal basadas en volumen no tienen significado. La única forma razonable para que el sistema de control balancee el caudal es medirlo como caudal másico en lugar de caudal volumétrico. Sin importar qué fase tengan las moléculas de agua H_2O, cada kilogramo que entre a la caldera deberá salir, de acuerdo a la Ley de Conservación de la Masa: cada molécula de agua que entre a la caldera debe corresponder a una molécula de agua saliendo para mantener sin cambios la cantidad de moléculas de agua. Por esto es que los alimentadores de caldera y los caudalímetros de vapor son calibrados para medir en unidades de lbm *pound mass* por unidad de tiempo.

En aplicaciones de Transferencia de Custodia donde se usan caudalímetros se tiene el mismo problema. La Transferencia de Custodia es un escenario donde un material en particular se vende y se compra, y donde la precisión de la medición de caudal es un tema de importancia comercial. En tales ejemplos lo que importa es el número de moléculas que se venden y se compran, no cuántos metros cúbicos ocupan esas moléculas.

Se ha establecido que los elementos tienen unidades fijas de masa: un mol de cualquier elemento monoatómico tendría una masa igual a la masa atómica del elemento. Por ejemplo, un mol de carbono (C) tiene una masa de 12 gramos porque el elemento carbono tiene una masa atómica de 12. Similarmente, un mol de átomos de Oxígeno (O) tiene una masa de 16 gramos, porque el elemento Oxígeno tienen una masa atómica de 16. Por eso un mol de monóxido de carbono (CO) tiene una masa de 28 gramos ($12 + 16$) y un mol de moléculas de dióxido de carbono (CO_2) tiene una masa de 44 gramos ($12 + 16 \times 2$). La relación entre el conteo de moléculas y de masa para cualquier componente químico es fija, porque la masa es una propiedad intrínseca de la materia.

Si se deseara contar el número de moléculas que pasan por una tubería, sabiendo la composición química de esas moléculas, la forma más práctica de hacerlo es medir el caudal másico.

La relación matemática entre el caudal de volumen Q y la masa de caudal W es de proporcionalidad con la densidad de masa ρ:

$$W = \rho Q$$

El análisis dimensional confirma esta relación. El caudal volumétrico siempre se mide en unidades de volumen (m^3, ft^3, cc, in^3, galones, etc) durante un intervalo de tiempo, la masa se mide en unidades de masa (g, kg, lbm).

Con la tecnología moderna de computación y sensores, es posible combinar mediciones de presión, temperatura y caudal volumétrico de tal forma que se puedan derivar mediciones de caudal de masa. Este es el objetivo de AGA3 (mediciones de caudal de placas de orificio), de AGA7 (mediciones de caudal con Turbinas) y de AGA9 (mediciones ultrasónicas de caudal): compensar la naturaleza fundamentalmente volumétrica de estos elementos de medición con datos de temperatura y presión para calcular el caudal en unidades de masa por unidad de tiempo.

Los sistemas de caudalímetros compensados requieren mucho más esfuerzos de calibración para mantener la precisión a lo largo del tiempo, sin mencionar el gasto en la compra de transmisores y computadores de caudal que se requieren para tener los datos necesarios y de cálculos de caudal de masa. En vez de usar este sistema, se podría usar un caudalímetro de masa en lugar de uno volumétrico. Estos caudalímetros existen y son explicados a continuación.

Cada una de las tecnologías de caudalímetros responden naturalmente al caudal de masa. Considerando el ejemplo del fluido que aumenta abruptamente su densidad mientas el caudal volumétrico permanece constante, se puede usar un caudalímetro de masa verdadera, el cual reconocerá inmediatamente el incremento en la masa de caudal (el mismo volumen pero más masa por volumen), sin la necesidad de la compensación que efectúan los computadores de caudal. Los caudalímetros de masa verdadera operan bajo principios relacionados con la masa de las moléculas de fluido que pasan a través del medidor, lo que los hace muy diferente de los otros tipos de caudalímetros.

En el caso del caudalímetro de Coriolis, el instrumento trabaja bajo el principio de inercia: la fuerza generada por un objeto es acelerada o frenada. Esta propiedad básica de la masa (oposición al cambio de velocidad) forma las bases de la función del caudalímetro de Coriolis. La fuerza inercial generada al interior de un caudalímetro de Coriolis se duplicará si el caudal volumétrico de masa constante se duplicara así como la fuerza inercial se duplicará si la densidad de un caudal volumétrico constante se duplicara. La fuerza inercial se convierte en una representación de qué tan rápido se mueve la masa a través del caudalímetro en ambas formas y por lo tanto, este tipo del caudalímetro es un instrumento de caudal de masa verdadera.

En el caso de un caudalímetro térmico, el instrumento trabaja bajo el principio de convección de transferencia de calor: la energía de calor extraída desde un objeto caliente a medida que las moléculas frías lo atraviesen. Esta habilidad de las moléculas de fluido para transportar calor es una función del Calor Específico de cada molécula y el número de moléculas que se mueven por el objeto más caliente. Mientras que la composición química del fluido permanezca sin cambios, la transferencia convectiva de calor es una función de cuántas moléculas de fluido pasan durante un tiempo dado. La tasa de transferencia de calor al interior de un caudalímetro térmico se duplicaría si el caudal volumétrico de un fluido dado se duplicara; la tasa de transferencia también se duplicará si la densidad del fluido se duplicara (esto es: el doble de moléculas pasando en una unidad de tiempo). En ambos casos, la velocidad de transferencia de calor es una representación de cuántas moléculas de fluido se están moviendo a través del caudalímetro, lo que, para cualquier tipo de fluido es proporcional al caudal másico. Esto hace que el caudalímetro térmico sea un instrumento de caudal másico para cualquier fluido con composición calibrada.

Existen algunas tecnologías mecánicas antiguas para medir el caudal real de masa, pero estos han sido reemplazados por las tecnologías de caudalímetros térmicos y de Coriolis. Estos se han convertido rápidamente en la elección para aplicaciones conocidas inicialmente como de dominio de caudalímetros de placa de orificio compensado (Ej. AGA3) y de caudalímetros de turbina (Ej. AGA7). El de turbina con hélice y de turbinas gemelas son ejemplos de tecnologías antiguas de caudal de masa verdadero. Ambos trabajan bajo el principio de la inercia de fluido. En el caso del caudalímetro de turbina hélice, una hélice o propela controlada por un motor eléctrico de velocidad constante genera una efecto giratorio *spin* en el fluido en movimiento, el cual impacta la rueda de una turbina estacionaria para generar un torque que se pueda medir. Mientras mayor sea el caudal másico, mayor será la fuerza de impulso impartida a la rueda de la turbina. En el caudalímetro de turbinas gemelas, hay dos ruedas de Turbinas que rotan con cuchillas de diferentes dimensiones que se acoplan entre si con un acoplamiento flexible. A medida de que cada turbina intente girar a su propia velocidad, la inercia del fluido causará un torque diferencial entre las dos ruedas. A mayor caudal másico, mayor desplazamiento angular entre las dos ruedas.

6.7.1 Caudalímetros de Coriolis

En Física, ciertos tipos de fuerza se clasifican como ficticias o pseudofuerzas porque solamente aparecen desde una perspectiva acelerada (llamada Referencia No Inercial). La sensación que se tiene en el estómago cuando se experimenta la aceleración hacia arriba o hacia abajo de un elevador, o cuando se sube a una Montaña Rusa, se siente como una fuerza contra el cuerpo, cuando no es otra cosa que la reacción de la inercia del cuerpo ante la aceleración del vehículo. La fuerza real es la fuerza del vehículo contra el cuerpo, causando la aceleración. Lo que se percibe es una reacción a esa fuerza.

La Fuerza Centrífuga es otro ejemplo de pseudofuerza porque, aunque se ve como una fuerza real actuando en un objeto que rota, no es más que una reacción inercial. La Fuerza Centrífuga es una experiencia común a cualquier niño que haya jugado en un Carrusel: la percepción de una fuerza que actúa desde el centro de rotación hacia el borde. La fuerza real que actúa sobre cualquier objeto que rota, se dirige hacia el centro de rotación (centrípeta) la cual es necesaria para mantener la aceleración radial hacia el punto central en lugar de permitir que viaje en línea recta, como haría en ausencia de cualquier fuerza. Visto desde la perspectiva del objeto giratorio, podría parecer que hay una fuerza que tira y que intenta apartar al objeto del centro.

Otro ejemplo de pseudofuerza es la Fuerza de Coriolis, que es más complicada que la Fuerza Centrífuga, originada por el movimiento perpendicular al eje de rotación en una Referencia No Inercial. El ejemplo de un carrusel puede ilustrar el efecto de la Fuerza de Coriolis: imagine que está

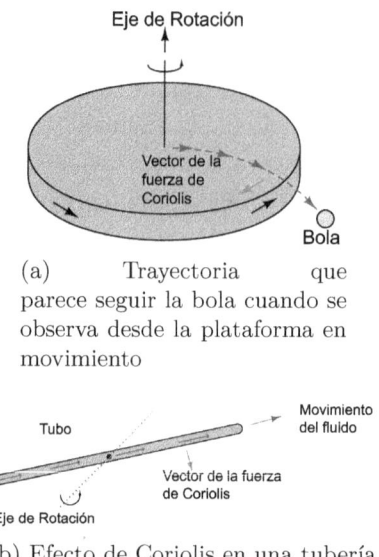

(a) Trayectoria que parece seguir la bola cuando se observa desde la plataforma en movimiento

(b) Efecto de Coriolis en una tubería

Figura 6.68: Explicación del efecto Coriolis

sentado en el centro de un carrousel, sosteniendo una pelota. Si se lanzase suavemente la pelota y se pudiese seguir la trayectoria, podría notarse que esta es curva en lugar de ser una recta partiendo desde el lugar de lanzamiento. En realidad, la pelota está moviéndose en línea recta (visto por un observador parado en la tierra), pero desde la perspectiva del que lanzó la pelota en el carrousel, parece que está curvada por una fuerza invisible denominada Fuerza de Coriolis.

Para generar una Fuerza de Coriolis, se debe tener una masa en movimiento perpendicular al eje de rotación (Fig. 6.68a).

La magnitud de esta fuerza se puede calcular a través de la ecuación vectorial siguiente:

$$\vec{F_c} = -2\vec{\omega} \times \vec{v}\,'m$$

Donde,
$\vec{F_c}$ = Vector de Fuerza de Coriolis

$\vec{\omega}$ = Vector de velocidad angular (rotación)

$\vec{v}'$ = Vector de velocidad visto desde la plataforma no inercial m = masa del objeto

Si se reemplazara la pelota con un fluido en movimiento a través de un tubo, e introdujese un vector de rotación, al inclinar el tubo alrededor de un eje estacionario (un pivote), la Fuerza de Coriolis se desarrollará en el tubo de tal forma que se oponga a la dirección de rotación, justamente como la Fuerza de Coriolis se opone a la dirección de rotación de la plataforma rotatoria en la ilustración anterior (Fig. 6.68b).

Se puede imaginar esto de la siguiente forma, el fluido lucha contra la rotación porque quiere mantenerse viajando en línea recta. Para cualquier velocidad rotacional, la cantidad de lucha será directamente proporcional al producto de la velocidad de fluido y la masa de fluido. En otras palabras, la magnitud de la Fuerza de Coriolis será directamente proporcional al caudal másico del fluido. Esta es la base del caudalímetro de Masa de Coriolis.

Se puede demostrar la Fuerza de Coriolis haciendo una modificación de la salida de agua en un aspersor para riego giratorio para que apunte en línea recta desde el centro en vez de hacerlo en ángulo. A medida de que el agua pase a través de los orificios rectos no podrá generar una fuerza rotacional que sea suficiente para hacer girar el conjunto del aspersor (Fig. 6.69a), por lo que este solo deberá regar sin moverse. Si alguien intentase rotar a mano el aspersor en estas condiciones, descubrirá el efecto de la Fuerza de Coriolis, la cual se opondrá a la rotación manual. Mientras mayor sea el caudal másico de agua, mayor será la fuerza conservadora de la Fuerza de Coriolis (Fig. 6.69b).

Esto no es un concepto muy intuitivo, por lo que merece alguna explicación. El aspersor antirrotacional no deja simplemente de rotar sino que realmente se opone a rotar por efecto de una fuerza externa (una persona tratando de empujar los tubos manualmente).

Esta oposición no ocurriría si los tubos estuviesen tapados en los extremos y llenos con agua estancada. Si fuera este el

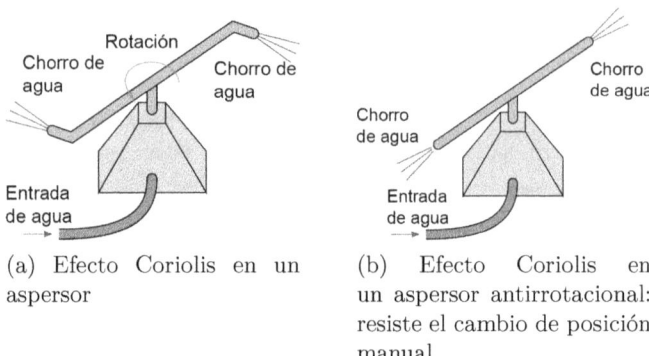

(a) Efecto Coriolis en un aspersor

(b) Efecto Coriolis en un aspersor antirrotacional: resiste el cambio de posición manual

Figura 6.69: Efecto Coriolis en aspersores

caso, los tubos simplemente pesarían con el peso del agua y rotarían libremente alrededor del eje como cualquier par de tubos de metal pesados (vacíos o llenos de agua, o de metal sólido). Los tubos tendrían inercia, pero no se opondrían activamente a un esfuerzo externo para hacerlos rotar.

El hecho de tener agua líquida moviéndose a través de los tubos es lo que hace la diferencia, y la razón es más clara cuando se imagina a cada molécula de agua sufriendo esto a medida que se aleja del centro (eje de rotación) cuando sale por el aspersor. Cada molécula de agua que parte del centro comienza sin velocidad lateral, pero se acelera hacia la circunferencia del elemento de rotación del aspersor. El hecho de que haya moléculas de agua que hacen continuamente este trayecto desde el centro hacia el elemento de rotación significa que siempre habrá un nuevo conjunto de moléculas de agua que tiene la necesidad de ser aceleradas desde el centro hacia el elemento de rotación del aspersor. En los tubos tapados con agua estancada, la aceleración solo ocurriría al rotar los tubos, en este momento, la velocidad lateral de cada molécula de agua dentro de los tubos sería la misma. Sin embargo, para que haya Fuerza de Coriolis debe repetirse continuamente el proceso de aceleración de las moléculas de agua desde el centro hasta el elemento rotatorio del aspersor. Esta

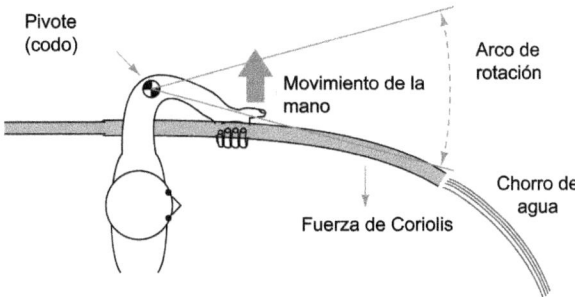

Figura 6.70: Efecto Coriolis en una manguera: la fuerza de Coriolis actúa lateralmente moviendo la manguera de un lado al otro

aceleración continua de masa nueva es lo que genera la Fuerza de Coriolis, y es lo que se opone activamente a cualquier fuerza que trata de hacer rotar el aspersor antirrotacional.

Es difícil inventar un sistema de tubos capaces de girar en círculos mientras se transporte un caudal de fluido presurizado. Para superar esto, los Caudalímetros de Coriolis se construyen siguiendo el principio de tubo flexible que oscila hacia adelante y hacia atrás, produciendo el mismo efecto en una forma cíclica en lugar de continua. El efecto es parecido a agitar una manguera de lado a lado mientras transporta una corriente de agua (Fig. 6.70).

La Fuerza de Coriolis actúa oponiéndose a la dirección de rotación. A mayor caudal másico de agua a través de la manguera, más fuerte la Fuerza de Coriolis. Si tuviésemos una forma precisa para medir la Fuerza de Coriolis impartida a la manguera por la corriente de agua y de mover en forma precisa la manguera para que la fuerza rotacional se mantenga constante para cada onda, se podría inferir directamente el caudal másico del agua.

No se puede construir un caudalímetro exactamente como el de manguera y aspersor, a menos que queramos que el fluido de proceso salga de la tubería, por lo que un diseño

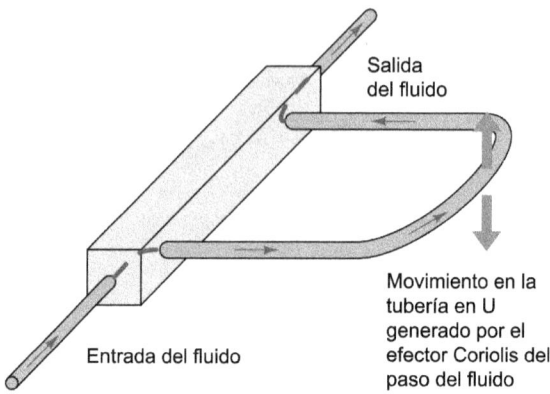

Figura 6.71: Torsión de un tubo en U por efecto Coriolis

común de caudalímetro de Coriolis usa un tubo en U que
redirige el fluido hacia el centro de rotación (Fig. 6.71).
La forma curva del extremo del tubo en U se fuerza para
agitarse hacia adelante y hacia atrás por una bobina de fuerza
electromagnética (como la bobina de fuerza de un parlante)
mientras que el extremo del tubo se ancla a un conjunto
estacionario.

   Si el fluido en el tubo estuviese estancado (sin caudal),
el tubo simplemente vibrará hacia adelante y hacia atrás
con la fuerza aplicada. Si embargo, si el fluido fluyese
a través del tubo, las moléculas de fluido experimentarán
aceleración a medida que viajan desde la base anclada
hacia el extremo redondeado del tubo, entonces sufrirán
desaceleración mientras retroceden hacia la base anclada.
La aceleración y des-aceleración continuada de masas nuevas
genera una Fuerza de Coriolis que altera el movimiento del
tubo.

   La Fuerza de Coriolis provoca que el conjunto de tubo en
U se tuerza (Fig. 6.72). La porción de tubo que transporta
fluido desde la base anclada hacia el extremo tiende a retrasar
el movimiento porque las moléculas de fluido en esa sección

del tubo están siendo aceleradas a una velocidad lateral mayor. La porción de tubo que transporta fluido desde el extremo trasero hacia la base anclada tiende a disminuir el movimiento porque las moléculas disminuyen su velocidad lateral. A medida que el caudal másico aumente a través del tubo, también lo hará el grado de torsión, monitoreando la amplitud de este movimiento de torsión se puede inferir el caudal másico del fluido que pasa por el tubo.

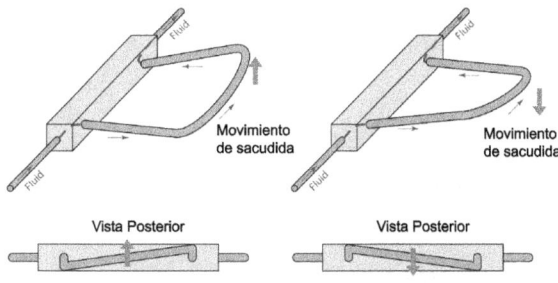

Figura 6.72: Principio de funcionamiento de un medidor de Coriolis

Para reducir la cantidad de vibración generada por un caudalímetro de Coriolis y reducir el efecto que pueda tener cualquier vibración externa en el caudalímetro, se construyen dos tubo en U idénticos y próximos entre sí y en una forma complementaria (se mueven en forma

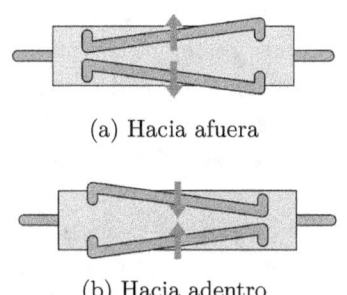

(a) Hacia afuera

(b) Hacia adentro

Figura 6.73: Comportamiento de la vibración en un caudalímetro de Coriolis con doble tubo en U

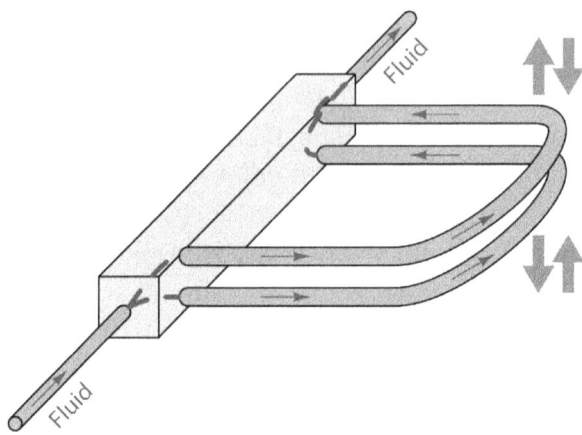

Figura 6.74: Caudalímetro de Coriolis con doble tubo en U

complementaria) (Fig. 6.74). La torsión del tubo se miden como movimiento relativo de un tubo al otro, no como movimiento entre el tubo y la cubierta del caudalímetro. Esto elimina (idealmente) el efecto de cualquier vibración de modo común en las mediciones de caudal (inferidas).

Visto desde el extremo, el agitamiento complementario y el torcido de los tubos se ve como en (Fig. 6.73)

Es necesario tener un gran cuidado por parte del fabricante para asegurar que los dos tubos sean lo más idéntico posible: no solo en sus características físicas sino en tratar de que el fluido se separe en porciones idénticas entre los dos tubos para que las respectivas fuerzas de Coriolis sean idénticas en magnitud.

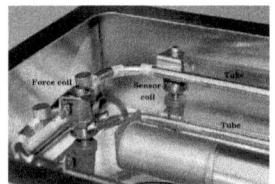

Se muestra una foto (Fig. 6.76) de una unidad de demostración de

Figura 6.75: Note que son dos tubos en este Caudalímetro de Coriolis

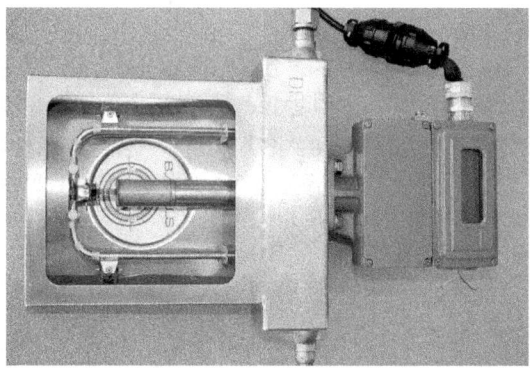

Figura 6.76: Foto de un caudalímetro de Coriolis

un caudalímetro de Coriolis de tubo en U de Rosemount (Micro-Motion). Un tubo está directamente encima de otro en esta foto, de tal forma que no se podría decir si hay o no dos tubos en U.

Al inspeccionar más cerca este caudalímetro se nota que son realmente dos tubos en U, uno encima del otro, que se agitan en direcciones complementarias por bobinas de fuerza electromagnéticas comunes (Fig. 6.75).

La bobina de fuerza trabaja bajo el mismo principio de un parlante: La corriente eléctrica AC que pasa a través de un cable de la bobina genera un campo magnético oscilatorio, el que a su vez actúa sobre un campo magnético permanente para producir una fuerza oscilatoria. En el caso de un parlante, esta fuerza hace que un cono ligero se mueva, lo que crea ondas de sonido a través del aire. En el caso del medidor de Coriolis, la fuerza agita los tubos de metal hacia adelante y hacia atrás.

Dos sensores magnéticos de desplazamiento monitorean el movimiento relativo de los tubos y transmiten señales a un módulo electrónico para procesamiento digital. Una de las bobinas de estos sensores puede ser vista en la foto anterior. Las bobinas de fuerza y de sensores no son más que imanes permanentes rodeados por bobinas de cable de cobre. La principal diferencia entre las bobinas de fuerza y las bobinas de sensor es que la bobina de fuerza está alimentada por una señal de AC, mientras que las bobinas de los sensores no tienen alimentación para que detecten el movimiento de los tubos al generar voltajes de AC que serán generados por el módulo electrónico. En el lado izquierdo (Fig. 6.77a) se muestra la bobina de fuerza, mientras que una de las bobinas de los dos sensores aparece en el lado derecho (Fig. 6.77b).

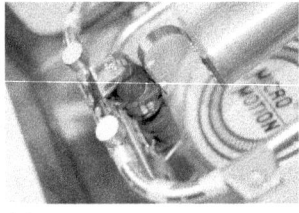 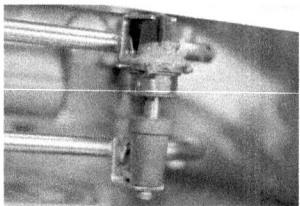

(a) Close-up de la bobina de fuerza   (b) Close-up de la bobina de un sensor

Figura 6.77: Fotos de las bobinas de un Caudalímetro de Coriolis

Los avances en la tecnología de sensores y el procesamiento de señales han permitido la construcción de Caudalímetros de Coriolis empleando tubos más rectos que los tubos en U, vistos previamente en la foto. Los tubos más rectos son ventajosos porque reducen la posibilidad de que se tapen y permiten sacar todos los líquidos del caudalímetro cuando sea necesario.

Los tubos de un caudalímetro de Coriolis no son solo conductos para el caudal de fluido, sino también elementos elásticos de precisión. Por eso es importante conocer la constante de elasticidad de estos tubos para poder inferir el desplazamiento del tubo (cuán lejos se tuerce el tubo). Cada elemento de caudal de Coriolis se prueba en la fábrica para determinar las propiedades mecánicas de los tubos, después se programa el transmisor electrónico con estas constantes.

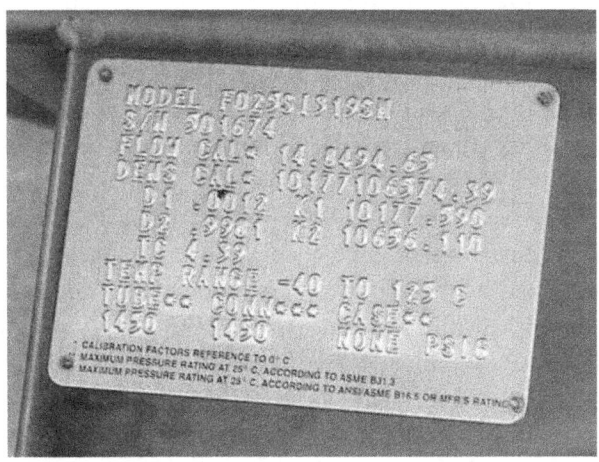

Figura 6.78: Foto de una placa de un caudalímetro de Coriolis

La siguiente fotografía (Fig. 6.78) muestra una vista de *close-up* de una placa (*nameplate*) de un caudalímetro de Coriolis Micro-motion de Rosemount, donde se muestra el valor de la constante física determinada por la fábrica para este tipo de conjunto.

Esto significa que cada elemento caudalímetro de Coriolis (el conjunto de tubo y sensor) es único y por lo tanto también su comportamiento. Consecuentemente, el transmisor debe ser programado con los valores que describan el comportamiento del elemento. Por esto el caudalímetro se vende como un conjunto inseparable desde la fábrica. No se pueden intercambiar los elementos y los transmisores sin reprogramar los transmisores con las constantes físicas de los elementos.

Los Caudalímetros de Coriolis están equipadas con sensores de temperatura RTD para monitorear continuamente la temperatura del fluido de proceso. Es importante conocer la temperatura de fluido porque esta afecta ciertas propiedades de los tubos (Ej. constante de elasticidad, diámetro y largo). La indicación de temperatura está disponible usualmente como una salida auxiliar, lo que significa que el caudalímetro de Coriolis puede duplicar el transmisor de temperatura.

Los tubos de un Caudalímetro de Coriolis se estimulan para que oscilen a su frecuencia de resonancia mecánica para maximizar el movimiento de vibración mientras se minimiza la potencia eléctrica que se debe aplicar a la bobina de fuerza. El módulo electrónico emplea un lazo realimentado entre las bobinas sensoras y la bobina agitadora para mantener los tubos en un estado constante de oscilación resonante. La frecuencia de resonancia cambia con la densidad del fluido del proceso debido a que la masa efectiva de los tubos rellenos con fluido cambia con la densidad del fluido de proceso y la masa es una de las variables que influencian la frecuencia resonante mecánica de una estructura elástica. Note el término masa en la fórmula siguiente, la cual describe la frecuencia resonante de un resorte tensado:

$$f = \frac{1}{2L}\sqrt{\frac{F_T}{\mu}}$$

, Donde,

f = Frecuencia de resonancia del resorte (Hertz)
L = Largo del resorte (metros)
F_T = Tensión del resorte (newtons)
μ = Masa unitaria del resorte (kilogramos por metro)

Los tubos rellenos con fluido son parecidos a los resortes tensados, por lo que la relación matemática entre la frecuencia resonante y la masa unitaria es similar. Así la frecuencia de la vibración de los tubos indican la masa unitaria de los tubos, los cuales, a su vez, representan la densidad de fluido, dado el volumen interno de los tubos. Esto significa que la densidad de fluido, junto con la temperatura de fluido, es otra variable medida por el caudalímetro de Coriolis. La habilidad para medir simultáneamente estas tres variables (caudal másico, temperatura y densidad) hacen que el caudalímetro de

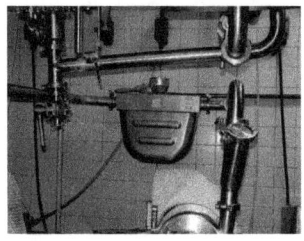 

(a) Foto de conjunto   (b) Foto de detalle

Figura 6.79: Caudalímetro de Coriolis funcionando como transmisor multivariable

Coriolis sea un instrumento versátil. Especialmente cuando el caudalímetro se comunica en forma digital usando un estándar Fieldbus en lugar de una señal analógica 4-20 mA. La comunicación Fieldbus permite que muchas variables se puedan transmitir desde el dispositivo hacia el sistema host (incluso simultáneamente con otros dispositivos), permitiendo que el caudalímetro de Coriolis haga el trabajo de tres instrumentos.

En las siguientes fotos se muestra un caudalímetro de masa de Coriolis funcionando como un transmisor multivariable (Figs. 6.79a y 6.79b). Note las etiquetas de los instrumentos (FT, TT y DT), transmisor de caudal, de temperatura y de densidad:

Aunque el caudalímetro de Coriolis mide inherentemente el caudal másico, la medición continua de densidad de fluido permite calcular el caudal volumétrico. Esta relación entre el caudal de masa W, el caudal volumétrico Q y la densidad de masa ρ es muy simple:

$$W = \rho Q \qquad Q = \frac{W}{\rho}$$

Cuando se quiera que un computador de caudal entregue una salida de caudal volumétrico se toma el valor de la medición de caudal másico y se divide por la densidad medida del fluido. Un ejercicio simple de análisis (con unidades métricas) valida el concepto:

$$\left[\frac{\text{kg}}{\text{s}}\right] = \left[\frac{\text{kg}}{\text{m}^3}\right]\left[\frac{\text{m}^3}{\text{s}}\right] \qquad \left[\frac{\text{m}^3}{\text{s}}\right] = \frac{\left[\frac{\text{kg}}{\text{s}}\right]}{\left[\frac{\text{kg}}{\text{m}^3}\right]}$$

Los Caudalímetros Másicos de Coriolis son muy precisos y confiables. Son completamente inmunes a las perturbaciones del fluido y los remolinos, lo que significa que pueden ser instalados en cualquier punto del sistema de tubería sin que se necesiten tramos de tuberías rectos aguas-arriba y aguas-abajo. La habilidad natural para medir el caudal másico real, junto con su característica lineal y precisión, los hace muy adecuados para aplicaciones de Transferencia de Custodia (donde el caudal de fluido representa el producto vendido y comprado).

La desventaja principal de los Caudalímetros de Coriolis es el alto costo inicial, especialmente en el caso de tuberías grandes. Los Caudalímetros de Coriolis también están limitados por temperatura en mayor medida que otros caudalímetros y pueden tener dificultad para medir fluidos de baja densidad (gases). Los tubos doblados que se usan para sensar el caudal de proceso también pueden atrapar fluido de proceso donde no se admite por condiciones de higiene (Ej. procesamiento de alimentos, aplicaciones farmacéuticas). Existen diseños de tubo recto y otros donde el ángulo de doblado es menor, estos son más adecuados para este tipo de aplicaciones que los tubos en U. Una ventaja de los tubos en U es que no son tan rígidos como los tubos rectos, por eso, lo últimos tienden a ser menos sensibles a bajos caudales que los tubos en U.

6.7.2 Caudalímetros Térmicos

La sensación térmica *wind chill* es un fenómeno común a cualquiera que haya estado en un ambiente frío. Cuando la temperatura ambiente es sustancialmente menor que el cuerpo, ocurre transferencia de calor desde el cuerpo hacia el aire circundante. Si no hay brisa que haga mover el aire que rodea el cuerpo, las moléculas de aire más próximas al cuerpo, se comenzarán a calentar a medida que absorban el calor del cuerpo, lo que hará que disminuya la velocidad con que se pierde calor. Si embargo, basta que haya una brisa ligera, para que el aire cerca del cuerpo se mueva, con lo que el cuerpo entrará en contacto con más moléculas de aire frío. Así, la percepción de la temperatura circundante será más fría que en ausencia de brisa.

Se puede explotar este principio para medir el caudal, ubicando un objeto calentado en el medio de un corriente de fluido y midiendo cuánto calor presente en el cuerpo se entrega al fluido. La percepción térmica que sufre el objeto calentado es una función del caudal másico real (y no solamente del caudal volumétrico) porque el mecanismo de pérdida de calor es la velocidad a la que las moléculas contactan el objeto calentado, con cada una de esas moléculas teniendo una masa definida.

La forma más simple de un caudalímetro másico térmico es el anemómetro de cable caliente *hot-wire*, que se usa para medir la velocidad del aire. Este caudalímetro consiste de un cable de metal a través del cual se hace circular una corriente para calentarlo. Un circuito eléctrico monitorea la resistencia de este cable (la que es directamente proporcional a la temperatura del cable, definida por el coeficiente de resistencia en el caso de los metales). Si la velocidad del aire que pasa cerca del cable se incrementa, habrá mayor extracción de calor desde el cable, lo que hace que caiga la temperatura. El circuito detecta este cambio de temperatura y lo compensa con un incremento de corriente a través del cable para hacer que la temperatura se mantenga en un *setpoint*. La cantidad de corriente que se envía al cable es una representación del caudal de aire másico que llega al cable.

Casi todos los sensores de caudal másico de aire usados en el control de motores de automóviles usan este principio.

En el control computarizado de motores es importante que se mida el caudal másico de aire y no solamente el caudal volumétrico para mantener la correcta proporción de aire/combustible aún cuando la densidad del aire cambie debido a cambios de altura. En otras palabras, el computador necesita conocer cuántas moléculas de aire por segundo entran al motor para poder medir apropiadamente la cantidad correcta de combustible que debe ingresar al motor y obtener una combustión completa y eficiente. El sensor de caudal másico de aire de cable caliente es simple y barato al ser producido en grandes cantidades, por lo que es usado en aplicaciones automotrices.

Los Caudalímetros Másicos Térmicos industriales consisten comúnmente de un tubo de caudal *flowtube* especial que tiene dos sensores de temperatura en su interior: uno que se calienta y otro que no. El sensor calentado actúa como un sensor de caudal másico (enfriándose a medida que el caudal se incremente) mientras que el sensor que no se calienta se usa para compensar la temperatura ambiente del fluido de proceso.

Un tubo de caudal másico térmico típico se muestra en el diagrama siguiente (Fig. 6.81) (note la presencia de elemento generador de remolinos en la foto de (Fig. 6.81b), que están diseñados para crear turbulencia en la corriente para maximizar el efecto de enfriamiento convectivo del fluido sobre el Elemento Primario calentado).

La construcción simple de un caudalímetro másico térmico permite que sea fabricado en tamaños muy reducidos. La foto siguiente (Fig. 6.80) muestra un

Figura 6.80: Medidor y controlador de caudal másico con válvula y electrónica de control

pequeño dispositivo que no es solo un medidor de caudal

(a) Foto de conjunto

(b) Foto del elemento usado para crear turbulencia, se semeja a una hélice

Figura 6.81: Caudalímetro másico térmico

másico sino un controlador de caudal másico con un mecanismo de válvula y electrónica de control. La pieza a ambos lados del dispositivo es de 1/4 pulgada:

El Calor Específico del fluido de proceso es un factor importante en la calibración de un caudalímetro de masa térmica. El Calor Específico es una medida de la cantidad de energía necesaria para cambiar la temperatura de una cantidad normalizada de sustancia en un valor dado.

Debido a que los Caudalímetros Másicos Térmicos trabajan bajo el principio de enfriamiento convectivo, un fluido que tenga un valor alto de Calor Específico provocará una mejor respuesta en un caudalímetro másico térmico que el mismo caudal másico de un fluido que tenga un Calor Específico menor.

Esto significa que se debe conocer el valor de Calor Específico del fluido que se quiera medir con un caudalímetro másico térmico y se debe asegurar que el valor de Calor Específico permanezca constante. Por eso, los caudalímetros másicos térmicos no son adecuados para medir caudales de corrientes de fluido cuya composición química cambie. Esta limitación es equivalente a la limitación de un sensor de presión que se usa para la medición hidrostática de nivel de líquido en un tanque: para que esta técnica resulte precisa, se debe conocer la densidad de líquido y también asegurarse de que la densidad permanezca constante.

Los Caudalímetros de Masa Térmica son instrumentos simples y confiables, no tan precisos o tolerantes a perturbaciones de tuberías como los Caudalímetros Másicos de Coriolis pero son mucho menos caros.

Quizás la peor desventaja de los Caudalímetros Másicos Térmicos es su sensibilidad a los cambios de Calor Específico del fluido de proceso. Esto hace que la calibración de los Caudalímetros Másicos Térmicos sea específica para una composición de fluido dada. En algunas aplicaciones como las de caudal de aire de entrada de motores de auto, donde la composición de fluido es constante, esto no es una limitación. Sin embargo, en muchas aplicaciones industriales, es una limitación lo suficientemente importante para que no se puedan emplear. Las aplicaciones industriales de los Caudalímetros Másicos Térmicos incluyen mediciones de caudal de Gas Natural (excepto Transferencia de Custodia) y la medición de caudal de gas purificado (Oxígeno, hidrógeno, nitrógeno) donde la composición es conocida y muy estable.

Otra limitante de los Caudalímetros Másicos Térmicos es la sensibilidad de algunos diseños a cambios en el régimen de caudal. Debido a que el principio de medición está basado en la transferencia de calor por convección de fluido, cualquier factor que influya en la eficiencia de transferencia de calor convectiva se convertirá en una diferencia percibida en el caudal de caudal másico. Es un hecho bien conocido en Mecánica de Fluidos que los caudales turbulentos son más eficientes en la convección de calor que los caudales laminares, porque la naturaleza estratificada de un caudal laminar impide la transferencia de calor a través del ancho del fluido. En algunos tipos de Caudalímetros Térmicos, las paredes calentadas del tubo metálico es el Elemento Primario que debe ser enfriado por el fluido, la diferencia entre la velocidad de transferencia de calor realizada por un fluido laminar desde las paredes de un tubo calentado versus el realizado por un fluido turbulento puede ser grande. Por tanto, un cambio en el régimen de caudal (de turbulento a laminar y viceversa) provocará un cambio de la calibración del caudalímetro másico térmico.

6.8 Alimentadores con pesaje

Un tipo especial de caudalímetro adecuado para sólidos granulados o talcos es el *Weighfeeder*. Uno de los tipos más comunes consiste de un cinta transportadora con una sección apoyada en rodamientos acoplados con una o más celdas de carga de tal forma que la cinta de largo fijo se pese en forma continua (Fig. 6.82).

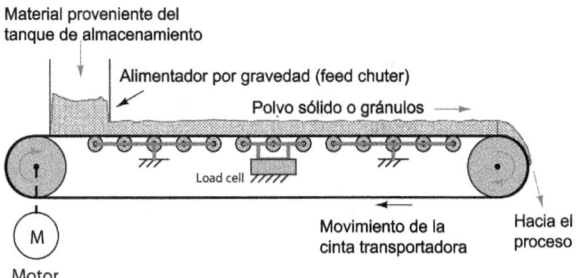

Figura 6.82: Caudalímetro para sólidos granulados basado en pesaje y cinta transportadora

La células de carga miden el peso de una sección de cinta de tamaño fijo, lo que se da en términos de peso de material por distancia lineal en la cinta. Se usa un tacómetro (sensor de velocidad) para medir la velocidad de la cinta. El producto de estas dos variables es el caudal másico de material sólido a través del *weighfeeder*.

$$W = \frac{Fv}{d}$$

Donde,

W = Caudal másico (Ej. libras por segundo)

F = Fuerza de gravedad que actúa sobre la sección de cinta que se pesa (Ej. libras)

v = Velocidad de la cinta (Ej. pies por segundo)

d = Largo de la sección de cinta pesada (e.g. feet)

En la foto se muestra un pequeño *weighfeeder* (de aproximadamente dos pies de largo) que se usa para verter Soda Cáustica en polvo en el agua de una planta de filtrado para neutralizar pH (Fig. 6.83).

En el medio de la cinta (no se muestra en la vista) hay un conjunto de rodamientos que soportan el peso de la cinta y de la Soda Cáustica que transporta la cinta. El conjunto de células de carga proporcionan una medición de libras de material por pie de largo de la cinta (lb/ft).

Como se puede ve en la próxima ilustración, el polvo de Soda Cáustica simplemente cae del extremo alejado de la cinta transportadora hacia el agua (Fig. 6.83b).

El sensor de velocidad mide la velocidad de la cinta en pie por minuto (ft/min). Una conversión de unidad ($\times 60$) expresa el caudal másico en unidades de libras por hora (lb/h). Se muestra una foto de la pantalla del *weighfeeder*.

Note que una carga de cinta de 1.209 lb/ft y una velocidad de cinta de 0.62 pie por minuto no corresponde exactamente al caudal másico mostrado de 43.7 lb/h. La razón para esta discrepancia es que la foto muestra la pantalla con una imagen donde los valores no son simultáneos. Los *weighfeeders* frecuentemente tienen fluctuaciones en la carga de la cinta en condiciones normales de operación, lo que lleva a fluctuaciones en el cálculo de caudal másico. A veces estas fluctuaciones entre la mediciones y las variables calculadas no coinciden en la pantalla, debido a la demora inherente al cálculo de caudal másico (retraso del valor de caudal hasta que la carga de la cinta sea medida y muestreada).

6.9   Mediciones por cambio de cantidad

El caudal, por definición, es el paso de material de un lugar a otro durante un tiempo. En este capítulo se ha explotado

(a) Foto de conjunto

(b) Detalle de la alimentación por gravedad

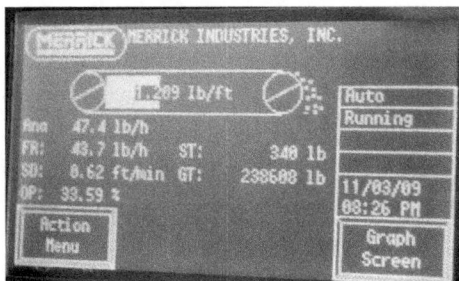

(c) Pantalla

Figura 6.83: Alimentador de soda cáustica

la tecnología para medir el caudal en movimiento desde el origen al destino. Sin embargo, existe otro método para medir caudal: medir cuánto material ha salido o llegado a un lugar durante un tiempo.

Matemáticamente, se puede expresar el caudal como un cociente de cantidad sobre tiempo. Sin importar si el caudal es volumétrico o másico, el concepto es el mismo: cantidad de material movido por cantidad de tiempo. Se puede expresar caudal promedio como cocientes de cambios:

$$\overline{W} = \frac{\Delta m}{\Delta t} \qquad\qquad \overline{Q} = \frac{\Delta V}{\Delta t}$$

Donde,

$\overline{W}$ = Caudal másico promedio

$\overline{Q}$ = Caudal volumétrico promedio

Δm = Cambio de masa

ΔV = Cambio de volumen

Δt = Cambio de tiempo

Suponga que un tanque de agua está equipado con células de carga para medir en forma precisa el peso (Fig. 6.84) (el que es directamente proporcional a la masa si es que la gravedad no cambia). Asumiendo que solamente una tubería entre o salga del tanque, cualquier caudal de agua a través de la tubería hará que el peso total del tanque cambie:

Si la masa medida del tanque variase de 74,688 kg a 70,100 kg entre las 4:05 AM y las 4:07 AM, se podría decir que el caudal másico promedio del agua que abandona el tanque es de 2,294 kg por minuto durante el tiempo observado.

$$\overline{W} = \frac{\Delta m}{\Delta t} = \frac{70100 \text{ kg} - 74688 \text{ kg}}{4:07 - 4:05} = \frac{-4588 \text{ kg}}{2 \text{ min}} = -2294\frac{\text{kg}}{\text{min}}$$

Note que la medición de caudal promedio puede ser determinado sin usar caudalímetros. Todos los conceptos estudiados anteriormente (turbulencia, Número de Reynolds, propiedades de fluidos, etc) son completamente irrelevantes.

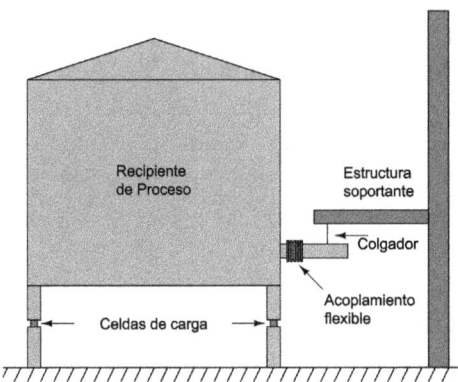

Figura 6.84: Uso de celdas (o células) de carga para medir diferencia de peso en un recipiente de proceso

Se puede medir cualquier caudal simplemente midiendo el peso o volumen almacenado durante el tiempo. Un computador puede hacer este cálculo si se desea.

Ahora suponga que no es necesario medir el caudal promedio cada dos minutos. Imagine que el personal de operaciones necesita los datos de caudal calculado y mostrado a más de 30 veces por hora. Todo lo que se necesita para mejorar la resolución es tomar mediciones más frecuentemente. Si el caudal fuese absolutamente estable, se podría muestrear la masa con el intervalo inicial de dos minutos. Sin embargo, si el caudal no fuese estable, se debería muestrear más frecuentemente para poder observar las variaciones hacia arriba y hacia abajo del caudal.

Imagine que el computador de caudal hipotético toma mediciones de peso (masa) con una rapidez infinita: una cantidad infinita de muestras por segundo. Ahora, no se pueden promediar los caudales en intervalos finitos de tiempo, en su lugar se debe calcular el caudal instantáneo en cualquier punto de tiempo.

El Cálculo Matemático tienen un tipo especial de simbología para representar estos escenarios hipotéticos: se reemplaza la letra griega "delta" (Δ, significa"cambio") por la letra romana "d" (que significa *diferencial*). Una forma simple de entender el significado de "d" es pensar que tiene un significado de intervalo *infinitesimal* en la variable que siga a la "d" en la ecuación. Cuando se colocan dos diferenciales en un cociente, la fracción $\frac{d}{d}$ se denomina *derivada*. Reescribiendo las ecuaciones de caudal promedio en forma derivativa se obtiene:

$$W = \frac{dm}{dt} \qquad Q = \frac{dV}{dt}$$

Donde,

W = Caudal másico instantáneo

Q = Caudal volumétrico instantáneo

dm = Cambio de masa infinitesimal

dV = Cambio de volumen infinitesimal

dt = Cambio de tiempo infinitesimal

No se necesitan computadores para realizar cálculos infinitos por segundo para obtener mediciones de masa o volumen. Existen circuitos electrónicos analógicos que explotan las propiedades naturales de resistencias y capacitores para hacer esto esencialmente en tiempo real (Fig. 6.85).

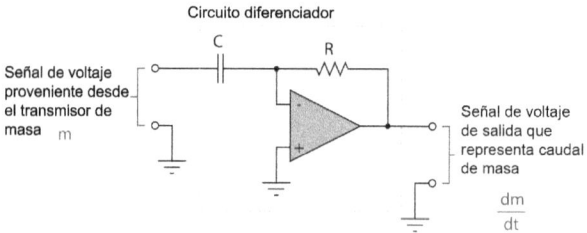

Figura 6.85: Obtención de la medición de masa utilizando un circuito diferenciador

En una vasta mayoría de aplicaciones se pueden ver

computadores digitales siendo usados para calcular el caudal promedio en lugar de usar circuitos electrónicos analógicos para calcular el caudal instantáneo. La versatilidad de los computadores digitales asegura que se puedan usar en cualquier punto de un sistema de medición, por lo que lo lógico en este caso es usar los computadores digitales existentes para calcular caudales (aunque sea imperfectamente) en vez de complicar el diseño del sistema con circuitería analógica adicional. Solo se prevée utilizar esta última en aplicaciones especializadas donde el desempeño de alta velocidad sea muy importante.

La única desventaja del método de inferir caudal a partir de la diferenciación de la masa o de los volúmenes es el requerimiento de que el tanque de almacenamiento solo tenga un camino de entrada y uno de salida. Si el tanque tuviese varios caminos por los que se mueve el líquido entrando y saliendo (simultáneamente), cualquier caudal calculado sobre la base del cambio de cantidad sería solamente un caudal neto. Es imposible emplear esta técnica de medición de caudal para medir una salida de caudal de múltiples caudales en común que se dirigen a un tanque de almacenamiento.

Un ejemplo puede aclarar el punto. Imagine un tanque de almacenamiento de agua recibiendo un caudal de 200 galones por minuto y vaciando agua a una segunda tubería a exactamente el mismo caudal: 200 galones por minuto. Es de esperar que el nivel en el tanque no cambie. Cualquier medición de caudal basada en cambio de cantidad no registraría nada porque no ha habido cambio de volumen o de masa. Igualmente, el caudal neto en este tanque es cero, pero esto no nos dice nada acerca del caudal en cada tubería, excepto que los caudales son iguales en magnitud y opuestos en dirección.

6.10 Caudalímetros de Inserción

Esta sección no describe un caudalímetro en particular sino un tipo de diseño que se puede implementar con diferentes tipos de tecnologías de medición. Cuando la tubería que transporta un fluido de proceso es grande, es prohibitivo instalar un caudalímetro para medir el caudal. Una alternativa en muchas aplicaciones prácticas es la instalación de un caudalímetro de Inserción: una

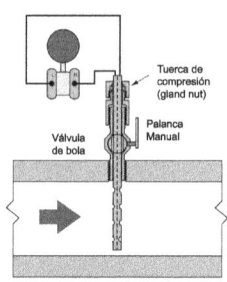

Figura 6.86: Caudalímetro de inserción Tubo Pitot

sonda que puede ser insertada o extraída desde una tubería, para medir la velocidad de fluido en una región del área transversal de la tubería (usualmente en el centro).

Un ejemplo clásico de un elemento de caudalímetro de Inserción es el Annubar, una forma de Tubo de Pitot promediador que se inserta en una tubería que transporta fluido donde es capaz de generar una presión diferencial para que un sensor de presión la pueda captar (Fig. 6.86).

El Elemento Primario Annubar se puede extraer desde la tubería aflojando una tuerca y sacando el conjunto hasta que el extremo pase a través de un válvula de bola (Fig. 6.88a). Una vez que el Elemento Primario haya sido extraído de esta forma, la válvula de bola puede ser cerrada y el Annubar se podrá sacar completamente de la tubería.

Por razones de seguridad, se implementa un dispositivo para que no se pueda retirar en forma accidental mientras la válvula esté abierta.

Otras tecnologías de caudalímetros fabricados en la forma de inserción incluyen vórtice, Turbinas y Masa Térmica. Un caudalímetro de turbina de tipo Inserción se muestra en las siguientes fotografías (Fig. 6.87a y 6.87b)

Si los elementos de detección de caudal fuesen compactos en lugar de ser distribuidos (como en el caso de los Caudalímetros de turbina mostrados arriba), se debe tener

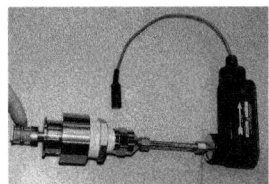
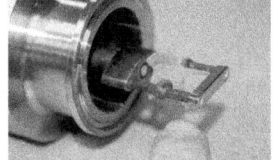

(a) Foto de conjunto   (b) Foto de detalle

Figura 6.87: Caudalímetro de inserción tipo turbina

el cuidado de asegurar la posición correcta dentro de la tubería. Debido a que los perfiles de caudal nunca son completamente planos, cualquier medidor de inserción registraría un caudal mayor en el centro de la tubería que cerca de las paredes. Dondequiera que el Elemento Primario de inserción se coloque con respecto al diámetro de la tubería, esta ubicación debe ser consistente durante las extracciones y re-inserciones siguientes, incluso la calibración del caudalímetro de Inserción debe ser llevada a acabo con cada inserción y retiro. Debe tenerse el cuidado de que el Elemento Primario de Caudal apunte directamente aguas arriba y sin formar ángulo.

Una ventaja exclusiva de los instrumentos de inserción es que pueden ser instalados en una tubería que esté en operación usando un equipamiento especial de cerrado en caliente *hot-tapping*. Este es un procedimiento donde se realiza una penetración segura en la tubería mientras la tubería transporta fluido bajo presión. El primer paso en una operación de cerrado en caliente es soldar una T *saddle tee* en un lado de la tubería (Fig. 6.88b).

A continuación, una válvula de bola se instala en la brida *flange* de la T. Esta válvula de bola se usa para aislar el instrumento de la presión de fluido al interior de la tubería (Fig. 6.88c).

Un taladro especial para cierre en caliente se usa entonces, para asegurar el extremo abierto de la válvula de bola (Fig. 6.89a). Este taladro usa un sello de alta presión para que contenga la presión de fluido dentro de la cámara de taladrado a medida en que el motor hace girar la broca.

La válvula de bola se abre para que la broca del taladro avance hacia la pared de la tubería onde se hace una perforación en la tubería. La presión del fluido alcanza la cámara vacía de la válvula de bola y cierra en caliente la perforación hecha en la pared de la tubería.

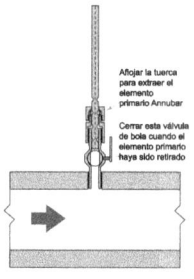

(a) Extracción del elemento primario

Una vez que la perforación se haya realizado completamente, la broca se extrae y la válvula de bola se cierra para permitir la remoción del taladro de cierre en caliente (Fig. 6.89b)

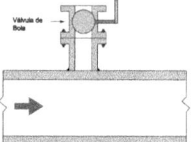

(b) Instalación de la válvula de bola

Note que existe una conexión aislada de la tubería en caliente, a través de la cual se puede colocar un Caudalímetro de Inserción (u otro instrumento o dispositivo).

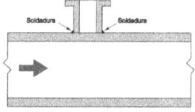

(c)   Cerrado en caliente (hot-tapping)

El cierre en caliente es una habilidad técnica que requiere mucho cuidado para que se pueda realizar con seguridad.

Figura   6.88: Método de Extracción del elemento primario en un caudalímetro Annubar de inserción

6.11 Elección de instrumentos

Cada caudalímetro explota un principio físico para medir el caudal. Es importante conocer cómo estos principios se aplican a diferentes tecnologías de caudalímetros con el fin de elegir adecuadamente el instrumento de acuerdo a la aplicación donde será utilizado. Vea la tabla siguiente (Tab. 6.4) con los principios de operación específicos que se han explotado por diferentes tecnologías de medición de caudal.

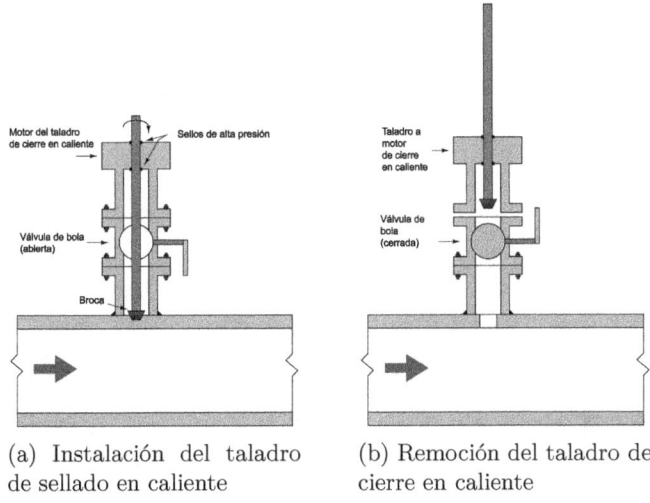

(a) Instalación del taladro de sellado en caliente

(b) Remoción del taladro de cierre en caliente

Un factor potencialmente importante para elegir una tecnología apropiada de caudalímetro es la cantidad de pérdida de energía causada por la caída de presión. Algunos tipos de caudalímetros, como los de Placa de Orificio, son baratos de instalar pero pueden tener un gran costo en términos de pérdida de energía debido a la caída permanente de presión *permanent pressure drop* (es la pérdida total, no recuperable de presión entre la entrada y la salida del dispositivo, no la diferencia de presión entre la entrada y la Vena Contracta). La energía cuesta dinero por lo que las industrias deben considerar el costo a largo plazo de un caudalímetro a la hora de considerar cuál es el más barato de instalar. Podría perfectamente suceder que un Tubo de Venturi cueste menos después de años de operación que una Placa de Orificio barata.

Tabla 6.4: Principios de operación para los caudalímetros

Tecnología de medición	Principio de operación	Linealidad	Flujo de dos vías
Presión diferencial	Autoaceleración de masa de fluido, intercambio energía cinética - potencial	$\sqrt{\Delta P}$	(algo)
Laminar	Fricción de fluido Viscosa	lineal	sí
Vertederos y Aforadores	Autoaceleración de masa de fluido, intercambio energía cinética - potencial	H^n	no
turbina (velocidad)	Velocidad de Fluido por el giro de una rueda	lineal	sí
Vortex	Efecto von Kármán	lineal	no
Magnético	Inducción Electromagnética	lineal	sí
Ultrasónico	Tiempo de propagación de onda de sonido	lineal	sí
Coriolis	Inercia de fluido, Efecto de Coriolis	lineal	sí
turbina (masa)	Inercia de fluido	lineal	(algo)
Térmico	Enfriamiento convectivo, calor espacífico de fluido	lineal	no
Desplazamiento positivo	Movimiento de volúmenes fijos	lineal	(algo)

En la misma consideración, se pueden encontrar caudalímetros que son mucho mejores que el resto: son los tubos de caudal que no tienen obstrucción. Los caudalímetros ultrasónicos y magnéticos no tienen obstrucción en la trayectoria del fluido. Esto hace que la pérdida de presión sea casi nula. Los caudalímetros de masa térmica y de Coriolis de tubo recto casi no presentan obstrucción, mientras que los de vórtice y los de turbina son apenas un poco peores.

Capítulo 7

Mediciones continuas analíticas

En el campo de la instrumentación industrial y de control de procesos, la palabra analizador *analyzer* generalmente se refiere a un instrumento encargado de medir la concentración de alguna sustancia, usualmente mezclada con otras sustancias de poco o ningún interés para el proceso controlado. A diferencia de otras mediciones menos detalladas, los dispositivos analizadores deben seleccionar en forma detallada un material dentro de otros que también están presentes en la muestra. Este único aspecto es responsable por la complejidad de la instrumentación analítica: ¿Cómo medir la cantidad de solamente una sustancia cuando se encuentre totalmente mezclada con otras sustancias?

Los instrumentos analizadores generalmente consiguen selectividad al medir alguna propiedad de la sustancia de interés que le sea exclusiva, o al menos, única de entre todas las sustancias que sea posible encontrar en la muestra del proceso. Por ejemplo, un analizador óptico puede obtener selectividad al medir la intensidad de solamente aquellas longitudes de onda de la luz que son absorbidas solamente por el compuesto de interés. Un analizador paramétrico de Oxígeno podría tener selectividad explotando

343

las características paramagnéticas del gas Oxígeno, porque no hay otro gas más paramagnético que el Oxígeno. Un analizador de pH obtiene selectividad con respecto a iones de Hidrógeno usando una membrana de gas especialmente preparada para dejar pasar solamente iones de Hidrógeno.

Pueden surgir problemas si la propiedad medida de la sustancia de interés no sea tan exclusiva como se habría originalmente considerado. Esto puede ocurrir debido a la negligencia de parte del personal que haya escogido la tecnología del analizador, o puede surgir como resultado de cambios en la química del proceso, ya sea por modificaciones intencionales en el equipamiento del proceso o por condiciones anormales de operación. Por ejemplo, que un gas absorba algunas (o todas) longitudes de luz del gas de interés provocará mediciones falsas si es que el analizador no tiene compensaciones para esto. El óxido Nítrico (NO) es uno de pocos gases que tienen un paramagnetismo significativo y esto puede causar errores de medición si es introducido en la boquilla de entrada de un analizador de Oxígeno paramagnético. Un analizador de pH inmerso en una disolución líquida que contenga abundancia de iones de Sodio puede ser víctima de errores de medición porque los iones de Sodio también deben interactuar con la membrana de vidrio de un electrodo de pH para poder generar un voltaje.

Por esta razón, el estudioso de instrumentación analítica debe siempre poner cuidado especial al principio de medición subyacente de cualquier tecnología de analizador, buscando si existe alguna forma en que el analizador pueda ser engañado por la presencia de alguna otra sustancia que no sea aquella para la cual fue diseñado el analizador.

7.1 Mediciones de Conductividad

La conductividad eléctrica en los metales es el resultado del desplazamiento libre de los electrones dentro de una red de núcleos atómicos que son parte de los objetos metálicos. Cuando se aplica un voltaje entre dos puntos de un objeto metálico estos electrones libres se desplazan inmediatamente hacia el polo positivo, alejándose del polo negativo.

La conductividad eléctrica en los líquidos es otro tema. Aquí, los portadores de carga son iones: átomos que no están balanceados eléctricamente o moléculas que están libres para moverse porque no están amarradas a una estructura de red como en el caso de las sustancias sólidas. El grado de conductividad eléctrica de cualquier líquido es dependiente de la densidad de iones de una disolución (o de cuántos iones existen por unidad de volumen de líquido). Cuando un voltaje se aplica a través de dos puntos de una disolución líquida los iones negativos se desplazarán hacia el polo positivo y los iones positivos se desplazarán hacia el polo negativo.

La conductividad eléctrica en los gases es muy parecida: los iones son los portadores de carga. Sin embargo, en los gases a temperatura ambiente, la actividad iónica es casi inexistente. Un gas debe ser supercalentado para convertirse en estado de plasma antes de que existan iones que puedan transportar una corriente eléctrica.

7.1.1 Disociación e ionización en disoluciones acuosas

El agua pura es un conductor de electricidad muy pobre. Algunas moléculas se ionizarán en mitades no balanceadas (en vez de H_2O, se podrán encontrar algunas iones hidroxilos cargados negativamente (aniones OH^-) y algunos iones de Hidrógeno cargados positivamente (cationes H^+) pero el porcentaje es extremadamente pequeño a temperatura ambiente.

Cualquier sustancia que aumente la conductividad eléctrica cuando esté disuelta en agua se denomina electrolito. Este aumento en conductividad ocurre debido a que las moléculas se separan en iones positivos y negativos, los cuales pueden servir como portadores de carga libres. Si el electrolito en cuestión es un compuesto iónicamente-unido (la sal de mesa es un ejemplo común), los iones que forman el componente se separan en forma natural en una disolución y a esta separación se le denomina disociación. Si el electrolito en cuestión es un compuesto covalentemente unido (el ácido clorhídrico es un ejemplo), la separación de esas moléculas en aniones y cationes se denomina ionización.

La disociación e ionización se refieren a la separación de átomos inicialmente unidos al entrar en una disolución. La diferencia entre estos términos es el tipo de sustancia que se divide: disociación se refiere a la división de compuestos iónicos (tales como sal de mesa), mientras que la ionización se refiere a los compuestos unidos por covalencia (moleculares) tales como HCl los cuales no son iónicos en su estado puro.

Las impurezas iónicas que se agregan al agua (tales como sales y metales) se disocian inmediatamente y quedan disponibles para actuar como portadores de carga. Así, la medición de la conductividad eléctrica de muestras de aguas es un estimado de la concentración de impurezas iónicas. La conductividad es, por tanto, una medición analítica importante para ciertas aplicaciones relacionadas con la pureza del agua, tales como tratamiento de agua para la alimentación de calderas y la preparación de agua de alta pureza que se usa para la fabricación de semiconductores.

Note que las mediciones de conductividad son una forma de medición analítica. La conductividad de una disolución líquida es una indicación burda del contenido iónico que no nos dice nada acerca del tipo específico de iones presentes en la disolución. Por lo tanto, las mediciones de conductividad solo tienen significado cuando se sepa previamente qué especies iónicas en particular están presentes en la disolución (o cuando el propósito sea eliminar todos los iones en la disolución como en el caso de tratamiento de agua ultra-pura, en tales casos no nos interesan los tipos de iones porque el objetivo ideal es la conductividad nula).

7.1.2 Sondas de conductividad de dos electrodos

La conductividad se mide a través de una corriente eléctrica que pasa a través de una disolución. La forma más elemental de sensores de conductividad (algunas veces llamados celdas, consisten en dos electrodos de metal insertados en la disolución, conectados a un circuito diseñado para medir la conductancia G, el recíproco de la resistencia $\left(\frac{1}{R}\right)$ (Fig. 7.1).

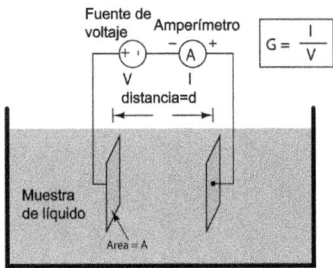

Figura 7.1: Método para medir la conductividad de una disolución

La siguiente foto muestra una sonda de conductividad de contacto directo, la que consiste de electrodos de acero *stainless* que contactan el fluido a través de un tubo de vidrio (Fig. 7.2).

La conductancia medida por un instrumento de conductividad de contacto directo es una función de la geometría de la placa (área de superficie y distancia de separación) y de la actividad iónica de la disolución. Un incremento simple en la distancia de separación entre las sondas electrónicas resultará en una disminución en la medición de conductancia (incremento de la resistencia R) aún

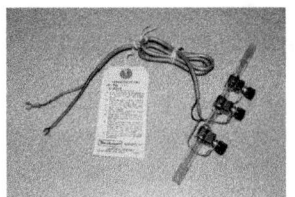

Figura 7.2: Foto de una sonda de conductividad de contacto directo

cuando las propiedades iónicas de la
disolución no cambien. Entonces,
la conductancia G no es particularmente útil como una
expresión de la conductividad del líquido.

La relación matemática entre la conductancia G, el
área de la placa A, la distancia entre las placas d y la
conductividad real del líquido k se expresa en la siguiente
ecuación:

$$G = k\frac{A}{d} \tag{7.1}$$

Donde,

G = Conductancia, en Siemens (S)

k = Conductancia Específica del líquido, en Siemens por
centímetro (S/cm)

A = Área de cada Electrodo en centímetros cuadrados
(cm^2)

d = Distancia de separación de los Electrodos en
centímetros (cm)

La unidad de Siemens por centímetro puede resultar rara
al comienzo, pero es necesaria para incorporar todas las
unidades presentes en las variables de la ecuación. Un análisis
dimensional simple prueba esto:

$$[S] = \left[\frac{S}{cm}\right]\frac{[cm^2]}{[cm]}$$

Para cualquier tipo de celda de conductividad la
geometría se toma en cuenta como el cociente entre la
distancia de separación y el área de la placa, usualmente
simbolizado por θ y siempre se expresa en unidades de
centímetros inversos (cm^{-1}):

$$\theta = \frac{d}{A} \tag{7.2}$$

Si al rescribir la ecuación de conductancia se usara θ en lugar de A y d, se podría ver que la conductancia es el cociente de la conductividad k y la constante de celda θ:

$$G = \frac{k}{\theta} \qquad (7.3)$$

Donde,

G = Conductancia, en Siemens (S)

k = Conductancia Específica del líquido, en Siemens por centímetro (S/cm)

θ = Constante de Celda, en centímetros inversos (cm^{-1})

Al manipular esta ecuación para despejar la conductividad k dada la conductancia eléctrica G y la constante de celda θ, se obtiene el siguiente resultado:

$$k = G\theta \qquad (7.4)$$

Las celdas de dos electrodos no son muy prácticas en aplicaciones reales porque los iones metálicos y minerales atraídos por los electrodos tienden a recubrir los electrodos formando barreras de aislamiento sólidas. Mientras que este efecto *electroplating* se puede reducir mucho al usar corriente AC en lugar de corriente DC para excitar el circuito de sensado, normalmente no es suficiente. Con el tiempo la barrera conductiva formada por iones unidos a la superficie de los electrodos causaría errores de calibración haciendo que el instrumento piense que el líquido es menos conductivo que lo que realmente es.

7.1.3 Sondas de conductividad de cuatro electrodos

Una solución práctica para este problema es la técnica de Kelvin o método de medición de resistencia de cuatro cables. Esta técnica comúnmente permite hacer mediciones de resistencia precisas en experimentos científicos en condiciones de laboratorio y para medir la resistencia eléctrica de galgas extensiométricas *strain gauges* y de otros sensores resistivos. La técnica de cuatro cables emplea cuatro conductores para conectar la resistencia bajo prueba al instrumento de medición (Fig. 7.3).

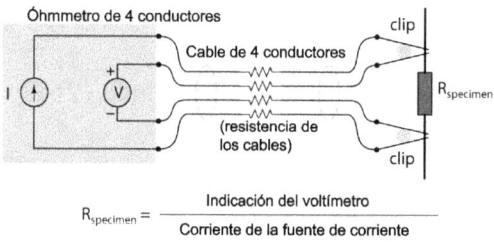

Figura 7.3: Método de 4 cables para la medición de conductividad

Solamente los dos cables exteriores pueden transportar corriente en forma sustancial. Los dos conductores internos que conectan el voltímetro a la resistencia medida transportan muy poca corriente (debido a la impedancia de entrada extremadamente alta del voltímetro) por lo que hay una caída despreciable de voltaje entre sus extremos. El voltaje que cae a través de los cables que transportan corriente (los externos) es irrelevante porque esta caída nunca es detectada por el voltímetro.

Puesto que el voltímetro solamente mide el voltaje caído en la resistencia medida y no la resistencia medida y la resistencia del cable, la medición de resistencia resultante es mucho más precisa.

En el caso de las mediciones de conductividad no es la resistencia del cable lo que hay que ignorar, sino la resistencia adicional provocada por el recubrimiento de los electrodos. Al usar cuatro electrodos en lugar de dos se puede medir la caída de voltaje a través de una disolución líquida solamente e ignorar completamente los efectos resistivos del recubrimiento de los electrodos (Fig. 7.4).

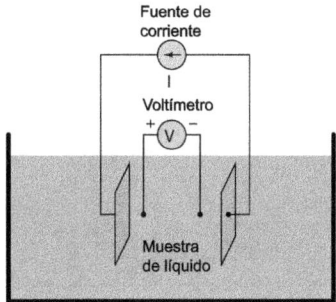

Figura 7.4: Medición de conductividad usando 4 cables

En las celdas de conductividad de 4-conductores cualquier recubrimiento de electrodos simplemente hace que la fuente de corriente tenga que elevar su voltaje pero no afectará la cantidad de voltaje detectado por los dos electrodos interiores en la medida que la corriente eléctrica pase a través del líquido. Algunos instrumentos de conductividad emplean un segundo voltímetro para medir la caída de voltaje que tiene lugar entre los dos electrodos de excitación para así indicar los errores en los electrodos (Fig. 7.5).

Cualquier error de electrodo hará que la medición del voltaje secundario aumente con lo que se proporciona una indicación que los técnicos pueden usar para mantenimiento preventivo (se sabe cuando las sondas necesitan limpiado o reemplazo). Mientras tanto, el voltímetro principal realizará su trabajo de medir con precisión la conductividad del líquido mientras la fuente de corriente sea capaz de entregar una cantidad normal de corriente.

7.1.4 Sondas de conductividad sin electrodos

Un tipo completamente diferente de celdas de conductividad denominadas
sin electrodos, usa la inducción electromagnética en lugar

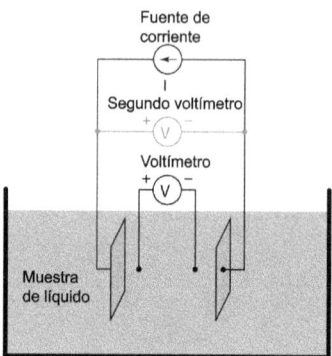

Figura 7.5: Uso de un segundo voltímetro en las mediciones de conductividad

del contacto eléctrico directo para detectar la conductividad de la disolución líquida. Este tipo de celda tiene la ventaja distintiva de ser virtualmente inmune a errores *fouling* puesto que no hay contacto eléctrico directo entre el circuito de medición y la disolución líquida. En lugar de usar dos o cuatro electrodos insertados en la disolución para medición de conductividad, esta celda usa dos inductores toroidales (uno para inducir un voltaje de AC en la disolución líquida y el otro para medir la fuerza de la corriente resultante a través de la disolución) (Fig. 7.6).

Debido a que los núcleos toroidales contienen sus propios campos magnéticos, habrá inductancia mutua despreciable entre las dos bobinas de cables. La única forma en que un voltaje puede ser inducido en la bobina secundaria es si hay una corriente AC que pase a través del centro de la bobina a través del líquido. La bobina principal está ubicada de forma que induzca tal corriente en la disolución. Mientras más conductiva sea la disolución líquida, más corriente pasará a través de los centros de ambas bobinas (a través del líquido), produciendo así un voltaje inducido mayor en la bobina del secundario. El voltaje de la bobina secundaria entonces será

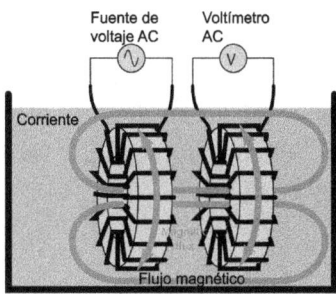

Figura 7.6: Método de medición de conductividad sin electrodos

directamente proporcional a la conductividad del líquido

El circuito eléctrico equivalente de la sonda de conductividad toroidal luce como un par de transformadores con el líquido actuando como un camino resistivo para que la corriente conecte los dos transformadores (Fig. 7.7).

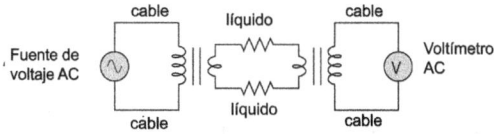

Figura 7.7: Circuito equivalente de la sonda de conductividad toroidal

La celdas toroidales se usan siempre que se pueda debido a su robustez y a su casi total inmunidad al engaño *fouling*. Si embargo, no son lo suficientemente sensibles en mediciones de conductividad en aplicaciones de alta-pureza tales como tratamiento de alimentadores de agua de calderas y tratamiento de agua ultra-pura en la industria farmacéutica y de semiconductores. Como siempre, las especificaciones de los fabricantes son la mejor fuente de información para la aplicabilidad de las celdas conductivas en algún proceso en particular.

La siguiente foto muestra una sonda de conductividad toroidal a lo largo de un transmisor de conductividad (toma mediciones de conductividad en miliSiemens por centímetro y también transmite las mediciones como señales analógicas de 4-20 mA) (Fig. 7.8).

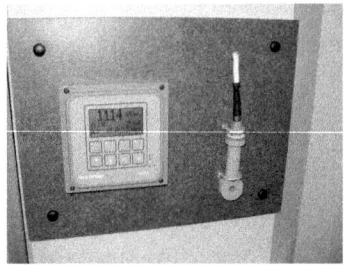

Figura 7.8: Analizador de conductividad de Rosemount

7.2 Mediciones de pH

El pH es la medición de la actividad del ión de Hidrógeno en una disolución líquida. Es una las formas más comunes de mediciones analíticas en la industria porque el pH tiene un gran efecto en el éxito de muchos procesos químicos. Por ejemplo, se usa en las industrias de procesamiento de alimentos, tratamiento de aguas, producción farmacéutica, generación de vapor (plantas termoenergéticas) y fabricación de Alcohol. El pH es también un factor importante en la corrosión de tuberías metálicas y contenedores que contengan disoluciones acuosas por lo que la medición y control de pH es importante en la protección de estos elementos.

7.2.1 Mediciones de pH colorimétricas

Una de las formas más simples de medir el pH de una disolución es por color. Algunos químicos en disolución acuosa cambiarán de color si el valor de pH de esta disolución cayese dentro de cierto intervalo. El *Litmus paper* es una aplicación de laboratorio común que sigue este principio donde una sustancia química fotosensible se incorpora a una cinta de papel que, a su vez, cambia de color cuando se introduce en una disolución. Al comparar el color final del papel de Litmus con un cuadro de referencia se obtiene un valor de pH aproximado. Rojo indica una disolución ácida y azul una alcalina.

El mismo fenómeno se observa en ciertas plantas que indican que el suelo es ácido con un color azul o violeta (Fig. 7.9).

7.2.2 Mediciones potenciométricas de pH

El cambio de color es un método de prueba de pH común que se usa en análisis manuales de laboratorio, pero no es muy bueno
para las mediciones continuas de pH. Lejos, el método de medición de pH más común es electroquímico: electrodos especialmente sensibles al pH se insertan en una disolución acuosa, los que generarán un voltaje que depende del valor de pH de esta disolución.

Figura 7.9: Foto de plantas sensibles a la acidez del suelo

Al igual que otros métodos de medición analíticos basados en voltaje, la medición electroquímica de pH se basa en la ecuación de Nernst, la cual describe el potencial eléctrico de los iones que migran a través de una membrana permeable:

$$V = \frac{RT}{nF} \ln\left(\frac{C_1}{C_2}\right) \tag{7.5}$$

Donde,

V = Voltaje producido a través de la membrana debido al intercambio iónico, en volts (V)

R = Constante del Gas Universal (8.315 J/mol·K)

T = Temperatura Absoluta, en Kelvin (K)

n = Cantidad de electrones transferidos por ion intercambiado (sin unidad)

F = Constante de Faraday, en Coulombs por mol (96,485 C/mol e$^-$)

C_1 = Concentración de iones en la disolución medida en moles por litro de disolución M

C_2 = Concentración de iones en la disolución de referencia (en el otro lado de la membrana), en moles por litro de disolución M

También se puede escribir la ecuación de Nernst usando el logaritmo común en lugar del logaritmo natural, que es como se puede ver usualmente en el contexto de las mediciones de pH:

$$V = \frac{2.303\,RT}{nF} \log\left(\frac{C_1}{C_2}\right)$$

Ambas formas de la ecuación de Nernst predicen que habrá un voltaje mayor a través del grueso de la ventana en la medida en que la concentración a ambos lados de la membrana difiera más. Si la concentración iónica en ambos lados de la membrana fuese igual, no habría potencial de Nernst.

En el caso de las mediciones de pH, la ecuación de Nernst describe la cantidad de voltaje eléctrico en una membrana especial de vidrio, que se debe al intercambio de iones de Hidrógeno entre la disolución líquida del proceso y una disolución *buffer* que se encuentra al interior de un bulbo que está formulada para que pueda mantener un valor constante

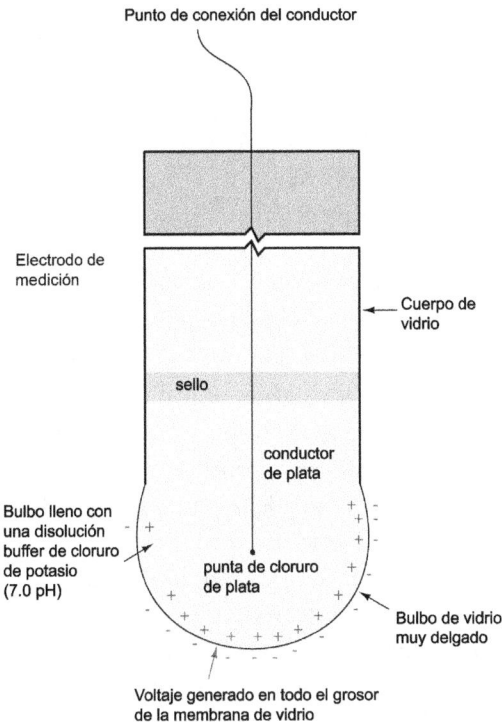

Figura 7.10: Electrodos especiales con disolución buffer para mediciones de conductividad

de pH de 7.0. Existen electrodos especiales para medir pH que tienen el extremo cerrado y fabricado con este vidrio y con una pequeña cantidad de disolución *buffer* al interior de un bulbo de vidrio (Fig. 7.10).

Cualquier concentración de iones de Hidrógeno en la disolución de proceso que difiera de la concentración de iones en la concentración de la disolución *buffer* ($[H^+] = 1 \times 10^{-7}$ M) producirá un voltaje a través del grosor del vidrio. Por eso, un electrodo de medición de pH normalizado no producirá potencial cuando el valor de pH de la disolución de proceso sea exactamente 7.0 (igual a la actividad de iones de Hidrógeno en la disolución *buffer* atrapada en el bulbo).

El vidrio usado para fabricar este electrodo no es un vidrio ordinario, es uno especialmente fabricado para que sea selectivamente permeable a los iones de Hidrógeno. Si no fuese por esto, el electrodo podría generar voltaje cuando sea contactado por iones de diferentes tipos. Esto haría que el electrodo dejara de ser específico y por lo tanto de ser útil para las mediciones de pH.

Los procesos de fabricación de vidrios sensibles a pH son secretos comerciales muy bien guardados. Es un arte fabricar electrodos de pH durables, confiables y precisos. Existen tipos de electrodos para diferentes aplicaciones de proceso, incluyendo servicios de alta presión y alta temperatura.

Existe un inconveniente al intentar medir el voltaje a través del grosor de la pared del electrodo de vidrio: aunque se tiene una conexión eléctrica conveniente para la disolución que está al interior del bulbo, no hay lugar para que se pueda conectar el otro terminal de un voltímetro sensible a la disolución exterior al bulbo. Para que se establezca un circuito completo desde la membrana de vidrio y el voltímetro, se debe crear una unión eléctrica de potencial cero con la disolución de proceso. Para lograr esto, se debe usar otro tipo de electrodo llamado electrodo de referencia inmerso en la misma disolución de líquido que el electrodo de medición (Fig. 7.11).

Los electrodos de medición y de referencia constituyen juntos un elemento generador de voltaje sensible al valor de pH de cualquier disolución en la que se sumerja (Fig. 7.12).

La forma más común de una sonda moderna de pH se denomina electrodo de combinación y combina los dos electrodos, el de vidrio de medición y el poroso de referencia en una sola unidad. La foto muestra un electrodo de pH de combinación típico para la industria (Fig. 7.13a).

La tapa plástica de color rojo en el extremo derecho de este electrodo de combinación cubre y protege el conector eléctrico coaxial recubierto de oro, al cual se conecta el indicador de pH (o transmisor).

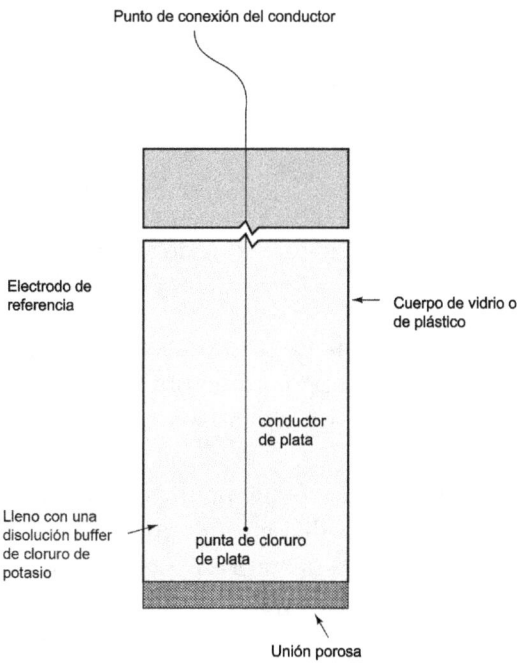

Figura 7.11: Electrodo de referencia

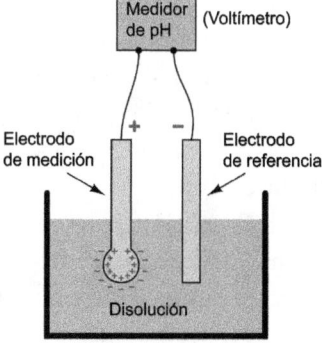

Figura 7.12: Electrodo de medición y de referencia

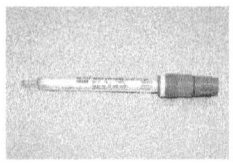 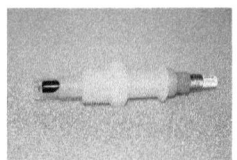

(a) Electrodo de combinación

(b) Sonda de pH sin tapa protectora

Figura 7.13: Fotos de electrodo y sonda de pH

Otro modelo de sonda de pH aparece en la siguiente foto. Aquí, no hay tapa de plástico protectora que cubra el conector de la sonda, lo que permite ver la barra recubierta de oro del conector (Fig. 7.13b).

Una foto de close-up de la punta de la sonda muestra el bulbo de vidrio de medición, un agujero de drenaje *weep hole* para que el líquido de proceso penetre en el conjunto del electrodo de referencia (que está dentro del cuerpo de la sonda plástica blanca) y el electrodo de metal (Fig. 7.14).

Es muy importante mantener siempre húmedo el electrodo de vidrio. La operación adecuada del medidor de pH depende de la hidratación completa del vidrio, lo que permite que los iones de Hidrógeno penetren el vidrio y generen el potencial de Nernst. Las sondas de las fotos anteriores se muestran descubiertas porque ya están secas al haber llegado al fin de su vida útil y ya no importa si les podría afectar o no la deshidratación.

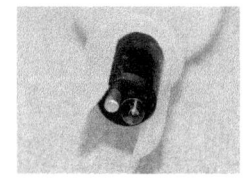

Figura 7.14: Foto de la punta de una sonda de pH

El proceso de hidratación – tan esencial para al trabajo de los electrodos de vidrio – también constituye una forma en que se desgasta el electrodo. Las capas de agua que se vierten en el electrodo consiguen gastarlo con el tiempo aún cuando estén bien hidratados, lo que significa que los electrodos de vidrio de pH tienen una vida limitada aunque sean usados para medir el pH

Figura 7.15: Medición de pH en sistemas de aguas residuales

de una disolución de proceso siempre húmedo o si están almacenadas y mantenidas en estado húmedo con una cantidad de hidróxido de potasio colocada cerca de la sonda de vidrio con una tapa en contacto con el líquido. Por tanto, es imposible extender indefinidamente el tiempo de vida útil de un electrodo de vidrio de pH.

Una forma común para instalar una sonda de pH es simplemente colocarla en un tanque que contenga la disolución de interés. Esto es muy común en tratamiento de aguas residuales, donde el agua casi siempre fluye en contenedores abiertos por gravedad hacia la planta de tratamiento. La foto muestra un sistema de medición de pH para la salida de agua (Fig. 7.15).

El agua que fluye desde el tubo de descarga de la planta entra a un tanque de acero *stainless* abierto por encima, donde la sonda de pH cuelga desde un soporte. Una tubería de desborde *overflow* mantiene un nivel de agua máximo en el tanque en la medida que el agua entra en forma continua desde la tubería de descarga. La sonda puede ser fácilmente extraída para mantenimiento (Fig. 7.16).

 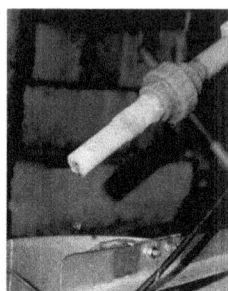

Figura 7.16: Foto de una sonda de pH en un sistema de aguas residuales

Un diseño alternativo de sonda industrial de pH es la de inserción, la cual se diseña para instalarla en una tubería presurizada. Las sondas de inserción están diseñadas para ser extraídas mientras la línea de proceso continua presurizada, esto posibilita las operaciones de mantenimiento sin que sea necesario interrumpir la operación continua (Fig. 7.17).

Figura 7.17: Sonda de inserción

La sonda se inserta en la línea de proceso a través de una válvula de bola con codo de 90°. La foto de la izquierda (arriba) muestra la tuerca de retención aflojada, permitiendo que la sonda sea deslizada hacia arriba. La foto de la derecha

Figura 7.18: Detalle de la sonda de inserción

muestra la válvula de bola cerrada para bloquear la presión del líquido de proceso y evitar que escape mientras el técnico desata las presillas que mantienen la sonda unida al elemento de tubería.

Una vez que la presilla es liberada el conjunto completo de la sonda podrá sacarse de la tubería para permitir la limpieza, inspección, calibración y/o reemplazo (Fig. 7.18).

El voltaje producido por el electrodo de medición (membrana de vidrio) es muy pequeño. Un cálculo del voltaje producido por el electrodo de medición inmerso en un disolución que tiene un pH de 6.0 muestra esto. Primero, se debe calcular la concentración (o actividad) de iones de Hidrógeno en la disolución que tiene el pH de 6.0, esto se basa en la definición de pH que consiste en el logaritmo negativo de la molaridad de iones de Hidrógeno:

$$\text{pH} = -\log[\text{H}^+]$$

$$6.0 = -\log[\text{H}^+]$$

$$-6.0 = \log[\text{H}^+]$$

$$10^{-6.0} = 10^{\log[\mathrm{H}^+]}$$

$$10^{-6.0} = [\mathrm{H}^+]$$

$$[\mathrm{H}^+] = 1 \times 10^{-6} \ M$$

Esto muestra que la concentración de iones de Hidrógeno en la disolución que tiene un pH de 6.0 es prácticamente la misma que la actividad de los iones de Hidrógeno de las disoluciones diluidas. En las disoluciones altamente concentradas, la concentración de iones de Hidrógeno, puede ser mayor que la actividad de los iones de Hidrógeno porque los iones pueden comenzar a interactuar entre ellos y con iones de otras sustancias en lugar de actuar como entidades independientes. El cociente de la actividad con respecto a la concentración se denomina coeficiente de actividad del ion en esta disolución. Se sabe que la disolución *buffer* dentro del bulbo de medición posee un valor estable de 7.0 pH (la concentración de iones de Hidrógeno es de $1 \times 10^{-7} \ M$, o 0.0000001 moles por litro), por lo que todo lo que se necesita hacer es insertar estos valores en la ecuación de Nernst para saber cuánto voltaje pueden generar los electrodos de vidrio. Asumiendo una temperatura de disolución de 25° C (298.15 K) y sabiendo que n en la ecuación de Nernst será igual 1 (puesto que cada ion de Hidrógeno tiene un carga eléctrica de valor unitario):

$$V = \frac{2.303RT}{nF} \log\left(\frac{C_1}{C_2}\right)$$

$$V = \frac{(2.303)(8.315)(298.15)}{(1)(96485)} \log\left(\frac{1 \times 10^{-6} \ M}{1 \times 10^{-7} \ M}\right)$$

$$V = (59.17 \text{ mV})(\log 10) = 59.17 \text{ mV}$$

Si la disolución medida hubiese tenido un valor de pH de 7.0 en lugar de uno de 6.0, no podría haber voltaje generado a través de la membrana de vidrio puesto que las actividades iónicas de ambas disoluciones de Hidrógeno serían iguales. Teniendo una disolución con una década (diez veces más: un aumento de exactamente un orden de magnitud) en la actividad iónica comparada con actividad de la disolución *buffer*, produce 59.17 mV a 25 grados Celsius. Si el pH cayese a 5.0 (dos unidades de diferencia con respecto a 7.0 en lugar de una unidad), el voltaje de salida se duplicaría: 118.3 mV. Si el valor de pH de la disolución fuese menos alcalino que el *buffer* interno (por ejemplo, 8.0 pH), el voltaje generado en el bulbo de vidrio sería de polaridad contraria (Ej. 8.0 pH = -59.17 mV; 9.0 pH = -118.3 mV, etc.).

La siguiente tabla (Tab. 7.1) muestra la relación entre la actividad de iones de Hidrógeno, el valor de pH y la sonda de voltaje. El signo matemático de la sonda de voltaje es arbitrario, depende totalmente de si lo que se considera en la ecuación como la referencia *buffer* de la actividad de los iones de Hidrógeno en la disolución sea C_1 o C_2 . De cualquier forma en que se decida calcular este voltaje, la polaridad siempre es la opuesta al considerar valores de pH ácidos y alcalinos.

Esta progresión numérica es parecida a la escala de Ritchter que usa para medir magnitudes de sismos, donde cada multiplicación por diez (década) se representa por un incremento adicional de la escala (Ej. Un sismo de grado 6.0 Richter es diez veces más potente que un sismo de grado 5.0). La naturaleza logarítmica de la ecuación de Nernst significa que las sondas de pH (y de todos los sensores potenciométricos basados en la misma dinámica de voltaje producida por el intercambio de iones a través de una membrana) posee una gran *rangeability*: son capaces de representar un amplio intervalo de condiciones con una alcance de voltaje modesto.

Claramente, la desventaja de la alta *rangeability* es la

Tabla 7.1: Relación entre la actividad de iones de Hidrógeno, el valor de pH y la sonda de voltaje

Activ. iones Hidrógeno	pH	V. Sonda (a 25° C)
$1 \times 10^{-3}\,M = 0.001\,M$	3.0 pH	236.7 mV
$1 \times 10^{-4}\,M = 0.0001\,M$	4.0 pH	177.5 mV
$1 \times 10^{-5}\,M = 0.00001\,M$	5.0 pH	118.3 mV
$1 \times 10^{-6}\,M = 0.000001\,M$	6.0 pH	59.17 mV
$1 \times 10^{-7}\,M = 0.0000001\,M$	7.0 pH	0 mV
$1 \times 10^{-8}\,M = 0.00000001\,M$	8.0 pH	-59.17 mV
$1 \times 10^{-9}\,M = 0.000000001\,M$	9.0 pH	-118.3 mV
$1 \times 10^{-10}\,M = 0.0000000001\,M$	10.0 pH	-177.5 mV
$1 \times 10^{-11}\,M = 0.00000000001\,M$	11.0 pH	-236.7 mV

propensión a la ocurrencia de errores de medición de pH grandes cuando el voltaje de detección dentro del instrumento de pH sea un poco impreciso. Este problema empeora por el hecho de que el circuito de medición de voltaje posee un impedancia extremadamente alta debido a la presencia de la membrana de vidrio. El instrumento de medición de pH que reciba la salida de esta sonda debe tener una impedancia de entrada de varios órdenes de magnitud mayor, sino el voltaje de señal de la sonda quedaría cargado por el voltímetro y no sería capaz de medir con precisión.

Afortunadamente, los circuitos amplificadores operaciones modernos que tienen etapas de entrada basadas en transistores de efecto de campo son suficientes para esta tarea (Fig. 7.19).

Aunque se use un instrumento de pH que tenga una alta impedancia de entrada para sensar la salida de voltaje generado por una sonda de pH, aun se tendría un problema causado por la impedancia del electrodo de vidrio, la cual hace crecer una constante de tiempo RC creada por la capacitancia parásita del cable de la sonda, que conecta los

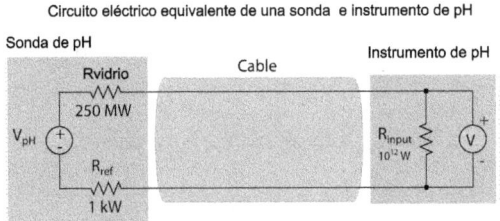

Figura 7.19: Circuito de adaptación de impedancias para sondas de pH

electrodos al instrumento de sensado. Mientras más largo sea este cable, mayor será el problema que se origina por un incremento de capacidad (Fig. 7.20).

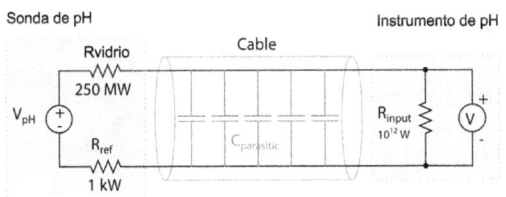

Figura 7.20: Capacidad parásita en las sondas de medición de pH

El valor de la constante de tiempo podría ser significativamente menor cuando el cable sea largo y/o la resistencia de la sonda sea muy grande. Asumiendo una resistencia de electrodo combinada (medición y referencia) de 700 MΩ y un largo de 30 pies de un cable coaxial RG-58U (con 28.5 pF de capacidad por pie), la constante de tiempo será de:

$$\tau = RC$$

$$\tau = (700 \times 10^6 \ \Omega) \left((28.5 \times 10^{-12} \ \text{F/ft})(30 \ \text{ft}) \right)$$

$$\tau = (700 \times 10^6 \ \Omega)(8.55 \times 10^{-10} \ \text{F})$$

$$\tau = 0.599 \ \text{segundos}$$

En caso de que se necesiten 5 constantes de tiempo para que un sistema de primer orden alcance el 1% de su valor final después de un cambio de escalón, un cambio súbito de voltaje en la sonda de pH (causado por un cambio brusco de pH) no sería totalmente registrado por un instrumento de pH hasta casi 3 segundos después.

Puede parecer imposible que una capacidad de algunos pico-Faradios pueda generar una constante de tiempo importante, sin embargo es muy posible cuando se considera el valor extremadamente grande de la resistencia de un electrodo de medición de pH de vidrio. Por esta razón, y también para limitar la recepción de ruido eléctrico exterior, se debe mantener el cable entre la sonda de pH y el instrumento tan corto como sea posible.

Figura 7.21: Foto de un pre-amplificador de una sonda de pH

Cuando no se pueda tener un cable corto, se podría usar un módulo pre-amplificador entre la sonda de pH y el instrumento de pH. Esencialmente este dispositivo es un amplificador de ganancia unitaria diseñado para repetir el voltaje de salida débil de la salida de la sonda de pH, en una señal mucho más fuerte (de menor impedancia). Con esto los efectos de la capacidad del cable no serían tan severos. Un circuito de amplificador operacional de ganancia unitaria *buffer* de voltaje ilustra el concepto de un pre-amplificador (Fig. 7.22).

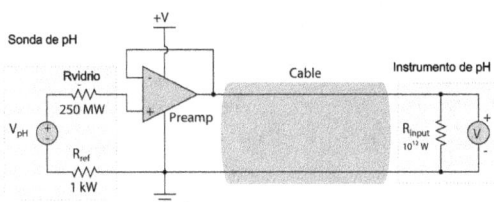

Figura 7.22: Circuito pre-amplificador de una sonda de pH

Un módulo de pre-amplificador se muestra en la siguiente foto (Fig. 7.21).

El pre-amplificador no realiza el fortalecimiento de la salida de voltaje de las sondas. En vez de eso, lo que hace es disminuir la impedancia (resistencia equivalente de Thévenin) de las sondas al proporcionar una salida de voltaje de baja resistencia (capacidad de corriente relativamente alta) para alimentar el cable y el instrumento de pH. Al proporcionar una ganancia de voltaje de 1 y una ganancia de corriente muy grande, el pre-amplificador elimina prácticamente los problemas de la constante de tiempo RC causados por la capacidad del cable y también ayuda a reducir el efecto del ruido eléctrico inducido. Como consecuencia, el límite práctico en el largo del cable se puede extender en varios órdenes de magnitud.

Al re-examinar la ecuación de Nernst se puede constatar que la temperatura tiene un papel en la determinación de la cantidad de voltaje generado por la membrana del electrodo de vidrio. Al realizar los cálculos anteriores se supuso una temperatura de 25 grados Celsius (298.15 Kelvin). Si la disolución no estuviese a temperatura ambiente, la salida de voltaje de la sonda no sería de 59.17 mV por unidad de pH. Por ejemplo, si el electrodo de medición de vidrio estuviese inmerso en un disolución que tenga un valor de pH de 6.0 a

70 grados Celsius (343.15 Kelvin) el voltaje que se generaría en la membrana de vidrio sería de 68.11 mV en vez de 59.17 mV que era el resultado a 25 grados Celsius. Es lo mismo que decir que la pendiente de la función de pH-voltaje sea de 68.11 mV por unidad de pH en lugar de 59.17 mV por unidad de pH a temperatura ambiente.

La porción de la ecuación de Nernst a la izquierda de la función logarítmica define el valor de la pendiente:

$$\text{Potencial de Nernst} = \frac{2.303RT}{nF} \log\left(\frac{C_1}{C_2}\right)$$

$$\text{Pendiente} = \frac{2.303RT}{nF}$$

Note que R y F son constantes fundamentales y que n tiene un valor fijo de 1 por medición de pH (puesto que hay exactamente un electrón intercambiado por cada ión H^+ que migra a través de la membrana). Esto convierte a la temperatura T en la única variable capaz de influir sobre la pendiente teórica de la función.

Para que los instrumentos de pH infieran en forma precisa el valor de pH de la disolución a partir del voltaje generado por un electrodo de vidrio, deben conocer el valor esperado de la pendiente de la ecuación de Nernst. Puesto que la única variable en la ecuación de Nernst que tiene que ver con los valores de concentración iónica C_1 y C_2 es la temperatura T se debe usar un medidor de temperatura simple para que el instrumento de pH sea preciso. Por esta razón muchos instrumentos de pH se construyen previendo que puedan tener una entrada desde una RTD para sensar la temperatura de la disolución y muchas sondas de pH tienen sensores de temperatura RTD interconstruídos y listos para medir la temperatura de la disolución.

Mientras que la pendiente teórica de un instrumento de pH depende solamente de la temperatura, la pendiente real también depende de la condición en que esté el electrodo de medición. Por esta razón, los instrumentos de pH necesitan ser calibrados para que las sondas se puedan conectar a estos.

Un instrumento de pH se calibra generalmente siguiendo un procedimiento de dos puntos de prueba usando una disolución *buffer* como una norma de calibración de pH. Una disolución *buffer* se formula especialmente para mantener estable el valor de pH aún en condiciones de baja contaminación. La sonda de pH se inserta en un recipiente que contiene una disolución *buffer* de un valor de pH conocido, después el instrumento se calibra con ese valor de pH. El proceso de calibración de los instrumentos de pH modernos digitales simplemente consiste en presionar un *pushbutton* en el panel del instrumento que hace que la sonda se estabilice en la disolución *buffer*. Después que se haya establecido el primer punto de calibración, se retira del *buffer* la sonda de pH, se seca y se coloca en otro recipiente que contenga otra disolución *buffer* con otro valor de pH. Después de un período de estabilización, el instrumento de pH se calibra con este segundo valor de pH.

Solamente se necesitan dos puntos para definir una línea por lo que estas dos mediciones de *buffer* es todo lo que se necesita en un instrumento de pH para definir la función de transferencia lineal entre el voltaje de la sonda y la disolución de pH (Fig. 7.23).

La mayor parte de los instrumentos de pH después de transcurrido un tiempo mostrarán el valor de la pendiente calculada. Este valor debiese ser (idealmente) de 59.17 mV por unidad de pH a 25 grados Celsius, pero podría ser un poco menor a eso. La capacidad para generar el voltaje de un electrodo de vidrio decae con el tiempo por lo que una valor de pendiente bajo puede ser indicativo de una sonda que necesite recambio.

Una característica informativa del gráfico de la función de transferencia de voltaje/pH es la ubicación del punto isopotencial: el punto en el gráfico que corresponde a un voltaje nulo en la sonda. En teoría este punto debería corresponder a un valor de pH de 7.0. Sin embargo, si

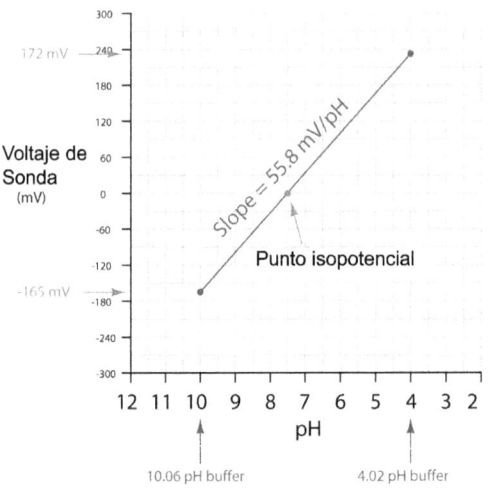

Figura 7.23: Linealidad de la función de transferencia de las mediciones de pH usando *buffer*

existiesen potenciales secundarios en el circuito de medición de pH – por ejemplo, diferencias de voltaje causados por problemas en la movilidad de los iones en la unión porosa del electrodo de referencia, o contaminación de la disolución de *buffer* al interior del bulbo de electrodo de vidrio – este punto podría desplazarse. La contaminación de la disolución *buffer* dentro del electrodo de medición (suficiente para que el valor de pH se aparte de 7.0) también provocará un desplazamiento del punto isopotencial, puesto que la ecuación de Nernst hace corresponder un voltaje nulo cunado las concentraciones de iones en ambos lados de la membrana sean iguales.

Una forma rápida de chequear el punto isopotencial de una sonda de pH es cortocircuitar los terminales de entrada del instrumento de medición de pH (haciendo que la entrada V_{input} sea igual a 0 mV) y anotar la indicación de pH en la pantalla del instrumento. Un prueba más obvia puede ser medir directamente el voltaje de la sonda de pH mientras esté sumergida en un disolución *buffer* con valor de pH de 7.0. Sin embargo, los voltímetros portátiles carecen de una impedancia de entrada lo suficientemente grande para realizar esta medición, por lo que es más fácil normalizar que un instrumento de pH en un *buffer* con pH de 7.0 y entonces chequear el valor de pH que corresponda al voltaje nulo para ver el punto isopotencial. Esta prueba podría ser realizada después de normalizar el instrumento con disoluciones *buffer* con pH preciso. El instrumento caracterizado por el gráfico anterior, por ejemplo, registraría aproximadamente un valor de 7.5 de pH en el momento en que en la sonda haya un potencial de salida de 0 mV.

Cuando se calibra un instrumento de pH, se debiesen escoger *buffers* que están lo más cercano posible al intervalo de medición de pH esperado en el proceso. Los valores de pH más comunes son 4, 7 y 10 (nominales). Por ejemplo, si se pretendiese medir valores de pH en el proceso que vayan desde 7.5 a 9, se debiese calibrar el instrumento de pH usando *buffers* de 7 hasta 10.

7.3 Cromatografía

Imagine una carrera de maratón, donde hay cientos de corredores que ocupan un lugar para competir. Cuando se dé la señal de partida, todos los corredores comenzarían la carrera partiendo del mismo lugar (la línea de partida) al mismo tiempo. En la medida de que la carrera progrese, los corredores más rápidos se distanciarán de los corredores mas lentos, lo cual resultará en una dispersión de corredores en la medida en que la carrera se desarrolle.

Ahora imagine una carrera de maratón donde ciertos corredores comparten exactamente la misma velocidad. Suponga que un grupo de corredores en esta maratón corran a 8 kilómetros por hora exactamente, mientras que otros grupos lo hagan a 6 kilómetros por hora exactamente y un último grupo a 5 kilómetros por hora ¿Qué pasaría con estos tres grupos suponiendo que todos comiencen a correr al mismo tiempo y desde el mismo lugar?

Como se podrá imaginar, los corredores dentro de cada grupo estarán juntos a través de la carrera, mientras que los tres grupos se dispersarán cada vez más con el tiempo. El primero de estos tres grupos en cruzar la meta será el de los corredores de 8 kilómetros por hora, seguido por el grupo de corredores que corren a 6 kilómetros por hora, seguidos a su vez por los corredores de 5 kilómetros por hora. Desde la perspectiva de un observador que esté en el comienzo de la carrera, podría ser difícil predecir cuántos corredores que corren a 6 kilómetros por hora. Exactamente se encuentran entre la multitud de corredores pero, para un observador que esté en la meta con un cronómetro, podría ser muy fácil decir cuántos corredores que corren a 6 kilómetros por hora han competido (para esto se cuentan cuántos corredores cruzan la meta en el tiempo exacto que corresponda a una velocidad de 6 kilómetros por hora).

Ahora imagine una mezcla de químicos en estado de fluido que viajen a través de un capilar muy estrecho lleno con un material poroso e inerte como la arena. Algunas de las moléculas de este fluido tendrían mayor facilidad para moverse en la tubería que otros, con moléculas parecidas teniendo velocidades de propagación parecidas. De esta forma, una muestra pequeña de mezcla química inyectada en un capilar y transportada a lo largo del tubo por un flujo continuo de solvente (gas o líquido), tendería a separarse en sus componentes constituyentes en forma parecida a como ocurre con los corredores de un maratón. Las moléculas más lentas sufrirán mayor tiempo de retención dentro del tubo capilar, mientras que las moléculas que se muevan más rápido sufrirán menos retención. Se puede colocar un detector en la salida del tubo capilar que esté configurado para detectar cualquier químico que no sea el solvente para indicar la salida de diferentes componentes que salen del tubo en momentos diferentes. Si los tiempos de retención de cada componente químico se conocieran antes de la prueba, este dispositivo podría usarse para identificar la composición de la mezcla química original (cuánto de cada componente que está presente en la muestra inyectada).

Esa es la esencia de la cromatografía: la técnica de separación química por demoras de trayectos al interior de un medio estacionario llamado columna. En cromatografía la disolución química que viaja por la columna se denomina fase móvil, mientras que la sustancia sólida y/o líquida que reside dentro de la columna se denomina fase estacionaria.

Los químicos modernos frecuentemente aplican técnicas de cromatografía para purificar muestras químicas y/o para medir la concentración de sustancias químicas diferentes dentro de las mezclas. Algunas de estas técnicas son manuales (como en el caso de la cromatografía de capa delgada) en la que solventes líquidos transportan componentes químicos líquidos a lo largo de una platina cubierta con una recubrimiento inerte como alúmina, donde la posición de las gotas químicas que caen con el tiempo distinguen un componente de otro). Otras técnicas están automatizadas, con máquinas llamadas cromatógrafos que realizan el análisis de trayectorias químicas a través de columnas líquidas tubulares que están estrechamente empaquetadas.

Se ilustra a continuación la secuencia de un cromatógrafo de capa delgada (Fig. 7.24).

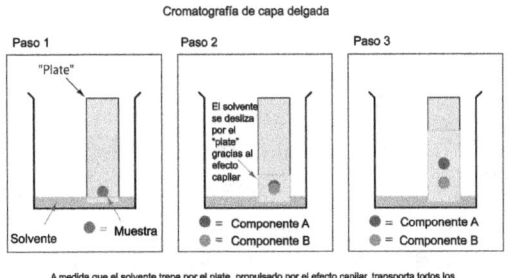

Figura 7.24: Secuencia de un cromatógrafo de capa delgada

El cromatógrafo más simple es capaz de revelar la composición química de la mezcla analizada en la medida

que el residuo sea retenido por la fase estacionaria. En
el caso de la cromatografía de capa delgada, los diferentes
componentes líquidos de la fase móvil permanecen embebidos
con la fase móvil en distintas ubicaciones después de que
haya pasado suficiente tiempo. Lo mismo es válido para la
cromatografía de cinta de papel, donde una cinta de papel de
filtro sirve como fase estacionaria a través de la cual viaja
la fase móvil (muestra líquida y solvente): los diferentes
componentes de la muestra permanecen en el papel como un
residuo, sus posiciones relativas a lo largo del papel indican
la extensión del viaje durante el tiempo de la prueba. Si los
componentes tienen colores diferentes, el resultado será un
patrón estratificado de colores en la cinta de papel.Este efecto
es particularmente impactante cuando la cromatografía de
cinta de papel se usa para analizar la composición de tinta. Es
realmente emocionante ver como los diferentes colores están
contenidos en la tinta negra.

La mayor parte de los cromatógrafos usan un técnica
que permite que la muestra lave completamente un paquete
compacto de columnas, descansando en la existencia de un
detector en el extremo de la columna para que este indique
cuando cada componente haya abandonado la columna. Un
esquema simplificado de un cromatógrafo de proceso de
gas (GC) muestra como funciona este tipo de analizador
(Fig. 7.25).

La válvula de muestreo inyecta periódicamente un
cantidad muy precisa de muestra a la entrada del tubo
columna y entonces se desbloquea para dejar pasar un flujo
constante de portadores que laven el tubo columna en toda
su extensión. Cada componente de la muestra viaja a través
de la columna a diferentes velocidades saliendo de la columna
en instantes diferentes. Todo lo que debe hacer el detector
es ser capaz de discriminar la diferencia entre los portadores
de gas puros y los portadores de gas mezclados con cualquier
otra cosa (componentes de la muestra).

Existen   diferentes   tipos   de
detectores para los cromatógrafos de proceso de gas. Los dos

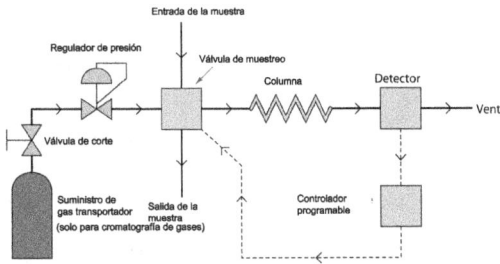

Figura 7.25: Esquema de un cromatógrafo de proceso de gas (GC)

más comunes son los detectores de ionización de llama *flame ionization detector* (FID) y los detectores de conductividad térmica *thermal conductivity detector* (TCD). Otros tipos de detectores son *flame photometric detector* (FPD), nitrogen-phosphorus Detector (NPD) y *electron capture detector* (ECD). Cada tipo de detector explota algún tipo de diferencia física entre los solutos (componentes de la muestra disueltos en los gases portadores) y el gas portador en sí mismo el cual actúa como solvente gaseoso, de tal forma que el detector pueda ser capaz de discriminar la diferencia entre portadores puros y portadores mezclados con soluto.

Los detectores de ionización de llama trabajan bajo el principio de iones liberados durante la combustión de los componentes de la muestra. Una llama permanente (usualmente alimentada con gas Hidrógeno, el cual produce pocos iones durante la combustión) sirve para ionizar cualquier molécula de gas que exista en la columna del cromatógrafo que no sea gas portador. Algunos gases portadores comunes que se usan con sensores FID son Helio y Oxígeno. Las moléculas de gas que contienen Carbono se ionizan fácilmente durante la combustión, lo que hace que el sensor FID sea muy apropiado para el análisis de GC en las industrias petroquímicas, donde el contenido de hidrocarburos es la forma más común de medición analítica.

De hecho, los sensores FID se conocen como contadores de Carbono *carbon counters* porque su respuesta es casi directamente proporcional al número de átomos de Carbono que pasan a través de la llama.

Los detectores de conductividad térmica trabajan bajo el principio de transferencia de calor por convección (enfriamiento por gas). Recuerde la calibración de los caudalímetros de masa térmicos depende del valor del calor específico del gas que se esté midiendo. Mientras mayor sea el valor de calor específico de una gas, mayor será le energía calorífera que puede transportar lejos de un objeto caliente a través de la convección, suponiendo que los otros factores permanezcan sin cambios. Esta dependencia del calor específico significa que se necesita conocer el valor de calor específico del gas cuyo caudal se intenta medir, o la calibración de caudalímetro será un desastre. Aquí, en el contexto de los detectores de cromatógrafos, se explota el impacto del calor específico como en la convección térmica, usando este principio para detectar el cambio en composición de un caudal constante. El cambio de temperatura en un RTD calentado (o termistor), provocado por la exposición a una mezcla de gas con valor de calor específico cambiante, indica cuando un nuevo componente de muestra sale de la columna del cromatógrafo.

Cuando se grafica la respuesta del detector se puede ver un patrón de picos, cada uno de los cuales indica la salida de un grupo componente de la columna. Este gráfico se denomina cromatograma (Fig. 7.26).

Los picos estrechos representa grupos compactos de moléculas saliendo de la columna casi al mismo tiempo. Los picos anchos representan grupos más difusos de moléculas similares (o idénticas). En ese cromatograma, se puede ver que los componentes 4 y 5 no están claramente separados en el tiempo. Si se quisiera aumentar la separación de los componentes sería necesario alterar el volumen de muestra, el caudal de gas, la presión del gas portador, el tipo de gas portador, el material de la columna empaquetada y/o

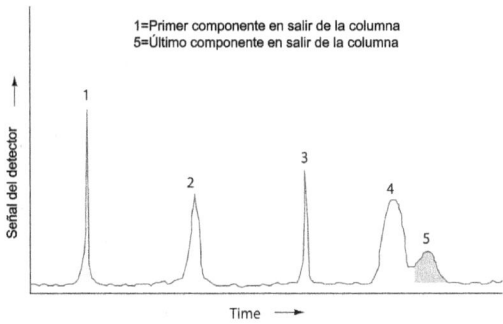

Figura 7.26: Cromatograma

la temperatura de la columna.

Los cambios en la temperatura de la columna (llamado programación de temperatura) se usan comúnmente para alterar los tiempos de retención de diferentes componentes durante un ciclo de análisis, trabajando bajo el principio de que la viscosidad del fluido sea dependiente de la temperatura. Generalmente los líquidos se vuelven menos viscosos cuando se calientan y los gases se vuelven más viscosos cuando se calientan. Entonces, al elevarse la temperatura de la columna en un cromatógrafo de gas se atrasará el último componente (aumento del tiempo de retención) para obtener mejor separación. Puesto que el régimen de flujo de la fase móvil a través de la columna de un cromatógrafo es laminar (definitivamente no turbulento), la viscosidad del fluido juega un papel importante en la determinación del caudal.

Cuando se conozca la velocidad de propagación relativa por anticipado, los picos del cromatógrafo se podrán usar para identificar la presencia de (y las cantidades de) estos componentes. La cantidad de cada componente presente en la muestra original puede ser determinada aplicando la técnica de integración a cada pico del cromatógrafo, para obtener el área bajo la curva. El eje vertical representa la señal del detector y es proporcional a la concentración del componente. La respuesta del detector también varía sustancialmente con el tipo de sustancia que se esté detectando y no solamente con su concentración, la que es proporcional al caudal dado un caudal fijo de portador. Un detector de llama de ionización (FID), por ejemplo, lleva a diferentes respuestas ante un caudal másico dado de Butano C_4H_{10} que ante el mismo caudal másico pero de Metano CH_4, debido a que el cociente de conteo de Carbono por caudal es diferente para cada componente. Esto significa que la misma señal cruda de un sensor FID generada por una concentración de Butano v.s. una concentración de Metano, realmente representa diferentes concentraciones de Butano v.s. Metano en el portador. Esta respuesta inconsistente de un detector cromatógrafo a diferentes componentes de muestra no constituye en realidad un problema. Puesto que la columna del cromatógrafo hace un buen trabajo separando cada componente, se podría programar el computador para que se recalibre a sí mismo para cada componente en el momento en que se espera que salga de la columna. Mientras se conozcan por anticipado las características de respuesta del detector para cada componente que se espera que separe el cromatógrafo, se podrán compensar estas variaciones en tiempo real para que el cromatograma represente consistentemente y con precisión las concentraciones de componentes durante todo el ciclo de análisis. Esto significa que la altura de cada pico representa el caudal de cada componente (W, en unidades de microgramos por minuto, u otra unidad similar). El eje horizontal representa el tiempo, por lo que la integral (suma de productos infinitesimales) de la señal en un intervalo de tiempo de cualquier pico específico (tiempo t_1 a t_2) representa una cantidad de masa que haya pasado a través de la columna. En pocas palabras, un caudal másico (microgramos por minuto) multiplicado por el intervalo de tiempo (minutos) es igual a la masa en microgramos:

$$m = \int_{t_1}^{t_2} W \, dt \qquad (7.6)$$

Donde,

m = Masa de el componente de la muestra en microgramos

W = Caudal instantáneo de cadual másico de un componente de muestra en microgramos por minuto

t = Tiempo en minutos (t_1 y t_2 son los instantes de tiempo que definen el intervalo en que se calcula la masa)

Como en el caso de todos los ejemplos de integración, las unidades de medición del resultado totalizado es el producto de la unidades dentro del integrando: caudal W en unidades de microgramos por minuto multiplicado por incrementos de tiempo dt en minutos, sumados juntos en el intervalo $\int_{t_1}^{t_2}$, lo que resulta en una cantidad de masa m expresada en unidades de microgramos. La integración realmente no es más que la suma de productos, el análisis dimensional se aplica como lo haría con cualquier producto de dos magnitudes físicas:

$$\left(\frac{[\mu g]}{[min]} \right) [min] = [\mu g] \qquad (7.7)$$

La relación matemática puede ser vista en forma gráfica al sombrear el área bajo el pico del cromatograma (Fig. 7.27).

Puesto que los cromatógrafos de proceso tienen la habilidad para analizar en forma independiente las magnitudes de múltiples componentes de una muestra química, estos instrumentos son inherentemente multivariables. Una sola señal analógica (4-20 mA) solamente podría ser capaz de transmitir información acerca de la concentración de cualquier componente individual (cualquier pico individual) del cromatograma. Esto es perfectamente adecuado si solo interesase conocer la concentración de un único componente, sino que es necesario usar alguna forma de transmisión digital analógica para emplear al máximo el cromatógrafo.

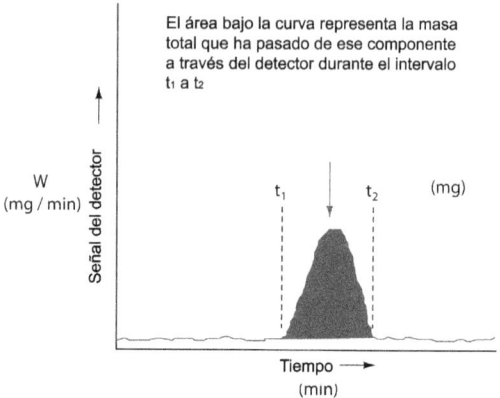

Figura 7.27: Cromatograma y su interpretación matemática

Los cromatógafos modernos son inteligentes, ya que tienen uno o más computadores digitales que realizan los cálculos necesarios para obtener mediciones precisas de datos de cromatogramas. La potencia computacional de los cromatogramas modernos puede ser usada para analizar la muestra de proceso más allá de la determinación simple de concentraciones. Los ejemplos de análisis más abstractos incluyen el valor aproximado de octanaje de la bencina basado en la concentración relativa de algunos componentes, en la determinación del valor calorífico del Gas Natural basado en la concentración relativa de Metano, etano, Propano, Butano, Dióxido de Carbono, Helio, etc. en una muestra de Gas Natural.

La siguiente foto muestra una cromatografía de gas (GC) cumpliendo en forma precisa este propósito – la determinacion del poder calorífico del Gas Natural (Fig. 7.28).

Este GC en particular es usado por una compañía de distribución de Gas Natural como parte de sus sistema de facturación. El valor calorífico del Gas Natural se usa como dato para calcular el valor de venta del Gas Natural (dólares

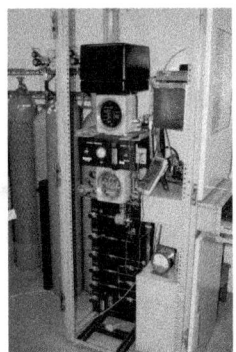

Figura 7.28: Determinación del poder calorífico del Gas Natural

por pie cúbico normalizado) por lo que los clientes pagan solamente por los beneficios reales del gas (su capacidad para hacer de combustible) y no la magnitud volumétrica o másica. Ningún cromatógrafo puede medir directamente el valor calorífico del Gas Natural, pero el proceso analítico de la cromatografía puede determinar las concentraciones relativas de compuestos dentro del Gas Natural. Un computador puede tomar estas mediciones de concentración para mutliplicarlas individualmente por su valor calorífico para derivar el valor calorífico del Gas Natural.

Aunque no se pueda ver la columna en la foto del GC, se pueden ver algunas botellas de acero de alta presión que mantienen el gas usado para lavar la muestra de Gas Natural a través de la columna.

Una columna típica de cromatógrafo de gas se muestra en la siguiente foto. No es nada más que un tubo de acero *stainless* empaquetado con un material de relleno poroso e inerte (Fig. 7.29).

Esta columna GC en particular tiene 28 pies de largo, con un diámetro externo de solamente 1/8 de pulgada (el diámetro dentro del tubo es aún menor que eso). La

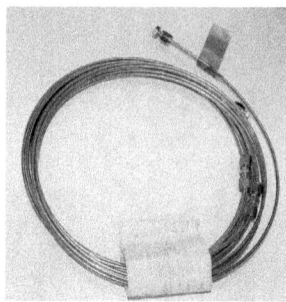

Figura 7.29: Foto de una columna de cromatógrafo

geometría de la columna y del material de empaquetamiento puede variar mucho con la aplicación. La gran diversidad de diseños de columnas obliga a que sea un especialista el que tenga que elegir una, no el técnico ni el ingeniero de proceso no especialista.

El componente más importante de un cromatógrafo de gas es la válvula de muestreo. Su propósito es inyectar cantidades exactas de muestra en la columna al comienzo de cada ciclo. Si la cantidad de muestra variase, las magnitudes medidas que salen de la columna podrían cambiar de ciclo en ciclo, aún si la composición de la muestra no cambiara. Si el tiempo del ciclo de la válvula no fuese el mismo, la eficiencia de separación de los componentes variará de un ciclo a otro. Si la válvula tuviese un salidero de tal forma que la muestra penetrase constantemente a la columna, el resultado (en el mejor caso) sería una señal base en el detector que corrompería totalmente el análisis (en el peor caso). Muchos problemas de cromatógrafos de proceso son causados por irregularidades en la válvula de muestreo.

Un tipo común de válvula de muestreo usa un elemento rotatorio para intercambiar puertos de conexión entre la corriente de gas de muestra, de gas portador y la columna (Fig. 7.30).

Hay tres ranuras que conectan tres pares de puertos.

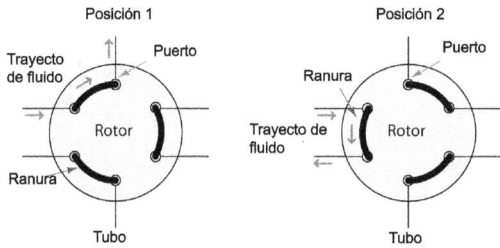

Figura 7.30: Válvula de muestreo de un cromatógrafo

Cuando la válvula rotatoria actúa, las conexiones de puertos se intercambian, redirigiendo el flujo de gas.

Al estar conectada a una corriente de muestra, a otra de portador y a la columna, la válvula de muestreo rotatoria opera en dos modos diferentes. El primer modo es la posición de carga donde la corriente de flujo se dirige hacia un tubo corto (llamado *sample loop*) y sale hacia un puerto de descarga mientras que el gas portador fluye hacia la columna para lavar la última muestra. El segundo modo se denomina posición de muestreo, donde el volumen de gas de muestra que están en el *sample loop* se inyecta en la columna seguido por un flujo de gas portador (Fig. 7.31).

El objetivo de un tubo *sample loop* es ser un contenedor de una cantidad fija de gas de muestra. Cuando la válvula de muestreo pasa a la posición de muestreo, el gas portador vacía el *sample loop* haciendo que el gas entre por el frente de la columna. Esta configuración de válvula no varía a pesar de las variaciones inevitables en el instante de actuación de la válvula de muestreo. La válvula de muestreo solamente necesita estar en la posición de muestreo el tiempo suficiente para que se vacíe totalmente el *sample loop* y para garantizar que se inyecte la cantidad correcta de volumen de gas de muestra.

Mientras esté en la posición de carga, la corriente de gas muestreada desde el proceso llena continuamente el *sample*

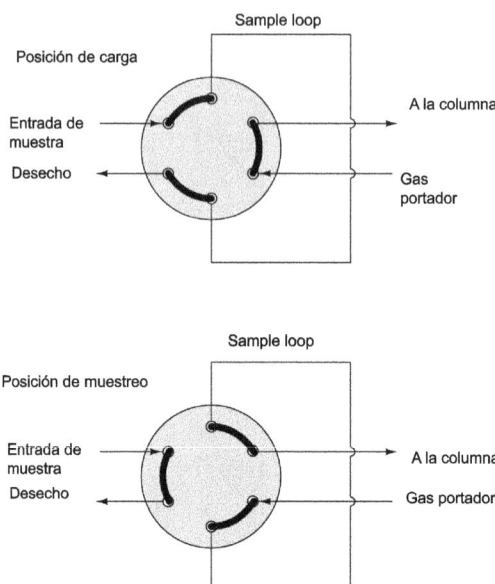

Figura 7.31: Modos de muestreo de un cromatógrafo

loop y entonces sale hacia un puerto de desecho. Esto puede parecer innecesario pero de hecho, es un factor esencial para la operación práctica del muestreo. El volumen de gas inyectado en la columna del cromatógrafo durante cada ciclo es tan pequeño (se mide en unidades de microlitros) que es necesario que un flujo continuo de gas de muestra fluya hacia un puerto de desecho para vaciar los capilares que conectan el analizador al proceso, lo que, a su vez, es necesario para que el analizador trabaje en condiciones de flujo. Si no hubiese un flujo continuo de gas de muestra hacia el puerto de desecho, sería necesario emplear mucho tiempo para que una muestra de proceso viaje a través de los capilares hacia el analizador para ser muestreado (Fig. 7.32).

Aún cuando haya un flujo continuo en el capilar, el cromatógrafo de proceso muestrea un tiempo muerto apreciable en su análisis por la razón simple de que es

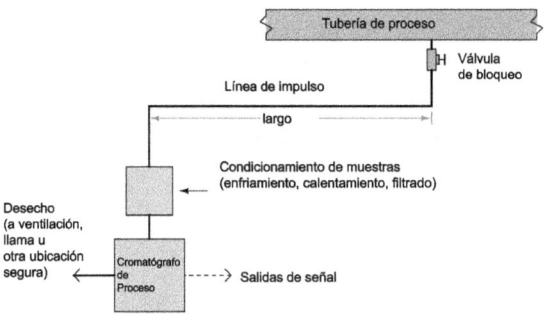

Figura 7.32: Funcionamiento de un cromatógrafo de gases

necesario esperar a que la siguiente muestra avance a través de la extensión de la columna. Este tiempo muerto es consecuencia natural del principio de funcionamiento del cromatógrafo, sin embargo es una característica perjudicial en cualquier instrumento de medición, en particular cuando existe un lazo de control realimentado, porque puede hacer aumentar mucho la posibilidad de inestabilidad.

Una forma de reducir el tiempo muerto de un cromatógrafo es alterar algunos de los parámetros de operación durante el ciclo de análisis de tal forma que se acelere el avance de la fase móvil durante períodos de tiempo donde la lentitud del eluente (gas o líquido portador) no sea importante para la separación fina de los componentes. El caudal de la fase móvil puede ser alterado, la temperatura de la columna puede ser elevada o disminuida en forma de rampa y algunas columnas pueden ser puestas en la corriente de la fase móvil. En cromatografía, a esta alteración en línea de estos parámetros se le denomina programación. La programación de temperatura es una característica especialmente popular de los cromatógrafos de proceso de gas, debido al efecto directo de la temperatura en la viscosidad del flujo de gas Una buena forma de optimizar las propiedades de separación y tiempos de demora de una columna es cambiar cuidadosamente la temperatura de un columna GC mientras una muestra la lava, de esta forma se combinan las propiedades de buena separación que posee una columna larga y de tiempo muerto reducido que corresponden a una columna mucho más corta.

7.4 Análisis óptico

Es sabido que la luz interactúa con la materia en formas muy específicas, esto puede ser explotado como un medio para medir la composición de gases y líquidos. Cada simple muestra de sustancia a ser analizada es estimulada con luz, o viceversa: una fuente estable de luz se hace pasa a través de una muestra transparente o se hace reflejar desde una muestra opaca. Las frecuencias específicas (colores) de la luz que se obtienen desde estos análisis se usan para identificar los elementos químicos y/o los componentes presentes en la muestra y las intensidades relativas de cada patrón espectral indican la concentración de estos elementos y componentes.

Las bases teóricas para el análisis óptico es la interacción entre partículas cargadas de materia y la luz. La cual puede ser modelada como partícula (llamado fotón) o como una onda electromagnética con frecuencia f y una longitud de onda λ. Debido a Max Planck y Albert Einsten se sabe que hay una proporción entre la frecuencia de una onda luminosa y la cantidad de enrgía que cada fotón transporta E. Esta proporción se conoce como la contante de Planck: h:

$$E = hf \qquad (7.8)$$

Donde,
E = Energía transportada por un fotón de luz (joules)
h = Constante de Planck (6.626×10^{-34} joule-segundos)
f = Frecuencia de la onda de luz (Hz, o 1/segundos)
Si ocurriese que la cantidad de energía transportada por un fotón fuese igual a la energía requerida para hacer que

el electrón saltase desde un nivel de energía a otro, el fotón seria consumido por el trabajo de esta tarea cuando impacte el átomo. Inversamente, cuando el electrón retorne a sus nivel de energía original (menor energía) en el átomo liberará un fotón que tenga la misma frecuencia que el fotón que había originalmente desplazado al electrón.

Debido a que la configuración de los electrones de cada elemento es única, el color de la luz que se requiere para potenciar los niveles de energía de los electrones y el color de la luz que emiten esos átomos cuando los electrones retornen a sus niveles de energía originales son la huella óptica que permite identificarlos.

Cuando se estudia el espectro de la luz visible (un intervalo de longitudes de onda que va desde 400nm a 700nm, que corresponde al intervalo de frecuencias que va desde 4.29×10^{14} Hz to 7.5×10^{14} Hz) emitido por un cuerpo negro. La Física llama cuerpo negro a un emisor perfecto de radiación electromagnética (fotones) cuando es calentado. La intensidad de la luz que emite es función de la longitud de onda λ y de la temperatura T, es:

$$I = \frac{2\pi hc^2 \lambda^{-5}}{e^{hc/\lambda kT} - 1} \tag{7.9}$$

Cuando es calentado a la temperatura de 5700 Kelvin se puede ver un espectro continuo de color desde el violeta a la izquierda (longitud de onda corta, alta frecuencia y energía) hacia el rojo, en el lado derecho (longitud de onda larga, baja frecuencia, baja energía). En la ilustración se muestra la pantalla de un programa llamado Spectrum Explorer (SPEX) que mapea el espectro de color y la intensidad de la radiación a través de un intervalo de longitudes de onda (Fig. 7.33).

A menos que la luz que provenga de un cuerpo negro calentado pase a través de algún dispositivo que la separe en sus colores constituyentes, el ojo humano las unirá y solamente percibirá el color blanco. Así, se puede usar el término luz blanca para referirse a una mezcla igualitaria

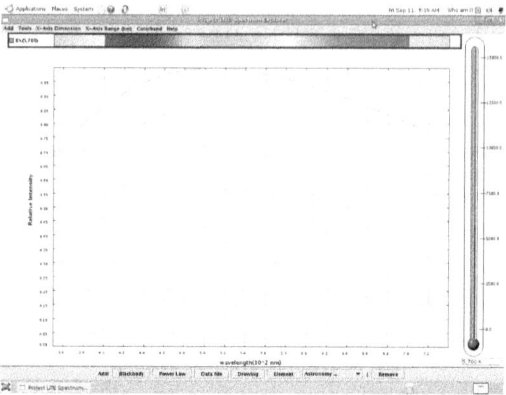

Figura 7.33: Spectrum Explorer (SPEX) mapea el espectro de color y la intensidad de la radiación a través de un intervalo de longitudes de onda

que cubre el espectro visible. Las áreas grises en el extremo izquierdo lejano y derecho lejano representan las regiones del ultravioleta e infrarrojo, respectivamente. El cuerpo negro calentado a 5700K emite cantidades sustanciales de radiaciones ultravioleta e infrarrojas, pero esta radiación es invisible al ojo humano.

Si se tomara una muestra de gas Hidrógeno puro y se calentara usando un arco eléctrico (dentro de un tubo de vidrio), los electrones de los átomos de Hidrógeno serán forzados a estar en estados energéticos más altos cuando pasen a través del gas. Cuando estos electrones vuelvan a sus estados originales emitirán fotones en sus longitudes de onda característica (color). Esas longitudes de onda no cubren el espectro visible al igual que ocurre con el cuerpo negro y apenas se ven como líneas en el espectro visible o como picos en un gráfico de intensidad (Fig. 7.34).

La luz emitida por un tubo de descarga de Hidrógeno luce rojo brillante al ojo humano porque esta es la longitud de onda predominante en la emisión. Los otros colores tienden

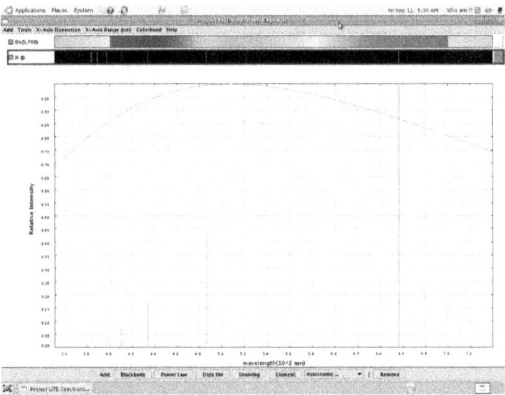

Figura 7.34: Espectro de líneas

a ser tapados por el rojo, pero se podrían observar si se hiciese pasar la luz a través de un prisma o a través de una red de difracción que lo separe en sus colores constituyentes.

Este conjunto particular de líneas es único para el Hidrógeno y puede ser usado para identificar la huella de Hidrógeno si se encuentra en la emisión espectral de cualquier muestra química generada por el mismo método.

Un método alternativo para hacer que una cantidad de gas de Hidrógeno genere colores específicos de luz, es hacer pasar luz blanca a través de una muestra de gas Hidrógeno y entonces ver cuales colores son absorbidos por el gas. Como se ha mencionado, los fotones que tengan la energía necesaria (frecuencias) serán consumidos por el trabajo de elevar los electrones de los átomos de Hidrógeno a nivel energéticos más altos, dejando líneas oscuras en un espectro que, de otra forma, sería continuo desde el violeta hasta el rojo. Esto se denomina espectro de absorción, en contraste con el anterior que se denomina espectro de emisión. El espectro de emisión es obtenido por la energización eléctrica de los átomos de un elemento para que emitan luz.

La siguiente ilustración muestra los tres espectros: el

espectro de color total (luz blanco) en el extremo superior, el espectro de emisión del gas Hidrógeno en el medio y el espectro de absorción del gas Hidrógeno en el extremo inferior. Note como hay tonos oscuros en las posiciones y colores de las líneas brillantes en el espectro de emisión, porque las longitudes de onda de luz absorbidas cuando el gas pasa a través de la luz blanca, son exactamente las mismas longitudes de onda emitidas por el gas Hidrógeno, cuando es estimulado por las chispas eléctricas en un tubo de gas (Fig. 7.35).

Figura 7.35: Tres tipos de espectros

Las líneas oscuras que se ven en el espectro de absorción constituyen una huella distintiva del elemento de Hidrógeno y puede usarse para detectar la presencia de gas de Hidrógeno en las muestras por las que se hace pasar la luz blanca.

Normalmente, en el análisis industrial se está más preocupado de cuantificar la presencia de ciertos compuestos en la muestra de proceso que en la de ciertos elementos (químicos). Afortunadamente, las moléculas poseen un comportamiento distintivo propio al interactuar con la luz. Alguna veces, estas interacciones adoptan la forma de vibraciones y rotaciones entre los átomos de una molécula, usualmente con fotones en el intervalo infrarrojo. Cuando un fotón infrarrojo de la longitud de onda correcta (valor de energía) impacte en la molécula apropiada, su frecuencia resonará con los átomos unidos, casi como si estos actuasen como masas minúsculas conectadas entre sí por resortes embobinados. Esto hace que haya transferencia de energía desde el fotón a la molécula, donde la energía de la vibración se disipará en algún momento en forma de calor.

Así, el brillo de una luz brillante infrarroja y/o violeta que pase a través de un muestra de gas de proceso, y el análisis de cuáles longitudes de onda son absorbidas por esa muestra de gas, pueden proporcionar mediciones cuantitativas de la concentración de ciertos tipos de gas en esa muestra.

Se muestran algunos tipos de espectros de absorción infrarroja de componentes industriales comunes en los que la frecuencia se muestra en términos de longitud de onda (el número de longitudes de onda por centímetro). Note que los espectros de absorción no están en la misma escala sino que cada uno se dibuja en un escala diferente para mostrar el tamaño relativo de los puntos de absorción diferentes *dips* a lo largo del espectro de la sustancia (Fig. 7.36).

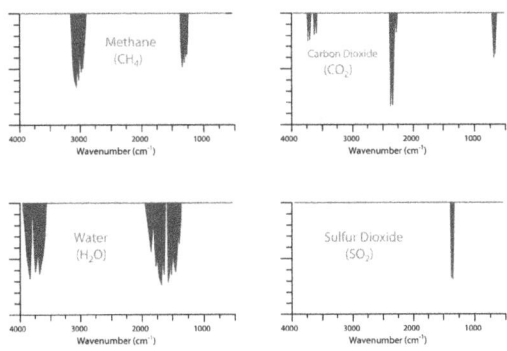

Figura 7.36: Espectros de absorción

Note que el patrón de absorción de cada espectro es único. Cada compuesto tiende a absorber luz infrarroja de una forma única y estos patrones de absorción ofrecen una identificación selectiva de la presencia de varios compuestos en una muestra de fluido de proceso.

Los tipos de moléculas más efectivos en la absorción de luz infrarroja son aquellos que tienen de tipos de átomos como Monóxido de Carbono CO, Dióxido de Carbono CO_2, Dióxido de Sulfuro SO_2, vapor de agua H_2O y óxidos de Nitrógeno NO_x. Las moléculas formadas por dos átomos del mismo tipo, tales como Oxígeno molecular O_2, Nitrógeno N_2, e Hidrógeno H_2 casi no interactúan con la luz infrarroja. Esto es una buena observación en el caso del análisis infrarrojo, porque muchas aplicaciones de monitoramiento de procesos se enfocan especialmente en los compuestos mencionados en primer lugar y excluyen los segundos. Cuando se examinan las emisiones de escape de un sistema de combustión grande, por ejemplo, se usa una aplicación donde son relevantes las concentraciones de CO, CO_2, SO_2 y/o NO_x pero no las de N_2. Como en el caso del análisis químico, el truco es encontrar alguna propiedad de medición aplicable solo a la sustancia que se quiere medir y no a las otras. Esta es la única forma en que los instrumentos analíticos puedan discriminar entre la sustancia de interés y las otras sustancias de fondo *background*.

Entre el análisis de emisión y el de absorción óptica es más popular el de absorción, el de emisión está limitado a aplicaciones de laboratorio. Un motivo para que esto sea así, es que es necesario calentar la muestra a una temperatura alta para que pueda emitir luz: es algo peligroso y que consume mucha energía. Los analizadores de absorción solo necesitan el brillo de un haz de luz a través de un cámara de muestreo sin calentar, después de lo cual miden cuánta longitud de onda es absorbida por la muestra. Otra razón importante para la preferencia de analizadores de absorción es la necesidad de computadores sofisticados y de algoritmos para ordenar los espectros de línea de las sustancias que generan los analizadores de espectros de emisión. Se han diseñado formas inteligentes para cuantificar los espectros de absorción de diferentes sustancia de proceso sin tener que acudir al uso del casamiento de patrones automatizado *pattern-matching*.

En cada analizador óptico de absorción, la ecuación principal que relaciona la absorción del fotón con la concentración de la sustancia es la ley de Beer-Lambert:

$$A = abc = \log\left(\frac{I_0}{I}\right) \qquad (7.10)$$

Donde,

A = Absorción

a = Coeficiente de extinción de sustancias que absorben fotones

b = Extensión de la trayectoria que sigue la luz en la muestra

c = Concentración en la muestra, de la sustancia absorbedora de fotones

I_0 = Intensidad de la fuente de luz incidente

I = Intensidad de la luz recibida I = Intensidad de la luz recibida después de pasar por la muestra

Se presenta un ejemplo de una muestra de fluido (líquido o aire) que se expone a la luz (Fig. 7.37).

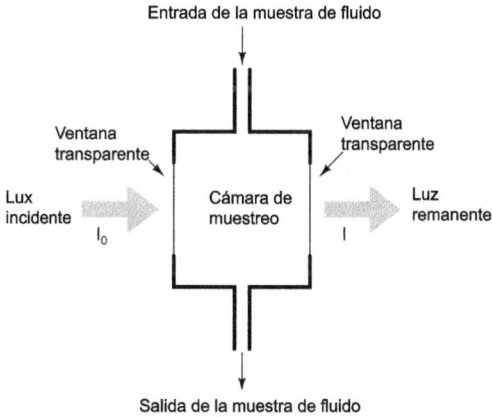

Figura 7.37: Muestra de un fluido expuesto a la luz

Como se indica en la ecuación de Beer-Lambert, la mejor sensibilidad se obtiene con el trayecto más extenso. En algunas aplicaciones donde la sustancia de interés sea un contaminante atmosférico, el haz de luz simplemente se dispara a través de aire abierto (usualmente se hace reflejar en un espejo) antes de que retorne al instrumento para su análisis. Si la fuente de luz es un láser, la distancia podría llegar a ser muy larga – en uno de estos analizadores se puede llegar a tener 1320 pies para poder medir una concentración extremadamente baja de gas.

Una vez que la luz haya pasado (o se haya reflejado en) la muestra de proceso debe ser analizada para buscar las longitudes de onda atenuadas. Existen dos tipos de análisis de longitudes de onda: dispersivo (donde la luz se separa en las longitudes de onda constituyentes) y no dispersivos (donde la distribución espectral de las longitudes de onda es detectada sin separación de colores. Estos dos métodos de análisis ópticos se verán a continuación.

7.4.1 Espectroscopía dispersiva

La dispersión de luz visible en sus colores constituyentes va más allá del siglo XVII con los experimentos de Isaac Newton, quien usó un prisma para generar un arcoiris de colores (Fig. 7.38).

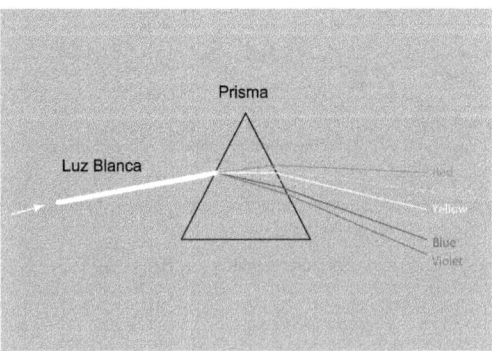

Figura 7.38: Dispersión de la luz visible

Una variación al tema del prisma de vidrio sólido es usar una rejilla delgada que provoque que la luz de diferentes longitudes de onda se curven cuando pasen a través de una serie de ranuras finas (Fig. 7.39).

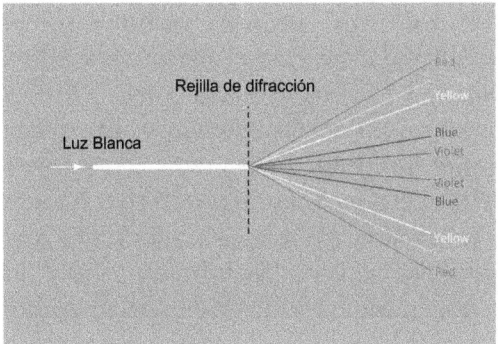

Figura 7.39: Rejilla de difracción

Algunos analizadores dispersores utilizan una rejilla de reflexión en lugar de una rejilla de refracción. Las rejillas de reflexión usan líneas finas esculpida en un superficie reflectante para producir un efecto dispersivo equivalente a la difracción (Fig. 7.40).

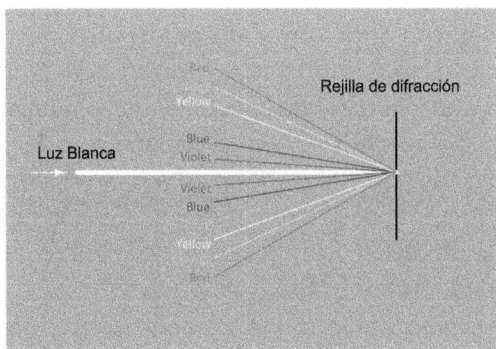

Figura 7.40: Rejilla de difracción por reflexión

En 1814, el físico alemán Joseph von Fraunhofer analizó el espectro de colores que se obtiene desde la luz del Sol y notó la existencia de algunas bandas oscuras en el espectro que supuestamente era continuo: algunos colores parecían atenuados. Un siglo después el físico francés Jean Bernard Léon Foucault y el físico alemán Gustav Robert Kirchoff confirmaron el mismo efecto cuando la luz blanca pasaba a través de Vapor de Sodio. Ellos razonaron correctamente que el núcleo del Sol producía un espectro continuo de luz (todas las longitudes de onda) debido a su calor intenso, pero existen ciertos elementos gaseosos (incluyendo Sodio) que están en un atmósfera más fría en la atmósfera exterior del sol, donde absorben algunas longitudes de onda, lo que causa las líneas de Fraunhofer en el espectro observable. Estos científicos observaron el mismo patrón de absorción (líneas oscuras) en el espectro del Sol y en las pruebas de absorción con Sodio. Estos experimentos indicaron que se puede identificar correctamente elementos gaseosos a millones de kilómetros de la Tierra.

Este tipo de análisis espectrográfico se denomina dispersivo porque está basado en un dispositivo como un prisma o una rejilla de difracción que disperse las diferentes longitudes de onda de la luz, de tal forma que puedan ser medidas cada una por separado.

Se puede construir un analizador dispersivo para los fluidos de proceso, en el que se introduzca la luz en una cámara de muestreo con ventana, en la que algunas longitudes de onda de la luz podrían ser atenuadas por la interacción con las moléculas de fluido de proceso. Se muestra un caso hipotético de una muestra que absorbe algunas longitudes de onda de luz amarilla, lo que resulta en menor luz amarilla impactando el detector (Fig. 7.41).

La fuente de luz no necesita generar luz blanca si las longitudes de interés no estuviesen en todo el espectro visible. Por ejemplo, si se supiese que el espectro de absorción de una sustancia en particular estuviese principalmente limitado a luz infrarroja y no en el espectro visible, podría ser suficiente usar un analizador dispersivo con una fuente de luz infrarroja, en lugar de una fuente de luz de espectro amplio que cubra

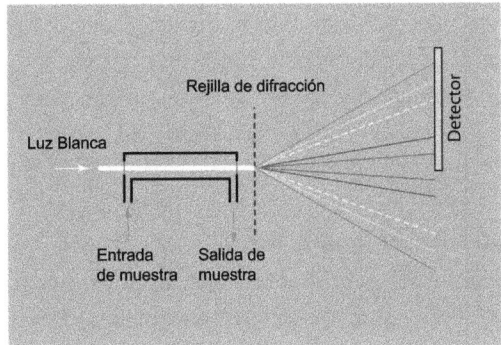

Figura 7.41: Analizador dispersivo

los intervalos visibles e infrarrojos.

Un componente necesario de un analizador dispersivo es un computador que se conecta al detector para que pueda reconocer todos los patrones espectrales de emisión que se esperan y cuantificarlos basado en la fuerza relativa de las longitudes de onda detectadas. Este nivel de sofisticación va más allá de lo requerido por los instrumentos de medición industrial, lo que es una de las razones por la que los analizadores dispersivos no son tan populares (aún) para su uso en los procesos industriales. Si embargo, una vez que se instale un computador para hacer los análisis se pueden medir muchas sustancias a partir de un solo espectro de absorción. Al igual que los cromatógrafos, los analizadores dispersivos ópticos funcionan en forma natural como dispositivos de medición multicomponentes.

7.4.2 Espectroscopía no dispersiva

Los analizadores industriales no dispersivos típicamente usan fuente de luz ultravioleta o infrarroja, porque la mayor parte de las sustancias de interés absorben longitudes de onda en esas porciones del espectro que en la porción visible del espectro. La espectroscopia no dispersiva que usa luz infrarroja se denomina abreviadamente NDIR mientras que la espectroscopía no dispersiva que usa luz ultravioleta se denomina NDUV, y la que usa luz visible se denomina NDVIS. La técnica NDIR es la más usada y el análisis de gases es la aplicación más común de la espectroscopía no dispersiva en la industria, al contrario del análisis de los líquidos.

El desafío de cualquier tecnología de medición analítica es cómo obtener selectividad: el instrumento analizador debe responder a la concentración de solamente UNA sustancia en la mezcla. Si la sustancia de interés mostrase alguna propiedad física única se podría medir rápidamente con sensores. El problema de selectividad en este caso es fácil de resolver: solamente se debe medir esa propiedad exclusivamente para que no haya interferencia de otra sustancia.

En el caso de los espectrómetros de absorción, tales como los analizadores no dispersivos, el desafío es medir selectivamente la concentración de ciertas sustancias absorbedoras de luz en la presencia de otras sustancias que también absorben ciertas longitudes de onda. Si la sustancia de interés es la única sustancia presente en la mezcla, capaz de absorber luz, la selectividad estaría garantizada. Sin embargo, las aplicaciones en la industria no son tan fáciles, con mezclas que contienen otras sustancias aparte de la de interés. Algunas de estas sustancias pueden absorber totalmente diferentes longitudes de onda de luz, mientras otras pueden tener bandas de absorción que se sobrepongan a la banda de absorción de la sustancia de interés (la sustancias interferentes absorben algunas de las mismas longitudes de onda que absorbe la sustancia de interés, además de absorber otras longitudes de ondas).

Los espectrógrafos dispersivos obtienen selectividad separando el espectro en sus longitudes de onda individuales y midiéndolas una por una. Un analizador no dispersivo debe distinguir de alguna forma diferentes respuestas espectrales sin tener que separar las longitudes de onda. A seguir la descripción de este proceso con la técnica NDIR.

Vea los intervalos de medición y los gases de interés que pueden soportar los analizadores NDIR (Fig. 7.2).

Analizador simple de haz único

Al igual que el análisis dispersivo, el análisis no dispersivo comienza con un haz de luz que pase a través de una muestra de sustancia, frecuentemente encerrada en una cámara de muestreo con ventana, llamada celda. Ciertos tipos de gas introducidos en la celda absorben parte de la luz incidente, haciendo que la luz que salga de la celda carezca de ciertas longitudes de onda. En la medida en que la concentración de cualquier gas absorbente de luz aumente en la celda, un detector ubicado en el otro extremo de la celda recibirá menos o más luz en las longitudes de onda absorbidas. El estilo más simple de un analizador no dispersivo usa una fuente de luz única, que brilla continuamente a través de una celda de gas única y que impacta una termopila pequeña que convierte la luz infrarroja recibida en calor y luego en voltaje (Fig. 7.42).

Figura 7.42: Analizador no dispersivo

Este analizador tiene muchos problemas. Primero, no es selectivo: cualquier gas absorbente de luz que entre a la celda de muestra causará un cambio en la señal del detector sin importar el tipo de gas de que se trate. Esto podría funcionar bien en una aplicación en la que el gas de interés absorba luz en el mismo intervalo de longitud de onda que

Tabla 7.2: Intervalos de medición y gases de interés que pueden soportar los analizadores NDIR

Gas interés	Intervalo	Otros gases presentes
Monóxido Carbono	0 to 0.05% 0 to 0.1%	Hidrógeno
Monóxido Carbono	0 to 30%	Nitrógeno, Metano, Etano
Dióxido Carbono	0 to 0.1%	Aire atmosférico (Nitrógeno, Oxigeno, Argón)
Dióxido Carbono	0 to 0.5%	Hidrógeno, Metano, Etileno
Dióxido Carbono	0 to 2%	Acetileno
Dióxido Carbono	0 to 10%	Acetileno, Etileno
Acetileno	0 to 2%	Hidrógeno, Etileno, Metano, Etano
Acetileno	0 to 5%	Etileno
Acetileno	0 to 10%	Etileno, Metano, Etano
Acetileno	0 to 40%	Etileno, Propileno, Metano, Etano
Acetileno	30 to 80%	Hidrógeno, Etileno, Metano, Etano
Acetileno	50 to 100%	Etano, Propileno, Metano, Etano Etileno, Etano, Metano Hidrógeno, Etileno, Metano, Etano
Butadieno	0 to 1%	Aire atmosférico (Nitrógeno, Oxígeno, Argón)
Etileno	0 to 10%	Acetileno, Metano, Etano, Propileno, Dióxido de Dinitrógeno
Etileno	0 to 30%	Metano, Etano
Etileno	0 to 40%	Dióxido de Carbono, Cloro, Propileno, Acetileno
Etileno	40 to 80%	Etileno, Acetileno, Dióxido de Dinitrógeno
Etileno	80 to 100%	Metano, Etano
Metano	75 to 100%	Etileno, Etano

la fuente, pero casi todas las aplicaciones de los analizadores industriales no se comportan de esta manera. En casi todos los casos, la muestra de proceso contiene muchos tipos de gases capaces de absorber luz en un intervalo similar de longitudes de onda, aunque se esté interesado solamente en un solo tipo de gas. Un ejemplo puede ser la medición de la concentración de Dióxido de Carbono CO_2 en la salida de un horno de combustión: casi ninguno de los gases que salen del horno dejan de absorben luz infrarroja (Nitrógeno, Oxígeno) al contrario del Dióxido de Carbono CO_2, sin embargo existen otros gases que se comportan absorbiendo luz como el Dióxido de Carbono CO_2: Monóxido de Carbono CO, vapor de agua H_2O y Dióxido de Azufre SO_2 y que están presentes en el gas de escape de un horno. Este burdo analizador no podría discriminar la diferencia entre el Dióxido de Carbono y cualquiera de los otros gases que absorben luz infrarroja presentes en el gas de escape.

Otro problema importante de este tipo de analizador es que cualquier variación en la salida de la fuente de luz provocaría una deriva del cero y del alcance en la calibración del instrumento. Debido a que las fuentes de luz tienden a cambiar la salida con el tiempo, este defecto requiere recalibraciones frecuentes del analizador.

Finalmente, puesto que el detector es una termopila, su salida podría ser afectada no solo por la luz incidentes sino que también por la temperatura ambiente, haciendo que la salida del analizador varíe en forma completamente descorrelacionada con la composición de la muestra.

Analizador simple de doble haz

Una forma de mejorar el analizador de un solo haz es dividir el haz de luz en dos mitades iguales para hacer pasar cada haz a través de su propia celda. Solamente una de estas celdas contendrá el gas que será analizado – la otra celda se sella conteniendo un gas de referencia como el Nitrógeno que no absorba luz infrarroja. En el extremo de cada celda se coloca una par de detectores de termopila, que se conectan a los detectores en modo serie pero en forma opuesta de tal forma que se cancelen los voltajes iguales (Fig. 7.43).

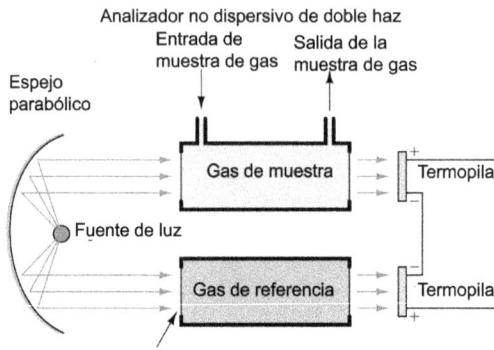

Figura 7.43: Analizador de dos haces

Si la muestra de gas no absorbiese luz infrarroja como el gas de referencia, el par de detectores opuestos no generaría señal de voltaje. Si la muestra contuviese alguna concentración de gas absorbente de luz infrarroja, los dos detectores de termopila recibirían diferentes intensidades de luz infrarroja. La diferencia de temperatura causará el desbalance del par de pilas, generando un voltaje neto que se podría medir como una indicación de la concentración del gas.

Esta modificación elimina completamente el problema de la temperatura ambiente. Si la temperatura del analizador aumentase o disminuyese, la salida de voltaje de ambas termopilas subirá o bajará en la misma magnitud, que se cancelarían de tal forma que el único voltaje producido por el par serial opuesto será proporcional a la diferencia en la intensidad de la luz de los haces.

El detector dual también elimina el problema de la deriva de cero *zero drift*. En la medida en que pase el tiempo, la fuente de luz se atenuará haciendo que los detectores vean menos luz. Debido a que el par de detectores mide la diferencia entre la intensidad de dos haces de luz, ignorará la degradación simultánea de estos dos haces.

Aún existe otro problema del detector, en el que un desbalance en un detector tenga un corrimiento de voltaje diferente del otro, de tal forma que no habría el contrabalance perfecto de los detectores aunque las intensidades de luz sean iguales. Esto podría pasar si una de las termopilas se calentase más que la otra, quizás debido al calentamiento de una muestra de proceso caliente que entre una celda y no en la otra. Una solución ingeniosa a este problema es insertar una rueda giratoria de metal *chopper* en el trayecto de ambos haces de luz, haciendo que los haces de luz pulsen a través de las celdas de muestreo y de referencia con un frecuencia baja (típicamente de unos cuantos pulsos por segundo) (Fig. 7.44).

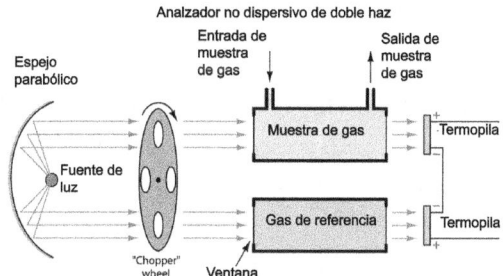

Figura 7.44: Rueda *chopper* en un detector dual

El efecto del *chopper* es hacer que el detector genere una señal de voltaje AC pulsada en vez de una señal de voltaje estable. La amplitud pico-a-pico de esta señal pulsante representa la diferencia de intensidad de luz entre los dos detectores, donde una deriva se manifestaría solo como un voltaje de polarización *bias* que cambia lentamente o constante. La siguiente tabla ilustra la señal de salida del detector para tres concentraciones de gas diferentes (nada, poco y mucho) con y sin error en las señales de los detectores debido a deriva térmica (Fig. 7.45).

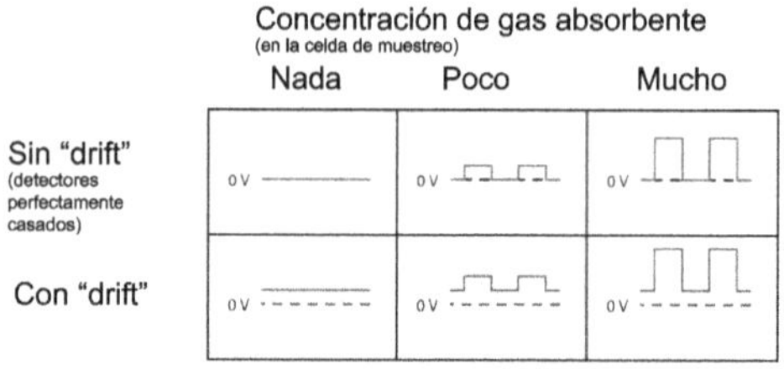

Figura 7.45: Efector de la rueda *chopper* en el detector dual

Este voltaje de DC de polarización es muy fácil de eliminar en la sección de amplificación de un analizador. Todo lo que se necesita es realizar un acoplamiento capacitivo entre los detectores y el amplificador, de esta forma el amplificador nunca verá el voltaje DC de polarización (Fig. 7.46).

Haciendo que el conjunto de detectores produzcan una señal pulsante AC en lugar de una señal DC y que haya un acoplamiento capacitivo hacia el amplificador, se consigue que el circuito electrónico responda solamente a cambios en amplitud de la onda AC y no a la polarización DC. Esto significa que el analizador solo responderá a cambios en la temperatura del detector que sean resultado de la absorción de luz (Ej. concentración de gas) y no desde otro factor como la deriva térmica de temperatura. En otras palabras, debido a que el amplificador se ha construido solamente para que amplifique señales pulsantes y la única cosa pulsante en este instrumento es la luz, la electrónica solamente medirá los efectos generados por la luz y serán rechazados todos los otros estímulos.

A pesar del diseño mejorado de la rueda *chopper* y del circuito amplificador acoplado con AC aún existe un problema importante con este analizador: aún no se puede considerar un instrumento selectivo. Cualquier gas absorbente de luz que entre a la celda de muestreo hará

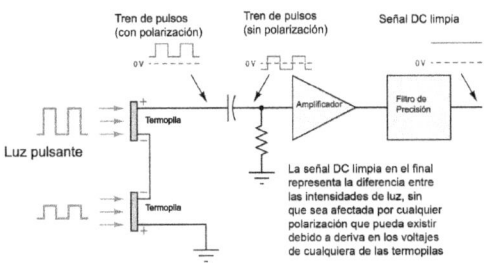

Figura 7.46: Acoplamiento capacitivo en un detector con *chopper*

que el par de detectores genere una señal, sin importar de que tipo de gas se trate. Esto puede ser suficiente para algunas aplicaciones industriales, pero no lo será donde haya una muestra de gases absorbentes de luz que coexistan en la muestra. Lo que se necesita es una forma para hacer selectivo este instrumento a un solo tipo de gas.

Detectores Luft

Una forma inteligente de mejorar la selectividad es reemplazar las termopilas con un tipo diferente de detector más sensible a las longitudes de onda absorbidas por el gas de interés que a las longitudes de onda absorbidas por los otros gases (interferentes). El doctor Luft inventó un detector de este tipo cuando estaba desarrollando el analizador de gas NDIR en 1930. Este diseño emplea dos cámaras de gas y un diafragma fino para medir la diferencia de intensidad de luz que salen de las celdas de muestreo y de referencia. Este tipo de detector se conoce como *Detector Luft*, aunque el diseño haya sido modificado en los analizadores modernos para que tengan una mejor sensibilidad y rechazo al ruido (Fig. 7.47).

En la medida en que la luz entre a las cámaras dobles del detector, la luz absorbida por el gas que llena la cámara del detector hace que las moléculas de gas se calienten.

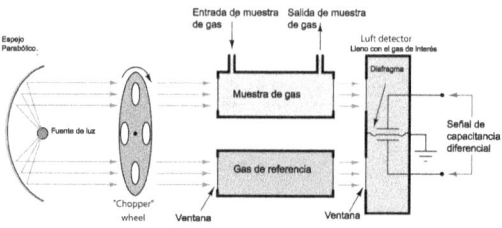

Figura 7.47: Detector Luft

Este incremento de temperatura hace que el gas se expanda, presionando contra el diafragma delgado. Si las intensidades de la luz son iguales, las presiones se igualarán y no habrá movimiento del diagrama. Si las intensidades de luz fuesen diferentes (debido a que la celda absorba algunas de las longitudes de onda), la presión de gas dentro de la mitad del detector de Luf será menor, haciendo que el diafragma delgado se combe en esa dirección. Un conjunto de placas fijas de metal sensan la posición usando la técnica de capacitancia diferencial (al igual que muchos sensores de presión diferencial). Con el trabajo de la rueda *chopper* haciendo pulsar la luz a través de las celdas de muestra y de referencia, el diafragma dentro del detector Luft pulsará igualmente y la señal AC pulsada resultante podrá ser filtrada y amplificada para representar la concentración del gas.

Lo que hace selectivo al detector de Luft es que está lleno con un concentración de un 100% del gas que se está interesado en medir. Esto significa que solamente aquellas longitudes de onda de luz absorbidas por el gas de interés generarán calor (y presión) al interior de las cámaras del detector. Las diferentes longitudes de onda de luz absorbidas por otros gases interferentes no serán absorbidos en el mismo grado por el gas al interior del detector Luft y, por lo tanto, los pulsos de presión dentro del detector Luft serán principalmente una función de la concentración de gas de interés y de la(s) concentacion(es) de gas(es) interferente(s).

La ganancia en selectividad del detector de Luft relleno con gas no es obvia a primera vista y merece alguna explicación. Se puede investigar este comportamiento realizando algunos experimentos imaginarios en los que se puede suponer el efecto de diferentes tipos de gases en un analizador NDIR equipado con un detector Luft.

Suponga que se tienen una aplicación en la que se intenta medir la concentración de Dióxido de Carbono en una mezcla de gas que también contenga Etano. En un detector NDIR de una sola cámara que tenga detectores de termopilas, el Dióxido de Carbono y el Etano presente en la cámara de muestra generará una respuesta en el detector, puesto que ambos tipos de gases absorben luz infrarroja y que el detector de termopila responde a cualquier atenuación de luz infrarroja. Así, este simple analizador no podrá encontrar la diferencia entre un cambio en la concentración de Dióxido de Carbono y la concentración de Etano. Esto convierte al Etano en un gas interferente desde la perspectiva del experimento que intente medir la concentración de Dióxido de Carbono.

Mientras que los gases de Dióxido de Carbono y de Etano absorben luz infrarroja, lo hacen a diferentes longitudes de onda. El siguiente gráfico espectral muestra las bandas únicas de absorción infrarroja del Dióxido de Carbono y del Etano, respectivamente. Como se puede ver, las longitudes de onda de la luz infrarroja absorbida por cada tipo de gas son únicas y no se superponen (Fig. 7.48).

Imagine que se reemplace los detectores de termopila por un detector de Luft, con sus cámaras dobles llenas con una concentración al 100% de Dióxido de Carbono. Si no hubiese Dióxido de Carbono ni Etano en la cámara de muestra, la luz que pasara a través de la cámara procedente de la fuente no sufrirá atenuación y llegará al detector Luft, haciendo que ambas cámaras se calienten por igual, lo que originará una respuesta cero. Esto es precisamente, lo que se podría esperar de un instrumento NDIR de doble haz, tenga o no un detector de Luft.

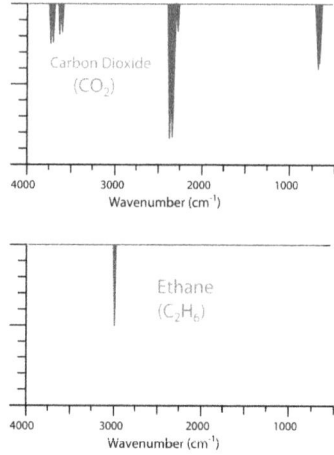

Figura 7.48: Gráfico espectral que muestra las bandas únicas de absorción infrarroja del Dióxido de Carbono y del Etano

El próximo experimento es imaginar que entran moléculas de Dióxido de Carbono en la cámara de muestreo y que absorba alguna porción de la luz infrarroja emitida por la fuente. Debido a que las moléculas de Dióxido de Carbono que están dentro del detector de Luft se calientan por las mismas longitudes de onda de luz que absorben las moléculas en la cámara de muestreo, el lado donde está la muestra en el detector de Luft sufrirá menos calentamiento que antes (mientras que el lado referencia tendrá el mismo grado de calentamiento), lo que causará una diferencia de presión al interior del detector de Luft y por lo tanto generará una respuesta. Una vez más, esto es precisamente lo que se podría esperar de cualquier instrumento NDIR de haz doble, que tenga o no detector de Luft.

Si embargo, si ahora se imagina que algunas moléculas de Etano entraran a la cámara de muestreo la respuesta del instrumento será diferente. Seguramente, estas moléculas de Etano absorberán algo de la luz infrarroja que entre a la cámara, pero estas longitudes de onda perdidas no afectarán al detector Luft porque no han sido absorbidas por el gas de Dióxido de Carbono al interior de la cámara del detector. Entonces la atenuación de luz infrarroja del Etano sería indetectable en un detector Luft que esté lleno de Dióxido de Carbono. Este instrumento estará ahora sensibilizado hacia el gas de Dióxido de Carbono en exclusivo para que no absorba le misma longitud de onda de luz infrarroja que el Dióxido de Carbono. Esto hace que el detector de Luft sea selectivo a un tipo de gas más que a otros.

Un variación moderna del detector de Luft consiste en reemplazar el diafragma con un canal estrecho y un sensor térmico muy sensible conectado a las dos cámaras llenas con gas. Cualquier diferencia de expansión entre los gases de las dos cámara al calentarse por la luz, hará que el gas se mueva y pase por el sensor de flujo, generando así una señal (Fig. 7.49).

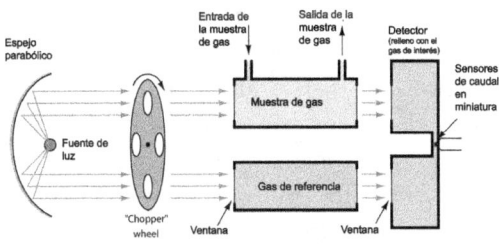

Figura 7.49: Detector sin diafragma

En la medida de que la rueda *chopper* convierta la luz incidente en pulsos que van a las dos cámaras del detector, el gas volverá y circulará una y otra vez a través de la pasarela estrecha entre las dos cámaras lo que causará un respuesta de flujo alternado desde el sensor de flujo.

La ventaja de este detector que no tiene diafragma es que es insensible a la vibración mecánica como una termopila (no tienen partes móviles), a la vez que mantiene la selectividad tradicional de los detectores tipo Luft (lleno con el gas de interés).

Mientras que los detectores de tipo Luft aumentan mucho la selectividad de los analizadores de espectrografía no dispersiva, todavía es posible mejorarlos. La selectividad perfecta se asegura en el detector de Luft solamente cuando los espectros de absorción de luz de los gases de interés no se superpongan con el espectro de absorción del gas de interés. Si existiese alguna superposición, se tendría interferencia.

Para explicar este detalle, se verán algunas características de los analizadores *filter cells*.

Uso de celdas de filtro

Si los gases interferentes no absorbiesen ningunas de las longitudes de onda del gas de interés, la selectividad sería total: el detector relleno con gas respondería solamente a la presencia del gas de interés. Usualmente las aplicaciones de proceso no son tan simples. En la mayor parte de las aplicaciones, los gases interferentes tienen espectros de absorción que se superponen en porciones del espectro del gas del interés. Esto significa que los cambios en la concentración del gas interferente serán detectados por el detector (aunque no en forma tan marcada como los cambios en la concentración del gas de interés) porque parte del espectro de luz absorbido por el gas interferente tendrá un efecto de calentamiento en el gas puro dentro del detector.

Un ejemplo de absorción superpuesta se obtiene en la combinación de Dióxido de Carbono y de gases de Acetileno (Fig. 7.50).

Como se puede ver, hay algunas absorciones que son comunes entre los dos gases, hacia el lado derecho de la escala, alrededor de 700 cm^{-1} (aproximadamente 14,000 nm). Un analizador NDIR equipado con un detector Luft lleno con 100% de gas Dióxido de Carbono responderá mucho a un gas de Dióxido de Carbono en la cámara de muestreo y débilmente a concentraciones de gas Acetileno. Debido a que el Acetileno absorbe algunas de las longitudes de onda

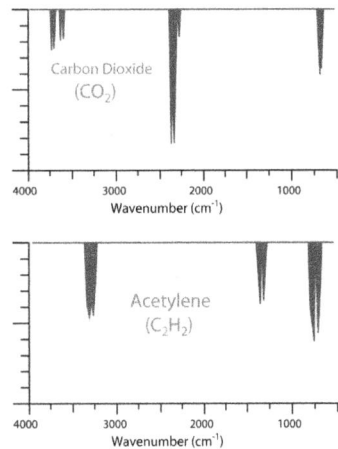

Figura 7.50: Ejemplo de absorción superpuesta

infrarrojas absorbidas por el Dióxido de Carbono, el gas Acetileno tienen el efecto potencial de un detector de Luft y hace que el analizador piense que haya un poquito más de gas de Dióxido de Carbono de lo que realmente hay.

Una mejora adicional al instrumento NDIR ayuda a eliminar este problema: se agregan dos celdas de gas en el trayecto de los haces de luz, cada uno relleno con concentraciones al 100% del gas interferente (Fig. 7.51).

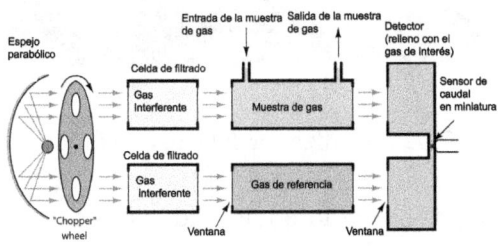

Figura 7.51: NDIR mejorado

Las celdas de filtrado purgan la luz de las longitudes de onda que, de otra forma, serían absorbidas por el gas interferente que está al interior de la celda de muestra. Como resultado, no habrá concentración de gas en la celda de muestreo que tengan algún efecto en la luz que sale de ahí, porque estas longitudes de onda ya habrán sido eliminadas por los filtros. Mientras que el gas de interés absorba longitudes de onda *no compartidas por el gas de interés* (las longitudes de onda que absorbe solamente el gas de interés), esas longitudes de onda aún serán capaces de pasar las celdas de filtrado y de entrar a la celda de muestreo donde cambiarán su intensidad a medida que el gas de interés cambie su concentración. Así, el detector ahora responderá exclusivamente a cambios en el gas de interés y no a los cambios en el gas interferente.

Por muy efectiva que sea esta técnica de filtrado, posee la limitación de solamente poder trabajar para un solo gas de interés a la vez. Si hubiese muchos gases de interés en la corriente de muestreo, se deberán usar muchas celdas de filtrado para bloquear esas longitudes de onda.

Se muestra una foto de un analizador NDIR de cámara doble (Fig. 7.52).

Figura 7.52: Analizador NDIR de cámara doble

Lo que parece en la foto una celda de gas de color dorado son realmente dos celdas (con un divisor que separa a lo largo las dos cámaras), una para el gas de muestra y la otra para la referencia. Una manguera negra permite que pase el gas de muestra a través de la mitad inferior del tubo, con la mitad superior llena con gas Nitrógeno (la conexión al tubo está tapada y sellada con un plástico negro). La fuente de luz y el conjunto del *chopper* se ve en el lado izquierdo del tubo, mientras que el detector está en el lado derecho.

En este modelo analítico X-STREAM X2, la rueda chopper se mueve con un motor de paso (Fig. 7.53).

Figura 7.53: Analizador de gas Rosemount Analytical X-STREAM X2

La parte superior de la fuente de luz infrarroja se ve al lado derecho del motor de la rueda.

El detector usado en el analizador X-STREAM NDIR es una variante moderna del detector de Luft con un elemento de sensado de microcaudal que detecta los pulsos de gas entre las dos cámaras. En este analizador en particular, las cámaras están llenas con gas de Monóxido de Carbono para sensibilizar hacia este gas (Fig. 7.54).

El intervalo máximo de detección de este instrumento puede estar entre 0 y 1000 ppm de Carbono, con la posibilidad de cambiar a un rango entre 0 y 400 ppm.

Figura 7.54: Detector de Luft con elemento de sensado de microcaudal que detecta los pulsos de gas entre las dos cámaras

Analizador de gas de filtro de correlación *Gas Filter Correlation (GFC)*

El uso de celdas de filtrado para eliminar las longitudes de onda asociadas a los gases interferentes se denomina filtrado positivo en el campo de la espectroscopía. Se puede considerar como una extracción de todas las longitudes de onda que el instrumento no debiese considerar. Para que el filtrado positivo sea plenamente efectivo el analizador debe extraer **todas** las longitudes de onda asociadas a los gases interferentes. En algunas aplicaciones esto puede necesitar que se apilen varios filtros en serie para que cada uno extraiga las longitudes de onda de un gas interferente diferente. Esta técnica no solo es complicada cuando hay varios tipos de interferentes en la muestra, sino que es totalmente inútil cuando los tipos interferentes son desconocidos.

Existe una técnica llamada filtrado negativo que hace justamente lo opuesto: colocar una celda de filtrado en el trayecto de la luz para que absorba todas las longitudes de onda asociadas con el gas de interés, dejando todas las otras longitudes de onda sin atenuar. Una aplicación de esta técnica se denomina *Gas Filter Correlation*, o espectroscopía GFC. Esta misma técnica también se puede llamar *Interference Filter Correlation o espectrografía IFC.*

Los analizadores de filtro de correlación utilizan una celda de gas solamente en lugar de celdas dobles (de muestreo y de referencia), a través de la cual se hace pasar un haz de luz con espectro alternado. Una rueda de filtro rotatorio crea este espectro alternado (Fig. 7.55).

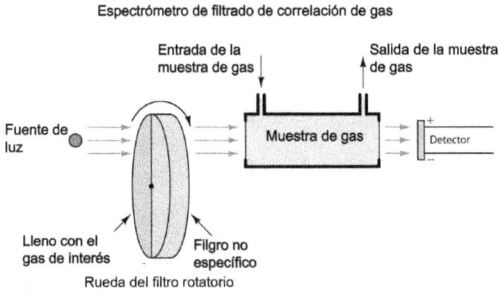

Figura 7.55: Analizador de filtro de correlación

El filtro está compuesto por dos mitades transparentes: una que contiene una alta concentración del gas de interés y la otra diseñada para atenuar consistentemente cualquier longitud de onda (todo el espectro) emitido por la fuente. El factor de atenuación de la mitad neutral de este filtro de rueda se hace ajustar en forma precisa de tal forma que siempre penetre la misma intensidad (aproximadamente) de luz infrarroja a la celda de gas de muestra, sin que importe la posición del filtro de rueda. El detector de luz ubicado a la salida de la celda de muestreo se diseña para que sea no específico con respecto a las longitudes de onda. A diferencia del detector Luft, lo que se necesita en este detector es que responda a un espectro amplio de longitudes de onda.

Si la cámara de gas de muestra solo contuviese gases no absorbentes, el detector generaría una señal estable (no cambiante) porque recibe la misma intensidad de luz total durante cada mitad de rotación de la rueda del filtro, a pesar de que sean de diferente longitud de onda en cada mitad de la rotación de la rueda.

Si algunos de los gases de interés entrase a la celda de muestreo, comenzaría a absorber algo de luz mientras que el filtro neutral se está alineando en el frente de la celda. Durante la otra mitad de la rotación del filtro (cuando la luz deba pasar a través de la cámara de alta concentración de gas), el gas de interés dentro de la celda de muestra no tendrá efecto, porque todas las otras longitudes de onda de luz ya habrán sido eliminadas por el filtro. Esto tiene como resultado una señal cambiante en el detector, la amplitud de la oscilación será proporcional a la concentración de gas correlacionador (igualando el espectro de absorción del gas del filtro de rotación) al interior de la celda de muestreo.

El efecto de los gases interferentes en la celda de muestra depende de la naturaleza de esos gases. Un gas interferente con un espectro de absorción parecido al espectro de absorción del gas de interés sería indistinguible del gas de interés desde el punto de vista de este instrumento – se dice que este gas es una interferencia positiva. Tales gases podrían absorber longitudes de onda de luz desde el haz durante el tiempo en que la luz pase a través del filtro neutral y no absorbería longitudes de onda durante el tiempo en que la luz pase a través del gas del filtro, como cualquier otro gas de interés. Otro tipo de gas interferente absorbería completamente diferentes longitudes de onda de luz que las que absorbería el gas de interés sin importar la posición de la rueda del filtro. Si embargo, en presencia de igual porcentaje de absorción en una región del espectro no afectado por el lado del filtro de gas de la rueda y de atenuación uniforme en el lado neutral de la rueda, este tipo de gas absorbería más luz en la parte de filtrado de gas durante la rotación de la rueda y menor luz durante la parte neutralmente filtrada de la rotación de la rueda – justamente lo contrario de la interferencia positiva. Así, el gas con un espectro de absorción completamente diferente del gas de interés tendría un efecto de interferencia negativa.

Para evitar interferencias de cualquier tipo de gases, se

debe cancelar la correlación con las interferencias positivas y negativas. Afortunadamente para esta técnica, la mayor parte de los gases interferentes poseen espectros superpuestos en forma parcial con la mayor parte de los gases de interés. Si el grado de superposición tuviese simetría par en el espectro, las interferencias positivas o negativas se cancelarían entre ellas.

En otras palabras: si el espectro de absorción del gas se correlacionase perfectamente con el gas de interés, el efecto sería positivo, haciendo que el analizador piense que hay una mayor concentración del gas de interés que el que realmente existe. Si el espectro de absorción de un gas fuese perfectamente anti-correlacionado con el espectro del gas de interés, el efecto sería negativo, haciendo que el analizador piense que hay una menor concentración del gas de interés que el que realmente exista. Si embargo, si el espectro de absorción de cualquier gas fuese completamente descorrelacionado (superposición aleatoria de espectros) con el espectro del gas de interés, la interferencia sería neutral (con poco o ningún efecto).

Esto hace que el analizador GFC sea muy adecuado para discriminar gases cuyos espectros se superpongan en un intervalo general pero que difieran en detalles finos (donde haya picos y valles que no coincidan cuando se intersecten los espectros). Una aplicación práctica de un analizador GFC es el análisis de los gases de escape de combustión para detectar Monóxido de Carbono CO en presencia de Dióxido de Carbono CO_2 y de vapor de gua. A diferencia del tipo de analizadores de doble haz y del detector de Luft, los analizadores GFC no requieren celdas de filtrado individuales para cada tipo de gas interferente. Esto es una ventaja importante cuando haya muchos gases interferentes con respecto al gas de interés.

Al ser analizadores de un haz único, los instrumentos GFC son mucho más fáciles de implementar que los analizadores de aire libre de doble haz. En otras palabras, el haz de luz puede pasar a través de aire-libre (o través del diámetro de un tubo de escape, por ejemplo) para sensar los gases en cualquier punto de esa región, en lugar de estar limitados a los gases encerrados en un celda de gas. Note que según la ley de Beer-Lambert, la absorción se incrementa en proporción directa con la extensión del trayecto de la luz:

$$A = abc = \log\left(\frac{I_0}{I}\right) \tag{7.11}$$

Doinde,

$A =$ Absorción

$a =$ Coeficiente de extinción en el caso de sustancias que absorben fotones

$b =$ Extensión del camino que sigue la luz a través de la muestra

$c =$ Concentración de la sustancia absorbedora de fotones en la muestra

$I_0 =$ Intensidad de la luz incidente (fuente)

$I =$ Intensidad de la luz recibida después de pasar a través de la muestra

Mientras mayor sea la extensión del trayecto, más luz será absorbida por el gas, manteniendo sin cambios los otros factores. Esto extiende la sensibilidad del analizador ante menores concentraciones, lo cual es especialmente deseable cuando se trata de medir concentraciones de gas en el intervalo de algunos ppm (partes por millón) o partes por billón (ppb).

Se muestra el diagrama de un analizador GFC usado para medir la concentración de gas al aire libre (Fig. 7.56).

La luz que pasa a través de la rueda del filtro rotatorio impacta un divisor de haz (una placa parcialmente plateada dispuesta en ángulo de 45°) donde aproximadamente la mitad de luz pasa a través del espacio de muestreo y la otra mitad se pierde por la reflexión. En el extremo lejano del espacio de muestreo, se tiene un espejo totalmente plateado que devuelve la luz hacia el analizador, donde impacta nuevamente el divisor de haz y se refleja a 90° para alcanzar

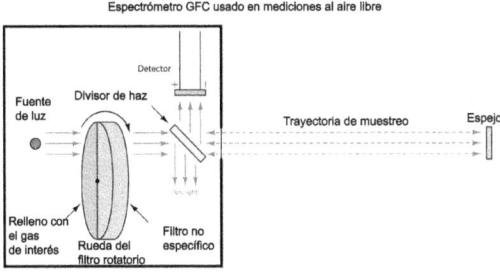

Figura 7.56: Diagrama de un analizador de GFC

el detector. Con esta estructura, el largo del trayecto (b en la Ley de Beer-Lambert) es igual al doble de la distancia entre el analizador y el espejo, puesto que la luz debe viajar un tramo para alcanzar el espejo y la misma distancia de vuelta desde el espejo. Como se puede imaginar, se puede tener un camino arbitrariamente largo con este tipo de analizador de aire-libre.

7.4.3 Fluorescencia

Cuando un fotón de alta energía impacta un átomo puede hacer saltar a un electrón desde su órbita, dejando una vacante para que sea ocupada por uno de los electrones que estén en las órbitas superiores. Cuando esto pase, el electrón que rellena la vacante emite un fotón de menor energía que el fotón causante del salto del electrón. Así, el fotón de alta energía golpea el átomo y el átomo libera un fotón de menor energía. Este fenónemo se conoce como fluorescencia.

La relación entre la energía del fotón y su frecuencia (y consecuentemente la longitud de onda) es una constante de proporcionalidad bien definida y llamada constante de Planck h:

$$E = hf \qquad \text{o} \qquad E = \frac{hc}{\lambda} \qquad (7.12)$$

Donde,

E = Energia transportada por un fotón de luz (joules)

h = Constante de Planck (6.626×10^{-34} joule-segundo)

f = Frecuencia de la onda de luz (Hz, o 1/segundo)

c = Velocidad de la luz en el vacío ($\approx 3 \times 10^8$ metros por segundo)

λ = Wavelength of light (meters)

Por lo tanto, el fotón de alta energía necesario para que se emita un electrón de bajo nivel desde un átomo tiene que ser un fotón de alta frecuencia (longitud de onda corta) y el fotón de baja energía emitida por el átomo tiene que ser de baja frecuencia (longitud de onda larga).

Los fotones con suficiente energía para lograr la emisión de electrones de bajo nivel desde los átomos están en el intervalo de frecuencia ultravioleta y más arriba. Estos fotones de baja energía emitidos por los átomos excitados frecuentemente caen dentro del espectro de la luz visible. Así, lo que se tiene es un mecanismo para que la luz ultravioleta haga brillar una sustancia con colores visibles.

La fluorescencia se usa comúnmente con fines de entretenimiento en la forma de luz negra: un bulbo eléctrico diseñado para emitir luz ultravioleta. Muchos compuestos orgánicos son fluorescentes bajo una fuente de luz, produciendo un brillo atemorizante. Las sustancias químicas presentes en papel blanco, ciertas tintas y ciertos tipos de detergentes para ropa tienen propiedades fuertemente fluorescentes, como muchos fluidos corporales. De hecho, la presencia de componentes fluorescentes en el papel, las tintas y los detergentes es frecuentemente intencional para mejorar la apariencia de los objetos cuando se observan a la luz del sol, la que contiene luz ultravioleta.

Una variedad de sustancias comunes alimentarias también fluorescen. La quinina, un ingrediente del agua tónica, brilla con un tono blanco-azulado cuando se expone a la luz ultravioleta (Fig. 7.57).

El Aceite de Oliva es otro ejemplo de una sustancia que

Figura 7.57: Fluorescencia en algunas sustancias

fluoresce fácilmente bajo luz ultravioleta. En este caso el color de la luz emitida es de un tono rojizo que se debe a la presencia de pigmentos clorofílicos. El tono de la fluorescencia de los aceites de olivas puros se acercan al azul (Fig. 7.58).

Figura 7.58: Fluorescencia del Aceite de Oliva

La melaza (sirope de caña de azúcar) fluoresce con un color verde profundo cuando se expone a la luz ultravioleta (Fig. 7.59).

Figura 7.59: Fluorescencia de la melaza

La clorofila es un ejemplo de una sustancia capaz de fluorescer cuando es expuesta a la luz ultravioleta. El color de su fluorescencia es rojo, como se muestra en la foto de una hoja de planta cuando se ilumina con luz negra (Fig. 7.60).

Figura 7.60: Fluorescencia de la clorofila

La tinta fluorescente se usa frecuentemente como tinta invisible para marcar productos de tal forma que sean invisibles bajo la luz normal, pero totalmente visibles bajo luz ultravioleta concentrada. Esto se usa en los billetes en la cinta que indica el valor del billete (Fig. 7.61).

Figura 7.61: Tinta fluorescente en billetes

No todas las sustancias fluorescen fácilmente. Si la sustancia presente en una muestra industrial fluoresciese, mientras que las otras sustancias no, se podría aplicar fluorescencia para la medición selectiva de esa sustancia.

El Dióxido de Sulfuro SO_2 es un contaminante atmosférico formado por la combustión de combustibles que contienen sulfuros. Este gas puede fluorescer bajo luz ultravioleta. Se muestra una foto de una cámara de fluorescencia tomada de un analizador de Dióxido de Sulfuro *Thermo Electron modelo 43* (Fig. 7.62).

Un flujo estable de gas de muestra entra y sale de la cámara a través de tubos plásticos negros. La luz ultravioleta entra a la cámara partiendo desde una lámpara especial, entonces un detector altamente sensible a la luz llamado tubo fotomultiplicador mide la cantidad de luz emitida cuando las moléculas de SO_2 dentro de la cámara fluorezcan. A mayor concentración de moléculas de SO_2 en la mezcla de gas, mayor la cantidad de luz que será sensada por el tubo fotomultiplicador ante cualquier cantidad de luz ultravioleta.

Las luz ultravioleta incidente desde la lámpara no puede

Figura 7.62: Foto de una cámara de fluorescencia de un analizador de Dióxido de Sulfuro *Thermo Electron modelo 43*

alcanzar directamente al tubo fotomultiplicador, porque no hay un camino en línea directa entre la lámpara y el tubo y la pared interior de la cámara es no-reflectiva. La única forma en que el tubo puede recibir luz, es cuando las moléculas dentro de la cámara fluorezcan al ser excitadas por la luz ultravioleta. Esto asegura que el instrumento realmente mida la fluorescencia y que produzca una salida cero cuando no haya moléculas fluorescentes presentes.

Una vista de *close-up* del emisor ultravioleta muestra una lámpara de descarga. Cuando una fuente oscilatoria de electricidad de alto voltaje energize el electrodo dentro de la lámpara, se forma un arco y se emite un rayo pulsante de luz ultravioleta (Fig. 7.63).

El tubo fotomultiplicador es un tubo de vacío especial que opera bajo el principio del efecto fotoeléctrico, en el que un fotón incidente (partícula de luz) de suficiente energía hace emitir un electrón al impactar una superficie metálica. La luz que entra a través de un ventaja de vidrio transparente del tubo fotomultiplicador hace que los electrones sean emitidos desde una placa de metal cargada eléctricamente

Figura 7.63: Detalle de un emisor ultravioleta

llamada fotocátodo. Siguiendo la placa del fotocátodo hay una serie de placas de metal adicionales llamadas *dynodes*, cada una con un potencial positivo progresivamente mayor para proporcionar la energía cinética a los electrones que sean atraídos hacia estas. Cada vez que los electrones impacten una placa dynode con gran energía, se emitirán más electrones en lo que se denomina emisión secundaria. Como resultado de la emisión secundaria habrá una multitud de electrones que llegarán a la placa final (llamada ánodo) para cada fotón que impacte el fotocátodo: la acción del tubo consiste en multiplicar el efecto de cada fotón para obtener una sensibilidad máxima. Se muestra un pulso de corriente relativamente fuerte medido en el ánodo indica la llegada de cada fotón al tubo (Fig. 7.64).

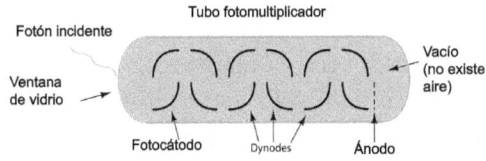

Figura 7.64: Tubo fotomultiplicador

Se muestra un tubo fotomultiplicador simplificado y el circuito de suministro de potencia (Fig. 7.65).

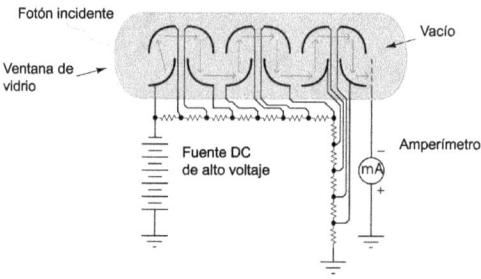

Figura 7.65: Tubo fotomultiplicador simplificado y el circuito de suministro de potencia

En los instrumentos reales, el Amperímetro podría ser reemplazado por un circuito amplificador produciendo una fuente señal eléctrica en respuesta directa a la intensidad de luz recibida. En el caso de un analizador de fluorescencia la señal de salida de un amplificador es la representación de la concentración de moléculas de SO_2 al interior de la cámara.

Al igual que cualquier otro tipo de tecnología de analizador es necesario tener cuidado con las sustancias interferentes cuando se use fluorescencia para detectar la concentración del gas de interés. No solo fluoresce el Dióxido de Sulfuro cuando está expuesto a la luz ultravioleta sino que también lo hace el Óxido Nítrico (NO) y muchos componentes de hidrocarbonos, especialmente los componentes más grandes clasificados como hidrocarbonos aromáticos polinucleares o PAH. Desafortunadamente, el Óxido Nítrico y los componentes PAH se producen en industrias donde el Dióxido de Sulfuro es un problema ambiental. Para que los analizadores de fluorescencia basados en la SO_2 midan la concentración de Dióxido de Sulfuro en una corriente de gas en el que haya la posibilidad de encontrar componentes NO y PAH, se debe poner un cuidado especial en eliminar la interferencia.

Afortunadamente, el Óxido Nítrico fluoresce en longitudes de onda diferentes de las del gas de Dióxido de Sulfuro. Esto da la posibilidad de poder desensibilizar el instrumento al Óxido Nítrico colocando un filtro óptico apropiado en frente del tubo fotomultiplicador. El filtro bloquea las longitudes de onda emitidas por la fluorescencia del Óxido Nítrico, haciendo que el tubo fotomultiplicador vea solamente la luz emitida por el Dióxido de Sulfuro.

La luz de la fluorescencia del compuesto de hidrocarbono no es tan fácil de eliminar con filtrado óptico, por lo que el analizador debe prevenir el problema de la interferencia PAH mediante el filtrado físico de las moléculas de gas de hidrocarburos antes de que la muestra entre a la cámara de fluorescencia usando un dispositivo llamado *kicker*. El *kicker* es una especie de colador que permite separar las moléculas de hidrocarburos de otras moléculas en la corriente de muestreo.

Después del procesamiento que realizan los circuitos electrónicos del analizador, la señal a la salida del tubo del fotomultiplicador será una representación de la concentración SO_2 y se podrá ver como el movimiento de un metro analógico (Fig. 7.66).

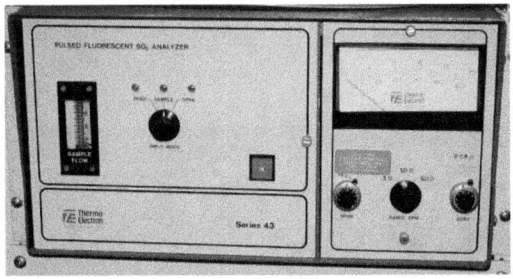

Figura 7.66: Salida del tubo fotomultiplicador

Como indica el *switch* del selector que está debajo de la pantalla del metro, este instrumento tiene tres diferentes intervalos de escala: 0 a 0.5 ppm *partes por millón*, 0 a

1.0 ppm y de 0 a 5.0 ppm. Un *switch* selector diferente en el lado izquierdo del panel de control opera válvulas de solenoide, permitiendo que el gas de muestra de proceso de uno o dos gases de calibración diferentes, entren al analizador. El gas de calibración cero no contiene Dióxido de Sulfuro, proporcionando así un línea base de referencia para ajustar el cero del analizador. El gas de calibración de alcance *span* contiene una mezcla precisa de Dióxido de Sulfuro y algo de gas portador no fluorescente, para que sirva como referencia química para algún punto cerca del límite superior del intervalo del analizador. Estos gases de calibración están disponibles comercialmente por laboratorios químicos, son llamados como *zero gas* y *span gas*. Claro que la composición de cualquier gas *zero* o *span* depende enteramente del tipo de instrumento analítico. El gas *span* suficiente para un analizador de Dióxido de Sulfuro podría no ser suficiente como gas *span* en un cromatógrafo multicomponente o para un analizador NDIR configurado para medir Monóxido Carbono.

Los reguladores de presión aseguran las condiciones apropiadas de entrada y salida del analizador. Una bomba de vacío (que no se muestra en las fotos) extrae gas de muestra a través del analizador y proporciona la presión diferencial necesaria para que trabaje el *kicker* de hidrocarburos (Fig. 7.67).

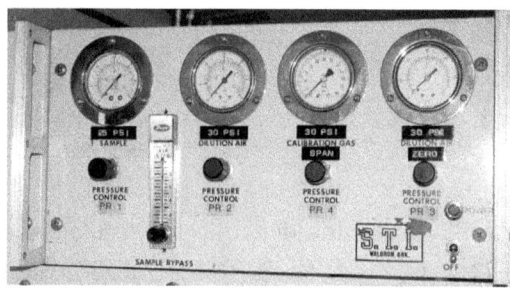

Figura 7.67: Reguladores de presión de un analizador

7.4.4 Quimioluminiscencia

Las reacciones químicas exotérmicas liberan energía al contrario de las reacciones endotérmicas, las que requieren más energía que lo que liberan. La combustión es un clase común de reacción exotérmica, con la energía liberada mayormente en la forma de calor y luz, con el calor como forma predominante.

Algunas reacciones exotérmicas liberan energía principalmente en la forma de luz en lugar de calor. El nombre más general para este efecto es quimioluminiscencia.

Ciertos componentes industriales participan en la reacciones quimioluminiscentes y este fenómeno puede ser usado para medir la concentración de estos componentes. Uno de estos componentes es el Óxido Nítrico (NO) que es un contaminante atmosférico formado por la combustión a alta temperatura siendo el aire el elemento oxidante.

La quimioluminiscencia es una reacción química entre el Óxido Nítrico y el Ozono (una molécula inestable formada por tres átomos de Oxígeno: O_3):

$$NO + O_3 \rightarrow NO_2 + O_2 + luz \qquad (7.13)$$

Aunque el proceso de la generación de luz sea muy ineficiente (solo una pequeña fracción de moléculas de NO_2 que se forma mediante esta reacción emitirá luz) es lo suficientemente predecible para que pueda ser usado como un método de medición cuantitativo para el Óxido Nítrico. El gas de Ozono es muy fácil de producir, provocando un descarga de arco eléctrico en la presencia de Oxígeno.

Se muestra un diagrama simplificado de un analizador de gas de óxido Nítrico quimioluminiscente (Fig. 7.68).

Como sucede con muchos analizadores ópticos, un tubo fotomultiplicador sirve como sensor detector de luz, generando una señal eléctrica proporcional a la cantidad de luz observada al interior de la cámara de reacción. A mayor

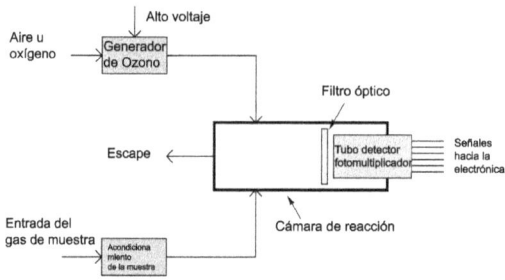

Figura 7.68: Diagrama simplificado de un analizador de gas de óxido Nítrico quimioluminiscente

concentración de moléculas de NO en la corriente del gas de muestra, mayor cantidad de luz que será emitida al interior de la cámara de reacción, lo que resulta en una señal eléctrica más potente producida por un tubo fotomultiplicador.

Aunque este instrumento mide la concentración de Óxido Nítrico (NO), no es sensible a otros óxidos de Nitrógeno (NO_2, NO_3, etc.). Normalmente se suele considerar esta selectividad una buena cosa porque eliminaría los problemas de interferencia desde otros gases. Sin embargo, cuando se quiere medir Óxido Nítrico también interesa medir la presencia de los otros óxidos de Nitrógeno que también son contaminantes atmosféricos.

Para usar la quimioluminiscencia en la medición de todos los óxidos de Nitrógeno, se deben convertir químicamente los otros químicos de Óxido Nítrico (NO) antes de que la muestra entre a la cámara de reacción. Esto es hecho en un módulo especial del analizador llamado conversor (Fig. 7.69).

Una válvula de solenoide de tres vías se muestra en el diagrama, proporciona los medios para puentear el convertidor de tal forma que el analizador solamente mida el contenido de Óxido Nítrico en la muestra de gas. Con la válvula de solenoide haciendo pasar la muestra a través del convertidor, el analizador responde a todos los óxidos de

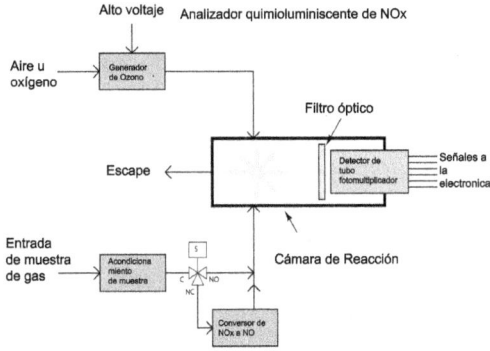

Figura 7.69: Analizador quimioluminiscente de NOx

Nitrógeno NO_x, no solamente al Óxido Nítrico NO.

Una forma simple de hacer la conversión química de NO_x → NO es simplemente calentar el gas a una temperatura alta, de alrededor de 1300 °F. A esta temperatura, la estructura molecular de NO sufre menos que otros óxidos más complejos. Una desventaja de esta técnica es que esas altas temperaturas también tienen la tendencia de convertir otros componentes de Nitrógeno como el amoníaco NH_3 en Óxido Nítrico, por lo que crea interferentes no deseados.

Una alternativa a la técnica de conversión NO_x → NO es utilizar un reactivo metálico en el convertidor para eliminar los átomos extras de Oxígeno de las moléculas de NO_2. Un metal que funciona bien para este propósito es el molibdeno (Mo) calentado a una temperatura relativamente baja de 750 °F que no es lo suficientemente caliente para convertir Amoníaco en Óxido Nítrico. La reacción de conversión de NO_2 en NO es como sigue:

$$3NO_2 + Mo \rightarrow MoO_3 + 3NO \qquad (7.14)$$

Otros óxidos (como el NO_3) se convierten de forma similar, dejando átomos de Oxígeno en exceso unidos a los átomos de Molibdeno y se convierten en Óxido Nítrico NO. La única diferencia entre esas reacciones y la que se muestra para el NO_2 es el cociente proporcional estequiométrico (*soichiometric*) entre las moléculas.

Como se puede ver en esta reacción, el metal Molibdeno se convierte en un compuesto de Trióxido de Molibdeno con el tiempo, por lo que se requiere un reemplazo periódico. La velocidad a la cual el metal de Molibdeno decrece al interior del convertidor depende del caudal de muestra y de la concentración de NO_2.

Glosario

Su visita será siempre bienvenida en
http://habanazo.blogspot.com

www.ingramcontent.com/pod-product-compliance
Lightning Source LLC
Chambersburg PA
CBHW071352170526
45165CB00001B/18